Michael F. Barnsley
Lyman P. Hurd

Bildkompression mit Fraktalen

Multimedia Engineering

hrsg. von Wolfgang Effelsberg und Ralf Steinmetz

Die muldimediale Revolution ist in vollem Gange. Neuere Arbeitsplatzrechner und viele PCs, die am Markt erscheinen, haben heute schon Audio-Komponenten eingebaut, und in zunehmendem Maße findet man auch Hardware- und Softwareunterstützung für die Darstellung von Bewegtbildsequenzen. Die multimediale Art der Interaktion mit dem Computer ist viel effizienter und benutzerfreundlicher als die Interaktion über die Ein- und Ausgabe von Texten und hat deshalb ein hohes Zukunftspotential. Zugleich eröffnen die Techniken der computergestützten Kooperation neue Möglichkeiten zur Teamarbeit in vernetzten Unternehmen.

Ziel der Reihe ist es, den Leser über Grundlagen und Anwendungen der Multimedia-Technik und der Telekooperation zu informieren. Die Reihe umfaßt Lehrbücher, einführende und umfassende Standardwerke sowie speziellere Monographien zu den Themen Multimedia, Hypermedia und computergestützte Kooperation. Es geht dabei beispielsweise um Fragen aus den Bereichen Betriebssysteme, Rechnernetze, Kompressionsverfahren und grafische Oberflächen. In der Art der Darstellung wendet sie sich an Informatiker und Ingenieure, an Wissenschaftler, Studenten und Praktiker, die sich über dieses faszinierende und interdisziplinäre Thema informieren wollen.

Bisher erschienen:

Synchronisation in kooperativen Systemen
von Erwin Mayer

Multimediale Kiosksysteme
von Wieland Holfelder

Bildkompression mit Fraktalen
von Michael F. Barnsley und Lyman P. Hurd

Weitere Titel in Vorbereitung.

Vieweg

Michael F. Barnsley
Lyman P. Hurd

Bildkompression mit Fraktalen

Übersetzt und bearbeitet von
Gisbert W. Selke und Harald Selke

Dieses Buch ist die deutsche Übersetzung von:
Michael F. Barnsley und Lyman P. Hurd
Fractal Image Compression
© 1993 A K Peters, Ltd. ALL RIGHTS RESERVED.

Gedruckt auf säurefreiem Papier

ISBN-13: 978-3-322-86829-9   e-ISBN-13: 978-3-322-86828-2

DOI: 10.1007/978-3-322-86828-2

Inhaltsverzeichnis

Danksagungen   **VIII**

1   Einleitung   **1**

2   Mathematische Modelle für Realweltbilder   **4**
   2.1   Ziel dieses Kapitels   4
   2.2   Die Eigenschaften von Realweltbildern   4
   2.3   Mathematische Modelle für Realweltbilder   24
   2.4   Scannen und Digitalisieren   31
   2.5   Quantisierung, Abtast-Reihenfolge und Farbe   36
   2.6   Literaturverzeichnis   45

**3   Mathematische Grundlagen der fraktalen
Bildkompression I**   **46**
   3.1   Ziel dieses Kapitels   46
   3.2   Räume, Abbildungen und Transformationen   46
   3.3   Affine Transformationen in $\mathbb{R}$ 48
   3.4   Konstruktion der klassischen Cantormenge   49
   3.5   Affine Transformationen in der euklidischen Ebene   49
   3.6   Affine Transformationen im dreidimensionalen reellen Raum   59
   3.7   Normen auf linearen Transformationen im $\mathbb{R}^n$ 61
   3.8   Topologische Eigenschaften von metrischen Räumen und
Transformationen   62
   3.9   Der Fixpunktsatz – Schlüssel zur fraktalen Bildkompression   69
   3.10 Literaturverzeichnis   73

4   Fraktale Bildkompression I: IFS-Fraktale   **74**
   4.1   Ziel dieses Kapitels   74
   4.2   Bilderräume – der Hausdorff-Raum $\mathcal{H}$ 74
   4.3   Kontraktionen auf dem Raum $\mathcal{H}$ 77
   4.4   Iterierte Funktionensysteme   78
   4.5   Iterierte Funktionensysteme affiner Transformationen des $\mathbb{R}^2$ 81
   4.6   Der Fotokopier-Algorithmus zur Berechnung des
Attraktors eines IFS   83
   4.7   Ein C-Programm zur Berechnung des Attraktors eines IFS   88
   4.8   Der Collage-Satz   92
   4.9   Fraktale Bildkompression mit IFS-Fraktalen   94

4.10 Maße und IFS mit Wahrscheinlichkeiten für Graustufen-Bilder ... 98

4.11 Der Graustufen-Fotokopier-Algorithmus ... 101

4.12 Fraktale Bildkompression mit dem Collage-Satz für Maße ... 106

4.13 Die Dudbridge-Methode zur fraktalen Bildkompression ... 108

4.14 Literaturverzeichnis ... 109

5 Mathematische Grundlagen der fraktalen Bildkompression II ... **111**

5.1 Ziel dieses Kapitels ... 111

5.2 Informationsquellen und Markov-Quellen nullter Ordnung ... 112

5.3 Codes ... 113

5.4 Die Ungleichung von Kraft-McMillan ... 118

5.5 Entropie ... 121

5.6 Shannon-Fano-Codes ... 126

5.7 Erweiterung von Quellen ... 128

5.8 Markov-Quellen höherer Ordnung ... 130

5.9 Kompression mit Huffman-Codes ... 138

5.10 Adressen auf Fraktalen ... 143

5.11 Arithmetische Kompression und IFS-Fraktale ... 145

5.12 Literaturverzeichnis ... 149

6 Fraktale Bildkompression II: Die Fraktaltransformation ... **151**

6.1 Ziel dieses Kapitels ... 151

6.2 Allgemeine Beschreibung der Methoden zur fraktalen Bildkompression ... 152

6.3 Lokale iterierte Funktionensysteme ... 154

6.4 Der Collage-Satz für lokale IFS ... 156

6.5 Der Laufzeitbeschränkungs-Algorithmus ... 159

6.6 Die Schwarzweiß-Transformation ... 160

6.7 Die Graustufen-Fraktaltransformation ... 163

6.8 Ein mit dem Fraktaltransformations-Operator verknüpftes lokales IFS ... 165

6.9 Einfache Beispiele für Graustufen-Fraktaltransformationen ... 165

6.10 C-Quelltext für die fraktale Graustufen-Bildkompression ... 172

6.11 Literaturverzeichnis ... 175

A Bildkompression nach JPEG ... **176**

A.1 Einleitung ... 176

A.2 Diskrete Cosinus-Transformation (DCT) ... 179

A.3 Quantisierung ... 180

A.4 Lauflängencodierung ... 181

A.5 Entropie-Codierung ... 183

A.6   Austauschformat 184
A.7   Literaturverzeichnis 184

B   Programm-Listings   **185**
  B.1   Allgemeine Hinweise 185
  B.2   Berechnung des Attraktors eines IFS 185
  B.3   Veranschaulichung des Satzes von Kraft 189
  B.4   Veranschaulichung des Huffman-Codes 191
  B.5   Veranschaulichung der arithmetischen Codierung und Decodierung . 195
  B.6   Implementierung der Codierung durch fraktale
        Transformation 199
  B.7   Veranschaulichung der JPEG-Kompression 216
  B.8   Literaturverzeichnis 227

C   Register   **228**

Danksagungen

Die Fraktaltransformation wurde vom ersten der beiden Autoren im März 1988 entdeckt. Bei der Entwicklung des zugrundeliegenden mathematischen Verfahrens half ALAN SLOAN, Mitbegründer der Firma ITERATED SYSTEMS INC., mit; gemeinsam haben beide das US-Patent 5 065 447 inne, dessen Kern dieses Verfahren bildet.

In der frühen Entwicklungsgeschichte der fraktalen Bildkompression gebührt ARNAUD JACQUIN, ANDY HARRINGTON, JOHN HERNDON, ELS WITHERS und JOHN ELTON Anerkennung.

Die Forschung in der fraktalen Bildkompression geht bei Iterated Systems weiter. Wir möchten den wissenschaftlichen Mitarbeitern JOHN ELTON, DOUG HARDIN, HAWLEY RISING, NING LU, JOHN MULLER, YAAKOV SHIMA, ELS WITHERS und CHARLES MOREMAN für die gemeinsamen Diskussionen danken. Der zweite Autor möchte seinen besonderen Dank an STEVE DEMKO ausdrücken, der ihn die fraktale Transformation gelehrt und im Laufe der Zeit für unzählige Einsichten gesorgt hat.

Wir möchten einem anonymen Gutachter für hilfreiche Vorschläge zu den informationstheoretischen Abschnitten dieses Buches danken. Schließlich danken wir unseren amerikanischen Verlegern, ALICE und KLAUS PETERS, dafür, daß sie an unserer Vision Anteil nehmen.

Der Dank der Übersetzer gilt LYMAN P. HURD, der bei der Übersetzung ins Deutsche in zahlreichen Zweifelsfällen kompetente Hilfe geleistet hat, und PROF. DR. WOLFGANG EFFELSBERG für wertvolle Hinweise.

1 Einleitung

Im Dezember 1992, rechtzeitig vor Weihnachten, veröffentlichte die Firma Microsoft eine bemerkenswerte CD. Sie trägt den Titel „Microsoft Encarta" und wird in einer schönen Schachtel ausgeliefert, auf der sich das Bild eines Vogelnests mit Eiern und Zweigen befindet. Sie besteht aus einer einzigen schimmernden CD und kann auf einem Personal Computer abgespielt werden, der mit einem gewöhnlichen CD-Laufwerk ausgestattet ist.

Encarta ist ein Multimedia-Lexikon – und so gut wie einzigartig. Es enthält eine umfassende Sammlung von Artikeln, Geräuschen, Bildern, Grafiken und Fotografien sowie einen Atlas und ein Wörterbuch. Es enthält sieben Stunden Tonaufnahmen, 100 Animationen und 800 Karten mit der Möglichkeit, Ausschnitte aus diesen zu vergrößern. Es gibt über 7000 Fotos von Blumen, Pflanzen, Leuten, Orten, Wolken, Türmen, Tieren usw. Ein grüner Farnschweif liegt über den Blumenbildern. Die Bilder sind von hoher Qualität. Und all das ist in weniger als 600 Megabyte Daten abgespeichert – in Form von Nullen und Einsen auf der Oberfläche der schimmernden CD. Wie ist das möglich?

Bildkompression mit Fraktalen ist ein Buch über die mathematischen Ideen, die hinter den Fotos und anderen Bildern in Encarta stehen. Sie alle sind Fraktale, gespeichert als hochkomprimierte Dateien, die mit Hilfe von fraktaler Bildkompression erzeugt wurden.

Fraktale Bildkompression umfaßt drei grundlegende mathematische Modellierungsprobleme: (1) ein mathematisches Modell für Realweltbilder, (2) ein Modell zur Approximation von Modellbildern durch auflösungsunabhängige Bildnäherungen, die durch endlich lange Datenreihen beschrieben werden müssen, sowie (3) ein Berechnungen zugängliches Modell für die Quellen der Datenreihen, um Sätze der Informationstheorie anwenden zu können, die eine effiziente Darstellung der Bildnäherungen ermöglichen. Dieses Buch beschreibt verschiedene Modelle für jeden dieser Schritte. Es enthält außerdem Programmstücke in C für Anwendungen einiger dieser Modelle, die zu verstehen helfen, wie die Modelle in einer digitalen Umgebung funktionieren.

In Kapitel 2 beschreiben wir den Raum $\Re$ der Realweltbilder – wahrlich wundersame Gebilde! Sie lassen sich endlos dehnen und enthalten unendliche viele Details. Fraktale Bildkompression überträgt sie in Computer und läßt sie nach Belieben wieder erscheinen. Wir beginnen damit, daß wir verschiedene mathematische Modelle für $\Re$ vorstellen. Einige werden von Funktionen geliefert, andere von Teilmengen des dreidimensionalen Raumes, wieder andere von der Maßtheorie. Das Kapitel schließt mit einer Betrachtung darüber, wie Bilder mit Hilfe von Scannern, Digitalisierern und

Quantisierern gemessen werden können. Diese Messungen ergeben lange Reihen von Nullen und Einsen, die die Farben und Helligkeiten an vielen verschiedenen Stellen eines Bildes beschreiben.

In Kapitel 3 fassen wir die grundlegende Mathematik zusammen, die zum Verständnis fraktaler Bildkompressionssysteme notwendig ist. Dazu gehört eine einfache Sprache zur Beschreibung von Bildeigenschaften, und zwar die Topologie auf metrischen Räumen. Topologie ist auch die Basis verallgemeinerter Collage-Sätze, die für die fraktale Bildkompression fundamental sind. Relevante Räume und Funktionen – affine Transformationen der Euklidischen Ebene – sowie der Fixpunktsatz werden beschrieben.

Fraktale Bildkompressionssysteme setzen endliche Reihen von Nullen und Einsen zu unendlichen Bildern in einer glatten und stetigen Art und Weise in Beziehung. Sie benutzen dazu approximierende Gebilde (Bildnäherungen), die einerseits gerade Elemente des mathematischen Raumes sind, den wir zur Erstellung der Bilder ausgewählt haben, und andererseits, wie oben in Modellierungsproblem (2), durch endlich viele Parameter gesteuert werden können.

In diesem Buch betrachten wir zwei Gruppen von Näherungen: *Fraktale iterierter Funktionensysteme*, die in Kapitel 4 behandelt werden, und *fraktale Transformationen*, die in Kapitel 6 betrachtet werden. Beide Arten der Approximation sind durch endliche Reihen von Nullen und Einsen bestimmt; und beide bestehen aus beliebig dehnbaren Bildern mit unendlich vielen Details. Somit eignen sie sich hervorragend zur Approximation von Realweltbildern.

In Kapitel 4 stellen wir die Theorie iterierter Funktionensysteme (IFS-Theorie) und die Approximation von Realweltbildern durch IFS-Fraktale vor. Dazu beschreiben wir den Hausdorff-Raum $\mathcal{H}$, Kontraktionen auf $\mathcal{H}$ und iterierte Funktionensysteme. Daran anschließend sprechen wir über den Fotokopier-Algorithmus zur Berechnung von IFS-Fraktalen und stellen den Collage-Satz vor, der zu einer Methodik für fraktale Bildkompression überleitet. Verfeinerte Systeme werden vorgestellt, die auf der Verwendung von IFS mit Wahrscheinlichkeiten basieren, deren Attraktoren mit Hilfe des Graustufen-Fotokopier-Algorithmus berechnet werden können. Das Kapitel schließt mit einer kurzen Beschreibung eines fraktalen Bildkompressionssystems [Monroe und Dudbridge], das auf IFS-Fraktalen beruht.

Ein grundlegender Teil der fraktalen Bildkompression ist das Modellierungsproblem (3) von oben. Eine Methodik wird benötigt, um die Reihen von Nullen und Einsen, die fraktale Bildnäherungen beschreiben, in die Begriffe der Informationstheorie zu überführen. Diese betrachtet die mathematische Modellierung rein diskreter symbolischer Daten, um sie möglichst effizient zu beschreiben; sie sucht die minimale Anzahl von Zeichen, die zur Beschreibung einer Zeichenkette benötigt wird. Sie umfaßt die Betrachtung von Codierungsschemata zur Verschlüsselung endlich generierter Markovketten. Wunderbarerweise stellt sich heraus, daß die IFS-Theorie, also fraktale Theorie selbst, nicht nur die richtige Antwort auf das Bildbeschreibungsproblem ist, sondern auch eine effiziente Komprimierung der Daten liefert, die zur Beschreibung der

Fraktale dienen. In vielen Fällen ergibt die IFS-Theorie eine optimale Komprimierung von Zeichenketten, deren Auftrittswahrscheinlichkeiten bekannt sind.

In Kapitel 5 betrachten wir diskrete Räume und die Informationstheorie sowie die optimale Komprimierung diskreter Daten, die durch Markov-Quellen erzeugt werden. Wir stellen Informationsquellen, Markov-Quellen, Codierungen und die Ungleichung von Kraft-McMillan vor, die uns zum Konzept der Entropie einer Quelle führen. Wir behandeln die Komprimierung mittels Shannon-Fano- und Huffman-Codes und entwickeln dabei einige Einsichten. Mit diesen Grundlagen im Hinterkopf betrachten wir erneut den Begriff der Adressen auf IFS-Fraktalen. Dies erhellt den letzten Abschnitt des Kapitels, in dem wir die arithmetische Komprimierung und IFS-Fraktale miteinander verknüpfen.

In Kapitel 6 präsentieren wir die fraktale Transformation und die Annäherung von Realweltbildern durch fraktale Transformationen. Dies umfaßt die Einführung in das faszinierende Thema der lokalen iterierten Funktionensysteme (lokale IFS). Wir beginnen das Kapitel mit einer allgemeinen Beschreibung der Methodik der fraktalen Bildkompression. Anschließend stellen wir lokale IFS vor und geben ein Beispiel eines entsprechenden Collage-Satzes. Dieses Beispiel bezieht sich auf binäre Bilder wie z. B. Zeichnungen, die per Fax verschickt werden. Wir zeigen, wie die Attraktoren lokaler IFS mit Hilfe eines Laufzeitbeschränkungs-Algorithmus – ähnlich denen zur Berechnung von Bildern von Juliamengen – berechnet werden können. Dies führt uns zu einer formalen Beschreibung eines automatischen fraktalen Bildkompressionssystems für binäre Schwarzweißbilder: der *Schwarzweiß-Fraktal-Transformation*. Wir wenden unsere Aufmerksamkeit anschließend der Anwendung der lokalen IFS-Theorie auf die automatische Komprimierung von Graustufenbildern zu und beschreiben einen einfachen, gut durchführbaren Vorgang, die *Graustufen-Fraktal-Transformation*. Wir illustrieren die entsprechenden komprimierten Formeln, fraktalen Transformationscodes und die entsprechenden Fraktale, die als *FT-Fraktale* bekannt sind.

Da das ganze Buch von fraktaler Bildkompression handelt, scheint es angemessen – als Kontrapunkt – dem Leser ein Verständnis zu vermitteln, wie ein nicht-fraktales Bildkompressionssystem arbeitet. Dazu haben wir den Anhang A über die aktuelle diskrete Cosinus-Transformation (DCT) der JPEG beigefügt, die spezifische Implementierungsinformationen enthält.

In Anhang B finden sich eine Reihe von Programmstücken in der Programmiersprache C, die verschiedene Aspekte der Bildkompression mit Fraktalen illustrieren. Dazu gehört insbesondere eine beispielhafte ausführliche digitale Implementierung der fraktalen Transformation, um das innere Vorgehen eines solchen Systems zu erläutern.

Digitale Berechnungsmittel für den Vorgang der fraktalen Bildkompression, die auf dem Inhalt dieses Buches basieren, können unter die U.S.-Patente 5 065 447 und 4 941 193, verwandte internationale Patente und andere anhängige Patente in den USA und anderen Ländern fallen. Für nähere Informationen wenden Sie sich bitte an: Licensing Department, Iterated Systems, Inc., 5550-A Peachtree Parkway, Norcross, GA 30092, USA

2 Mathematische Modelle für Realweltbilder

Des Dichters Auge rollt in edlem Wahnsinn, ·
Mißt Himmel, Erde und dann wieder Himmel;
Die Kraft der Einbildung verkörpert ihm
Das Unbekannte, und des Dichters Feder
Gibt allem Form und leiht dem Nichts aus Luft
Auf Erden einen Wohnsitz, einen Namen.
– William Shakespeare, Ein Mittsommernachtstraum[1]

2.1 Ziel dieses Kapitels

In diesem Kapitel führen wir den Raum $\Re$ der Realweltbilder ein und erörtern verschiedene mathematische Modelle für $\Re$. Wir sprechen auch darüber, wie man mit Scannern Bilddaten gewinnt, wie Farbe repräsentiert wird, und wie man digitalisiert.

Realweltbilder sind faszinierende mathematische Gebilde. Zum Beispiel haben sie die folgende erstaunliche Eigenschaft: Wenn man ein Stück aus einem Realweltbild ausschneidet und es auf die Größe des ursprünglichen Bildes streckt, erhält man ein weiteres Realweltbild. So wird $\Re$ auf natürliche Weise in „Welten" zerlegt – die Elemente einer Bildwelt sind alle Elemente von $\Re$, die von einem gegebenen Element von $\Re$ aus erreicht werden können. Diese Eigenschaft erinnert an die Situation, die man beim Spielen mit manchen Computer-Programmen – wie etwa [LC] oder [DFDS1] – vorfindet, wo man ein einziges Fraktal anscheinend bis in alle Ewigkeit erforschen kann. So verhält es sich auch mit Realweltbildern.

Das Ziel dieses Buches ist das Studium von Näherungsmethoden, durch die man sich an Realweltbilder mit Hilfe von Näherungen annähert, wie z. B. IFS- und FT-Fraktalen; diese Näherungen werden mit Mitteln der Informationstheorie effizient beschrieben. Unser Startplatz ist $\Re$.

2.2 Die Eigenschaften von Realweltbildern

Wir beschreiben zunächst den Begriff des *Realweltbildes* – so bezeichnen wir die Objekte, für die wir mathematische Modelle entwerfen werden. Sie fassen intuitive

---

1 In der Übersetzung von Erich Fried, erschienen bei Klaus Wagenbach, Berlin

Vorstellungen, die wir von der sichtbaren Welt haben, zusammen. Diese Vorstellungen hängen damit zusammen, wie wir mit der Dingwelt in Sichtkontakt treten: Wir können ein Ding von nahem, ein anderes von ferne betrachten. Es scheint uns, als könnten wir die gesamte vor uns liegende Szene sehen, als erfaßten wir sie mit unserem Geist auf einen Schlag. Bilder vermitteln den Eindruck, sie seien analoge Objekte, die zu einer unendlich fein zerlegbaren Welt gehören. Derlei Vorstellungen treffen nicht vollständig zu; sie passen nicht genau auf die Realität, erlauben es unserem Gehirn jedoch, mit der Komplexität des Wahrgenommenen zurechtzukommen. Diese Eindrücke – und weitere, die wir noch beschreiben werden – gelten in einem gewissen Maßstabsbereich zumindest näherungsweise; sie enthalten gültige Informationen über die Beschaffenheit der Dingwelt – die beobachtbare Dingwelt selbst unterscheidet sich jedoch auf subtile Weise von diesen Illusionen. Hier liegt ein endloser Korridor von Anblicken vor uns, den wir weder definieren noch erfassen können. Erfassen können wir jedoch den Begriff des Realweltbildes.

Unter einem Realweltbild verstehen wir ein idealisiertes Objekt, das nicht wirklich existiert – genau in dem Sinne, wie eine mathematische Gerade oder ein Dreieck nicht wirklich existiert. Der Existenz am nächsten kommt es in unserer Vorstellung, wo es anscheinend ein Kontinuum ist, das unendlich gedehnt und in beliebig feiner Auflösung erforscht werden kann. Stellen wir uns einen Strand mit blauer See vor, mit bunten Sonnenschirmen, Wolken und Himmel. Stellen wir uns vor, wie wir den Sand immer genauer ansehen, bis wir die einzelnen Sandkörner unterscheiden können, oder sehen wir auf das weite Meer zum Horizont hinaus, wo der winzige Umriß eines Schiffes sichtbar ist, und sehen wir dieses genauer an, bis wir die Ladeluken und die Möwen auf der Reling sehen können, oder sehen wir in unserem Bild hinauf zu den feinen Verästelungen und Zahnungen an den Rändern der Wolken, die um so reichhaltiger werden, je genauer wir hinsehen. Allerdings kann ein Realweltbild nicht als physikalisches Objekt definiert werden, etwa als echte Fotografie oder als das tatsächliche Lichtmuster, das sich auf einer Netzhaut abbildet. Etliche physikalische Prinzipien verschwören sich hier und machen die greifbare Existenz eines Abbildes beliebig feiner Auflösung zu einer Idealisierung. Ein Realweltbild kann nie real vorkommen – und zwar wegen des Wackelns der Atome, aus denen die Objekte zusammengesetzt sind, wegen des Heisenbergschen Unschärfeprinzips, wegen der Endlichkeit der Wellenlänge des Lichts und wegen der Quanteneffekte.

Was ist ein Realweltbild? Grob gesprochen ist es jedes beliebige Bild, das wir irgendwo sehen können oder von dem wir uns das wenigstens vorstellen könnten. Eine Art, ein Realweltbild zu denken, besteht darin, es sich als scharf fokussiertes Hochqualitätsfoto mit beliebig kurzer Belichtungszeit zu denken, das irgendwo auf der Welt – oder von irgendwo nahebei – aufgenommen wurde. Es könnte auch von weit weg gemacht worden sein, von einem Flugzeug weit oben, oder vom Mond aus mit Blick zurück zur Erde oder auch hinaus ins All, wo es Milliarden von Sternen abbildet. Es könnte eine Nahaufnahme eines schönen Gesichts auf dem Titelbild einer Zeitschrift sein. Es könnte ein Grashalm, ein Halstuch, ein Farn oder eine Großaufnahme der

Struktur eines Mückenflügels beim Anblick durch ein Elektronenmikroskop sein. Es könnte das Bild eines Fußballspiels sein. Es könnte das Abbild eines Gemäldes, eines Schwarzweißfotos, einer Zeitungsseite oder einer Vorführung bei einer Konferenz über Computergrafik sein, wo viele künstlich erzeugte Bilder auf Computerbildschirmen zu sehen sind. Es könnte eine technische Zeichnung für einen neuen Chip oder eine Architekten-Blaupause für ein Haus abbilden. Es könnte eine Landschaft mit Bergen, Wolken und Blumen oder auch eine einzige Blume zeigen. Ein Realweltbild könnte eine Galerie voller Fotografien oder das in einem Spiegel reflektierte Bild seiner selbst zeigen. Das alles sind Objekte, für die wir mathematische Modelle konstruieren.

Bevor wir dazu übergehen, die Eigenschaften unserer Realweltbilder zusammenzustellen, machen wir noch eine Anmerkung über die Wahrnehmung des beobachtbaren dinglichen Universums durch den menschlichen Verstand. Diese Gedanken entstammen der Philosophie IMMANUEL KANTS (1724–1804) und sind gut in dem folgenden Abschnitt zusammengefaßt, der ein gekürztes Zitat aus [PFS] darstellt:

> Jeder empirische Forscher, jeder Naturwissenschaftler nimmt sich als Forschungsgebiet einen Aspekt oder eine Auswahl natürlicher Gegenstände und Ereignisse, die einen Ort im Raum haben und in der Zeit auftreten. Das Geschäft des Wissenschaftlers besteht darin, die Funktionsgesetze zu entdecken, die das Verhalten der gewählten Objekte beherrschen und ihre charakteristischen Eigenschaften erklären. Jene allgemeinen Merkmale jedoch, die gerade den Rahmen solcher Untersuchungen ausmachen – die Raumzeitlichkeit der Natur und die Existenz entdeckbarer Gesetzmäßigkeiten – werden von Kant in gleicher Weise der Beschaffenheit des menschlichen Verstandes zugeschrieben. Empirische Untersuchungen können uns nur Erkenntnisse von Erscheinungen liefern – von den Erscheinungen, die die Dinge solchen Wesen wie uns darbieten. Von den Dingen an sich können uns Erfahrung und wissenschaftliche Untersuchung keinerlei Wissen verschaffen.
>
> *Sir Peter Strawson, 1987*

Sei nun $\Re$ die Menge aller Realweltbilder. Was läßt sich über ein Element $\mathcal{I}$ aus $\Re$ sagen? Zur Abkürzung bezeichnen wir $\mathcal{I}$ im folgenden auch einfach als *Bild*.

Eigenschaft (i) Jedes Realweltbild $\mathcal{I} \in \Re$ ist durch einen *Träger* und *Objektabmessungen* gegeben, die wie folgt beschrieben werden können. Der Träger eines Bildes ist eine Menge $\square \subset I\!R^2$, wobei $I\!R^2$ für die euklidische Ebene steht, mit der folgenden Eigenschaft:

$$\square = \left\{ (x,y) \in I\!R^2 : x_u \leq x \leq x_o, \, y_u \leq y \leq y_o \right\},$$

wobei $x_u < x_o$ und $y_u < y_o$ reelle Konstanten sind. Die Objektabmessungen von $\mathcal{I}$ sind hier $(x_o - x_u)$ sowie $(y_o - y_u)$ Einheiten, wobei *Einheiten* sich auf physikalische Längenangaben wie z. B. Meter oder Zoll bezieht. Wir nennen $\square$ den *Träger* des Bildes $\mathcal{I}$.

Die Menge $\square \subset I\!R^2$ liefert zusammen mit ihren Objektabmessungen $(x_o - x_u)$ sowie $(y_o - y_u)$ Einheiten die räumliche Ausdehnung des Bildes. Wir verlangen die

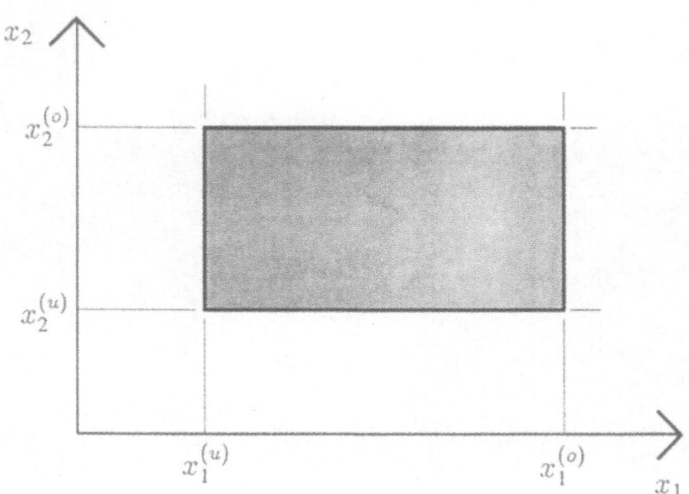

Abbildung 2.1 Ein Realweltbild ist durch einen Träger $\square = \{(x, y) \in I\!\!R^2 : x_u \leq x \leq x_o, y_u \leq y \leq y_o\}$ gegeben. Wir stellen uns den Träger eines Bildes als Blatt Papier vor, auf das das Bild aufgebracht ist.

Existenz von Objektabmessungen, um Grundwerte für Größe und Maßstab festsetzen und um $\Re$ mit der Dingwelt zusammenbringen zu können. Dingliche Objekte haben Objektabmessungen, und an einem geeigneten Punkt in der Entwicklung der Theorie wollen wir auf derartige Objekte wieder zurückgreifen.

Ein Realweltbild besitzt Geometrie und Topologie seines Trägers $\mathcal{I}$. Der Träger eines Bildes besteht aus der euklidischen Ebene – jener vorgestellten axiomatischen Substanz. Er kann stetig verformt und unendlich gedehnt werden, indem man die Regeln der Topologie und der reellen Analysis anwendet. Der Begriff des Trägers eines Bildes wird in Abbildung 2.1 illustriert.

Ein *Punkt* in einem Bild bezeichnet einen Punkt in seinem Träger. Jeder Punkt im Träger eines Bildes ist ein Punkt in dem Bild. Der Abstand d zwischen einem Paar von Punkten (x_1, y_1) und (x_2, y_2) im Träger eines Bildes wird mit der euklidischen Metrik gemessen, d. h.

$$d = \sqrt{(x_1 - x_2)^2 + (y_1 - y_2)^2}.$$

Wir stellen uns den Träger eines Bildes als Blatt Papier oder als den fotografischen Film vor, auf dem sich das Bild befindet. Mit einem *Gebiet in einem Bild* bezeichnen wir den Teil des Bildes, der zu einem Gebiet in seinem Träger gehört. Mit einer *Teilmenge eines Bildes* bezeichnen wir einen Teil eines Bildes, der einer Teilmenge seines Trägers entspricht, usw.

Der Träger $\square \subset I\!\!R^2$ zusammen mit der euklidischen Metrik ist ein Beispiel für einen *metrischen Raum*. Die *Topologie* dieses Raums liefert Informationen über die

Abbildung 2.2 Sei $\mathcal{I} \in \mathfrak{R}$. Dann besitzt $\mathcal{I}$ chromatische Attribute. Jede meßbare Menge im Träger von $\mathcal{I}$ ist mit einer Menge von Zahlen verknüpft, die die Farben und Lichtstärken dieser Menge darstellen.

Beschaffenheit von Realweltbildern. Topologische Eigenschaften und Klassifikationen von Untermengen des Trägers eines Bildes – wie etwa Rand, Inneres, Offenheit, Abgeschlossenheit, Zusammenhang und Kompaktheit – sind bedeutsam, weil sie unter den Transformationen des Trägers, die äquivalente Metriken liefern, erhalten bleiben. Die Topologie liefert die Grundlage für die Beschreibung vieler Eigenschaften von Bildern und unterstützt auch weite Teile des mathematischen Überbaus. Die Topologie metrischer Räume wird in Kapitel 3 diskutiert.

Eigenschaft (ii) Sei $\mathcal{I} \in \mathfrak{R}$. Dann besitzt $\mathcal{I}$ *chromatische Attribute*. Diese geben die Lichtfrequenzen (Farben) und -stärken an, die mit Untermengen des Bilds verknüpft sind. Sie können durch reellwertige Funktionen oder durch reellwertige Borel-Maße modelliert werden, deren Träger auf dem Träger des Bildes liegt. Jede meßbare Menge im Träger von $\mathcal{I}$ kann mit einer Familie numerischer Attribute verknüpft werden, die verschiedene – über die Menge sowie über Frequenzbereiche gebildete – Mittelwerte von Lichtstärken für diese Menge angeben. Abbildung 2.2 veranschaulicht diese Vorstellung.

In Unterkapitel 2.3 werden wir mathematische Modelle dafür diskutieren, wie man Realweltbildern chromatische Attribute zuweist. Zunächst befassen wir uns mit einer allgemeinen Beschreibung der Eigenschaften von $\mathfrak{R}$. Um jedoch die Eigenschaft der Auflösungs-Unabhängigkeit zu erklären, liefern wir hier bereits eine Darstellung einiger spezieller Modellbildungen.

Besonders bedeutsam im Zusammenhang mit digitaler Bildverarbeitung ist der Fall, daß ein Bildträger durch ein Liniengitter in ein Feld von rechteckigen Untermengen, die *Pixel* (oder auch *Pel*) genannt werden, aufgeteilt wird. Jedes Pixel, das ja wiederum ein Element von $\Re$ ist, hat seine eigenen chromatischen Attribute, die bei der Digitalisierung von Bildern als endliche Menge abgeschnittener reeller Zahlen dargestellt werden. Diese Zahlen stehen beispielsweise für die roten, grünen und blauen Lichtstärken, die mit dem Pixel verknüpft sind.

Realweltbilder können auch durch eine reine Schwarzweiß-Darstellung modelliert werden, wie man sich etwa ein Fax-Schriftstück oder eine ausgedruckte Seite vorstellt; sie können mit einigen wenigen Farben im Stil eines Comic-Buches oder auch mit einem großen Farbbereich wie in den besten Farbfotografien und -drucken modelliert werden; sie können auch durch Graustufen modelliert werden, wie es in alten (und manchen neuen) Filmen oder in Schwarzweiß-Fotografien der Fall ist.

Wenn $\mathcal{I}$ als reines Schwarzweiß-Bild modelliert wird, könnte jeder Punkt in seinem Träger $\square$ entweder mit einer Null oder mit einer Eins verknüpft sein, je nachdem, ob der betreffende Punkt schwarz oder weiß ist. Soll $\mathcal{I}$ als Graustufenbild modelliert werden, könnte jeder Punkt in $\mathcal{I}$ mit einem Zahlenwert verknüpft sein, der für die Lichtstärke an diesem Punkt des Bildes steht. Diese Aufgabe ist mitunter nicht so leicht zu lösen, wie man zunächst denken möchte, weil es möglicherweise punktförmige Lichtquellen gibt oder auch Lichtquellen, die von Nullmengen reflektiert werden. Die Existenz solcher Quellen ist eine Folge des Wunsches, $\Re$ mathematisch durch vollständige Räume abzubilden.

Wenn man jedoch einem Bild chromatische Attribute zuweist, muß das so geschehen, daß verschiedenen Gebieten und Untermengen eines Bildes Mittelwerte und/oder andere kleine Mengen von Werten zugeordnet werden können. Zum Beispiel möchte man sagen können, daß der Himmel blau ist, daß ein bestimmtes Pixel eines Bildes eine gewisse Lichtstärke hat, usw.

Eigenschaft (iii) Sei $\mathcal{I} \in \Re$. Dann ist $\mathcal{I}$ *auflösungsunabhängig*. Das heißt, $\mathcal{I}$ kann bei beliebig hohen endlichen Auflösungen beschrieben werden. Man kann Pixeln Zahlenwerte zuweisen, die ihre Farbe und Lichtstärke darstellen. Dies läßt sich unabhängig davon durchführen, wie fein die Pixel – sowohl in räumlicher Hinsicht als auch bezüglich der Bildattribute (Farb- und Lichtstärkenwerte) – definiert werden. Die Zuweisung kann auf konsistente Weise geschehen: Interpretiert man ein Bild bei zwei verschiedenen Auflösungen, tritt kein logischer Widerspruch auf. Diese Vorstellung wird in Abbildung 2.3 dargestellt. Wir müssen uns auf eine weitere Verfeinerungsebene in der mathematischen Modellbildung begeben, um die genaue Weise zu bestimmen, nach der Zahlenwerte mit $\square$ verknüpft werden, so daß wir numerische Attribute bei jeder gewünschten Auflösung erhalten. Beispiele hierfür finden sich in Unterkapitel 2.3.

Eigenschaft (iv) Die Menge $\Re$ aller Realweltbilder ist *abgeschlossen unter der Ausschneide-Operation*, die im folgenden beschrieben wird. Sei $\mathcal{I} \in \Re$. Man wählt

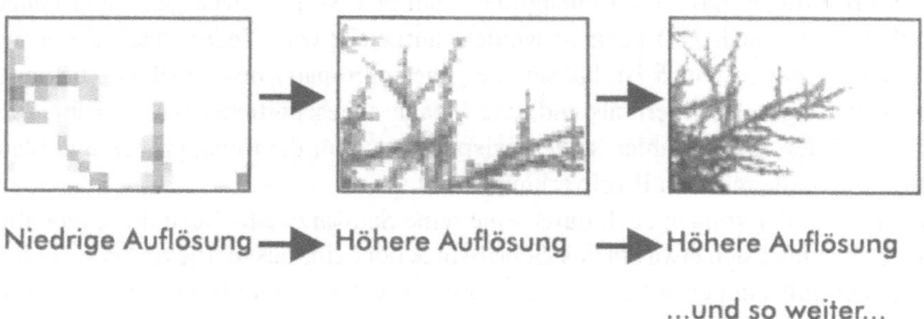

Abbildung 2.3 Dasselbe Bild bei drei verschiedenen Auflösungen. Jedes Bild $\mathcal{I}$ in der Menge der Realweltbilder ist *auflösungsunabhängig*. Es kann bei beliebig (allerdings endlich) hohen Auflösungen beschrieben werden.

ein beliebiges rechteckiges Gebiet im Träger von $\mathcal{I}$, dessen Seiten parallel zum Träger von $\mathcal{I}$ sind, und definiert so ein neues Bild $\tilde{\mathcal{I}}$. Dann ist $\tilde{\mathcal{I}} \in \Re$. Diese Vorstellung ist in Abbildung 2.4 veranschaulicht. Die Eigenschaft, unter der so definierten Ausschneide-Operation abgeschlossen zu sein, drückt die fundamentale Idee aus, daß jedes Realweltbild, so klein es auch sein mag, Informationen enthält und wieder ein selbständiges, zulässiges Bild ist. Diese Eigenschaft formuliert zusammen mit der nächsten wesentliche Strukturelemente einer reichen mathematischen Theorie der Bilder.

Eigenschaft (v) Sei $\mathcal{I} \in \Re$. $\tilde{\mathcal{I}}$ bezeichne das Ergebnis einer *isotropen Streckung* oder *einer isotropen Stauchung* (s. u.) von $\mathcal{I}$. Dann ist $\tilde{\mathcal{I}} \in \Re$; mit anderen Worten, $\Re$ ist abgeschlossen unter isotroper Streckung und Stauchung. Diese Vorstellung ist in Abbildung 2.5 auf Seite 12 veranschaulicht.

Diese Eigenschaft besagt insbesondere, daß es möglich ist, ein Bild isotrop zu strecken. „Isotrop" heißt eine Streckung, wenn sie alle Richtungen gleichermaßen betrifft. Die Eigenschaft legt nicht fest, wie die Streckung (bzw. die Stauchung) auf das Bild angewendet wird; vor allem beschreibt sie nicht genau, wie die chromatischen Attribute des gestreckten Bildes angegeben werden. Diese Spezifikation hängt von dem mathematischen Modell ab, das man für $\Re$ konstruiert.

Die Art, wie man sich den Streckungsvorgang für ein Bild denkt, hat Auswirkungen darauf, wie man die Zuweisung chromatischer Attribute an ein gestrecktes Bild modelliert. Wir beachten die folgenden Beispiele dafür, wie Bilder in der real existierenden Welt gestreckt werden, und was dabei mit ihren chromatischen Attributen geschieht. Ein Hilfsmittel dafür, ein Bild zu strecken, ist eine Lupe. In diesem Fall geht Helligkeit verloren, weil die Anzahl der Photonen, die je Flächeneinheit des Ursprungsbildes

Element des Raums $\Re$

Neues Element des Raums $\Re$

Abbildung 2.4
Die Menge $\Re$ aller Realweltbilder
ist abgeschlossen unter der
Ausschneide-Operation.
Wenn man ein beliebiges
rechteckiges Gebiet innerhalb
eines Realweltbildes wählt, das
dieselben Seitenverhältnisse wie
das ursprüngliche Bild aufweist,
und es auf die Größe des Originals
streckt, dann ist das Ergebnis
ein weiteres Realweltbild. Dies
drückt die Vorstellung aus, daß
Realweltbilder endlos vergrößert
werden können; die physikalischen
Gesetze der Optik, die Bauweise
von Kameras oder die Feinheit der
für den Film benutzten chemischen
Emulsion, der die Realweltbilder
aufnimmt, führen zu keinerlei
Detailverlust.

Abbildung 2.5 Ein Schmetterling wird sowohl gestreckt als auch gestaucht gezeigt. $\mathfrak{R}$ ist abgeschlossen unter isotroper Streckung und Stauchung.

ausgesandt werden, konstant bleibt, die Photonen jedoch im vergrößerten Bild über eine größere Fläche verteilt werden. Deshalb enthalten Vorrichtungen zum Vergrößern von Bildern üblicherweise die Möglichkeit, den Gegenstand stärker zu beleuchten, um den Eindruck aufrechtzuerhalten, daß das Bild auch nach der Vergrößerung noch dieselbe Färbung und Helligkeit aufweist. Ein weiteres Beispiel sind Diaprojektoren, die Farbbilder auf Leinwände projizieren: Soll die Helligkeit des Lichts, das von der Leinwand zurückgestrahlt wird, konstant bleiben, wenn der Abstand zwischen dem Bildschirm und dem Projektor verdoppelt wird, muß die Leistung der Glühbirne im Projektor um den Faktor 4 erhöht werden, weil sich die Bildfläche ebenfalls um diesen Faktor vergrößert. In diesem Fall fällt die natürliche Wahl eines gestreckten Bildes auf das, dessen Photonen-Emissionsrate proportional zum Flächenzuwachs vergrößert wird. Noch ein anderes Beispiel liefert unsere alltägliche Erfahrung, ein Objekt aus verschiedenen Entfernungen anzusehen. Wird der Abstand zwischen einem Betrachter und einem an der Wand hängenden Bild halbiert, vergrößert sich die Fläche, die das Bild auf der Netzhaut des Betrachters einnimmt, um den Faktor 4. Allerdings vergrößert sich auch die Anzahl der Photonen, die auf die Netzhaut des Betrachters fallen, um denselben Faktor. Beides hält sich die Waage, und die Gesamthelligkeit der Farben in dem Bild bleibt konstant. Das ist eine typische Erfahrung in der beobachtbaren Welt der Dinge, und daher erwarten wir auch, daß sich die Helligkeit von Bildern beim Skalieren so verhält.

Die vorangehende Überlegung trifft gut auf Gebiete konstanter Farbe zu, aber auch komplexere Effekte lassen sich vorstellen. Nehmen wir zum Beispiel an, man befindet sich so weit von Lichtquellen entfernt, daß sie wie punktförmige Quellen aussehen, etwa wie Glühwürmchen in tiefer Nacht. Verdoppeln wir nun den Abstand zwischen dem Beobachter und den Lichtquellen, dann nimmt deren Helligkeit um den Faktor

Abbildung 2.6 Ein weißes Sierpinski-Dreieck auf schwarzem Grund sowie drei identische Exemplare, die ein „gestrecktes" Sierpinski-Dreieck ergeben

vier ab, der Abstand zwischen ihnen wächst um den Faktor zwei, die Ausdehnung der Lichtpunkte hingegen scheint gleich zu bleiben. In derartigen Fällen kann man Borel-Maße für ein Modell der chromatischen Bildattribute benutzen. Ein weiteres Beispiel wird vom Bild eines Sierpinski-Dreiecks geliefert: Eine Art, wie man es auf die doppelte lineare Größe dehnen kann, besteht in der Verwendung dreier identischer Exemplare des Originals, wie in Abildung 2.6 gezeigt. Daraus leiten wir die seltsame Tatsache ab, daß die gesamte Lichtmenge, die von einem Sierpinski-Dreieck, das wir uns als weiß auf einem schwarzen Hintergrund vorstellen, ausgestrahlt und/oder reflektiert wird, sich verdreifacht, wenn sich die lineare Ausdehnung verdoppelt. Daher erscheint ein Sierpinski-Dreieck doppelter Größe, das aus doppelter Entfernung betrachtet wird, weniger hell als das Original bei der ursprünglichen Entfernung. Ein weiterer Weg, wie man sich die Dehnung eines Bildes vorstellen kann, besteht darin, die optische Anordnung unverändert zu lassen und stattdessen das Bild physisch zu dehnen. Beispielsweise könnte das Bild auf ein buntes Gummituch aufgebracht sein; wenn das Gummi gedehnt wird, wird auch das Bild gedehnt, während die Farbintensitäten konstant bleiben. Wir schließen aus all dem, daß man bei der Definition des Dehnungsvorgangs für ein mathematisches Modell eines Realweltbildes sorgfältig vorgehen muß. Beispiele für das Dehnen von Realweltbildmodellen finden sich in Unterkapitel 2.3. – Es erweist sich als sinnvoll, Realweltbilder mit den folgenden Eigenschaften auszustatten.

Abbildung 2.7
Die Spiegelung eines Realweltbildes
ergibt ein weiteres Realweltbild.

Eigenschaft (vi) Sei $\mathcal{I} \in \mathfrak{R}$, und sei $\tilde{\mathcal{I}}$ das Ergebnis der Spiegelung von $\mathcal{I}$ an einer Achse, die parallel zu einer der Seiten des Trägers von $\mathcal{I}$ ist. Dann ist $\tilde{\mathcal{I}} \in \mathfrak{R}$; mit anderen Worten, $\mathfrak{R}$ ist unter Spiegelungen abgeschlossen. Diese Vorstellung ist in Abbildung 2.7 illustriert.

Eigenschaft (vii) Sei $\mathcal{I} \in \mathfrak{R}$, und sei $\tilde{\mathcal{I}}$ das Ergebnis beim Ausschneiden eines gedrehten rechteckigen Gebiets von $\mathcal{I}$. Dann ist $\tilde{\mathcal{I}} \in \mathfrak{R}$; mit anderen Worten, $\mathfrak{R}$ ist abgeschlossen unter derartigen Drehoperationen. Diese Vorstellung wird in Abbildung 2.8 veranschaulicht.

Isotrope Streckung und Stauchung eines Bildes sind Beispiele für *Ähnlichkeitsabbildungen*. Ähnlichkeitsabbildungen, Drehungen und Spiegelungen sind ihrerseits Beispiele affiner Transformationen, die in Kapitel 3 beschrieben werden. Gemeinsam können die Eigenschaften (v), (vi) und (vii) zu der folgenden Eigenschaft verallgemeinert werden.

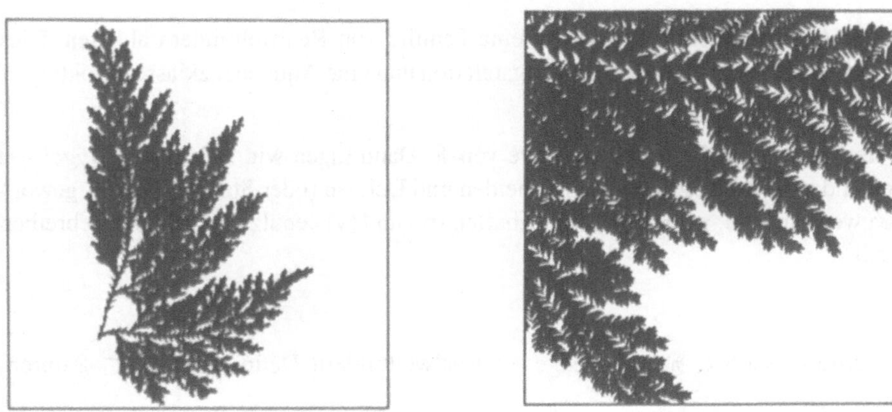

Abbildung 2.8 Beim Ausschneiden eines gedrehten Rechtecks aus einem Realweltbild entsteht ein weiteres Realweltbild.

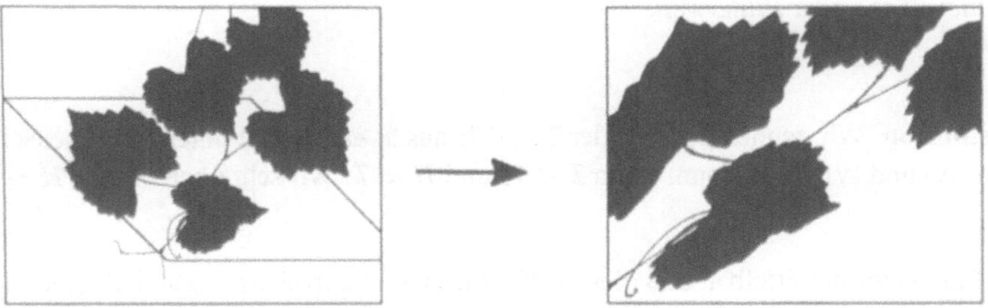

Abbildung 2.9 Eine invertierbare affine Transformation wird auf einen parallelogrammförmigen Ausschnitt eines Bildes angewandt und ergibt ein rechteckiges Bild.

Eigenschaft (viii) $\Re$ ist abgeschlossen unter der Anwendung beliebiger invertierbarer affiner Transformationen auf parallelogrammförmige Ausschnitte von Elementen von $\Re$, bei denen sich wieder ein Rechteck ergibt. Dies wird in Abbildung 2.9 dargestellt.

Zur Vereinfachung beschränken wir die folgenden Überlegungen bis zum Ende dieses Unterkapitels auf Folgerungen aus den zusammengenommenen Eigenschaften (iv) und (v). Im wesentlichen gelten die Überlegungen auch, wenn man Eigenschaft (v) durch die Eigenschaften (v) und (vi) ersetzt, oder durch die Eigenschaften (vi) und (vii), oder auch durch die Eigenschaft (viii).

Die Eigenschaften (iv) und (v) drücken gemeinsam die Tatsache aus, daß Realweltbilder die folgende erstaunliche Eigenschaft haben. Wenn man ein beliebiges rechteckiges Gebiet in einem Realweltbild auswählt, das dieselben Seitenverhältnisse wie das ursprüngliche Bild aufweist, und es bis zur Größe des Originals dehnt oder „zoomt", dann ist das Ergebnis wieder ein Realweltbild. Dies legt nahe, daß nichttriviale mathematische Modelle für Realweltbilder reichhaltig an mathematischen und visuellen Eigenschaften sein werden. Zum Beispiel läßt sich aus jedem Realweltbild durch Ausschneiden und Zoomen eine Familie von Realweltbildern ableiten. Dies macht es möglich, eine Halbordnungsrelation und eine Äquivalenzklassenstruktur auf $\Re$ zu definieren.

Definition Seien $\mathcal{I}$ und $\mathcal{H}$ Elemente von $\Re$. Dann sagen wir, $\mathcal{H}$ ist *von $\mathcal{I}$ abgeleitet* genau dann, wenn $\mathcal{H}$ durch Ausschneiden und Dehnen (oder Stauchen) aus $\mathcal{I}$ gewonnen werden kann, wobei die Eigenschaften (iv) und (v) benutzt werden. Wir schreiben dann $\mathcal{H} < \mathcal{I}$.

Definition Sei $S \subset \Re$ eine Menge von Realweltbildern. Definiere $\mathcal{W}(S) \subset \Re$ durch

$$\mathcal{W}(S) := \{\mathcal{H} \in \Re : \mathcal{H} < \mathcal{I} \text{ für ein } \mathcal{I} \in S\}.$$

Wir nennen $\mathcal{W}(S)$ die unter Benutzung der Eigenschaften (iv) und (v) *von S erzeugte Bildermenge* oder *Bilderwelt*.

Definition Wir nennen zwei Bilder $\mathcal{I}$ und $\mathcal{H}$ aus $\Re$ *äquivalent* unter den Eigenschaften (iv) und (v) genau dann, wenn $\mathcal{I} < \mathcal{H}$ und $\mathcal{H} < \mathcal{I}$. Wir schreiben hierfür $\mathcal{H} \sim \mathcal{I}$.

Man sieht unmittelbar, daß diese Definition von Äquivalenz tatsächlich eine *Äquivalenzrelation* auf dem Raum $\Re$ liefert [JG]. Daraus folgt, daß $\Re$ durch diese Relation in *Äquivalenzklassen* zerlegt wird. Jede Äquivalenzklasse läßt sich durch eines ihrer Elemente darstellen; wir benutzen die Schreibweise $\mathcal{E}(\mathcal{I})$ für die Äquivalenzklasse, die zu $\mathcal{I} \in \Re$ gehört. Seien nun $\mathcal{I}, \mathcal{H} \in \Re$. Dann gilt $\mathcal{I} < \mathcal{H}$ genau dann, wenn $\mathcal{P} < \mathcal{Q}$ für alle $\mathcal{P} \in \mathcal{E}(\mathcal{I})$ und $\mathcal{Q} \in \mathcal{E}(\mathcal{H})$. Dies bedeutet, daß unsere Teilordnung sich auf die Äquivalenzklassenstruktur vererbt; wir können also definieren, daß $\mathcal{E}(\mathcal{I}) < \mathcal{E}(\mathcal{H})$ genau dann, wenn $\mathcal{I} < \mathcal{H}$.

Man kann auch das folgende zeigen: Seien $\mathcal{J}, \mathcal{H} \in \Re$; $\mathcal{W}(\mathcal{J})$ bezeichne die von $\mathcal{J}$ erzeugte Bildermenge und $\mathcal{E}(\mathcal{H})$ die Äquivalenzklasse von $\mathcal{H}$. Dann ist $\mathcal{E}(\mathcal{H}) \cap \mathcal{W}(\mathcal{J})$ entweder leer oder gleich $\mathcal{E}(\mathcal{H})$. Daraus folgt

$$\mathcal{W}(\mathcal{J}) = \bigcup_{\mathcal{H} \in T} \mathcal{E}(\mathcal{H})$$

für eine geeignete Wahl von $T \subset \Re$.

Mit $|A|$ bezeichnen wir wie üblich die Anzahl der Elemente einer Menge A. Dann bezeichne $\|\mathcal{W}(\mathcal{J})\|$ die Anzahl verschiedener Äquivalenzklassen in $\mathcal{W}(\mathcal{J})$, d. h.

$$\|\mathcal{W}(\mathcal{J})\| := \min\left\{|T| \ : \ T \subset \Re \text{ mit } \mathcal{W}(\mathcal{J}) = \bigcup_{\mathcal{H} \in T} \mathcal{E}(\mathcal{H})\right\}.$$

Abbildung 2.13 Einige Elemente einer Bilderwelt $\mathcal{W}(\mathcal{I})$, wobei $\mathcal{I}$ ein bayerisches Schloß darstellt

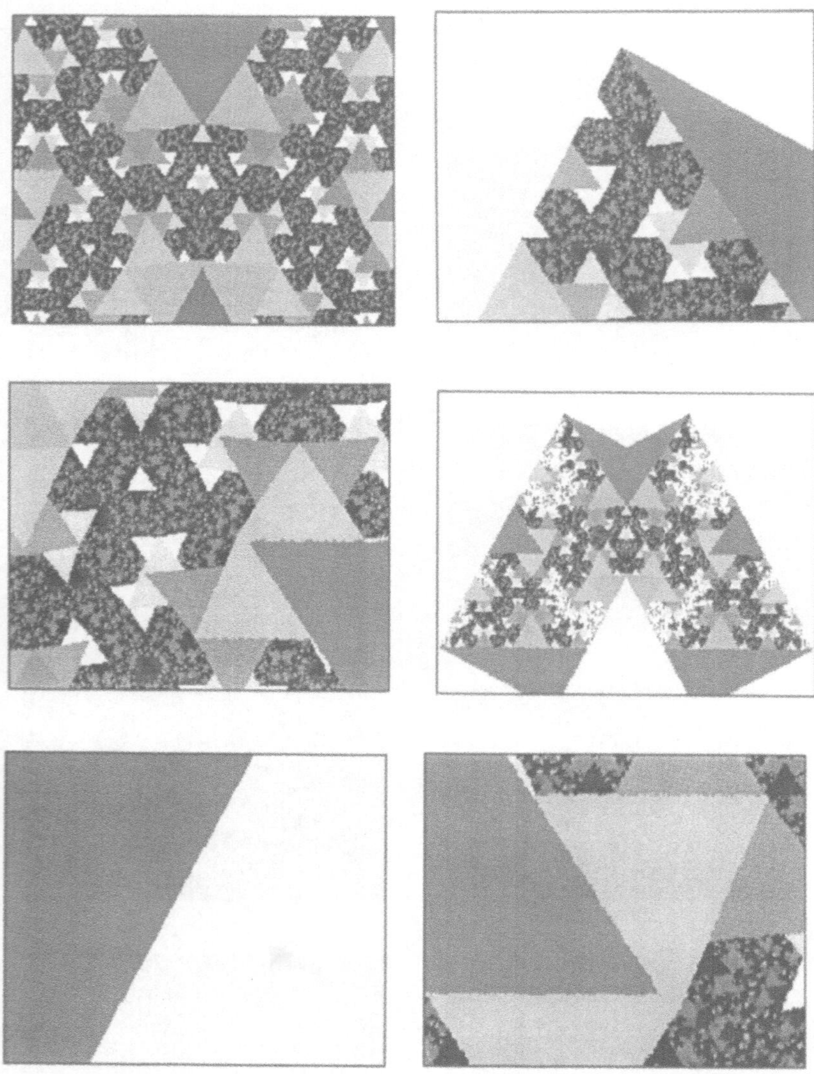

Abbildung 2.14 Elemente einer Bilderwelt $\mathcal{W}(\mathcal{I})$, wobei $\mathcal{I}$ ein einzelnes fraktales Bild ist

(iv) Zwei Bilderwelten, die vom *Desktop Fractal Design System* [DFDS1] erzeugt wurden, sind in den Abbildungen 2.14 und 2.15 dargestellt.

(v) Eine Bilderwelt, die vom Bild einer Pflanze erzeugt wird, ist in Abbildung 2.16 auf Seite 22 dargestellt. Wir stellen uns alle Bilder als gleich groß vor.

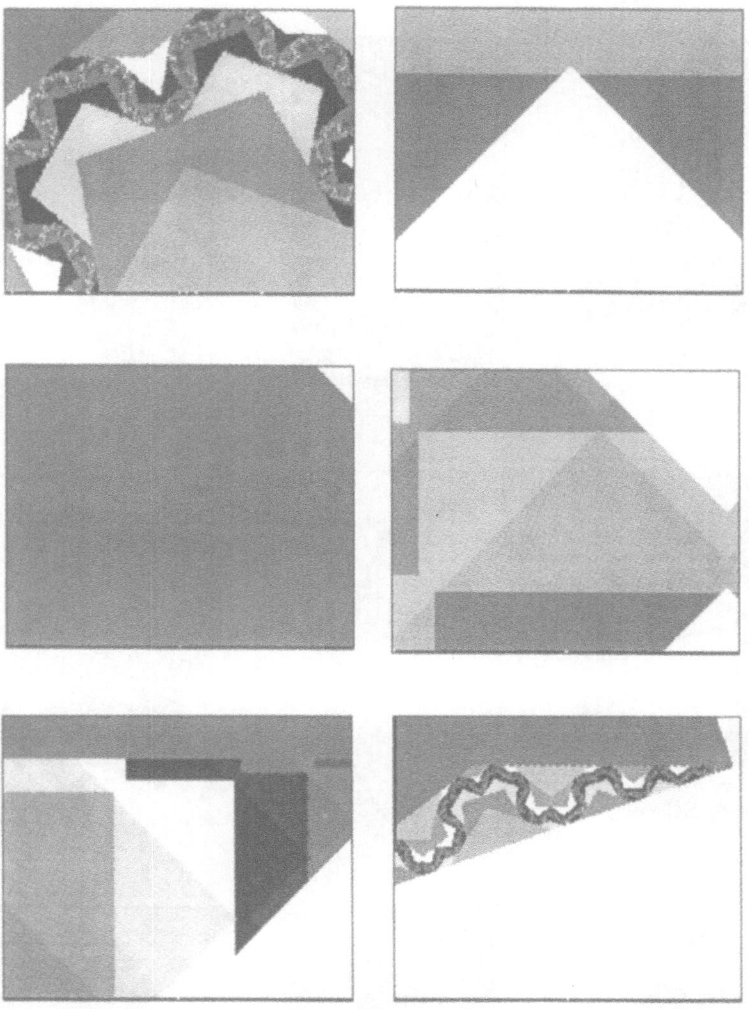

Abbildung 2.15 Elemente einer Bilderwelt $\mathcal{W}(\mathcal{I})$, wobei $\mathcal{I}$ ein einzelnes fraktales Bild ist

(vi) Eine Bilderwelt, die von einem Pflanzenbild erzeugt wird, wenn man beliebige der in Eigenschaft (viii) genannten affinen Transformationen zuläßt, ist in Abbildung 2.17 auf Seite 23 dargestellt.

Es ist wichtig, den Raum der Realweltbilder vom *visuellen Raum* zu unterscheiden, der von EWALD HERING definiert wurde. Der visuelle Raum ist ein mathematisches Modell für den Raum, in dem Objekte der räumlichen Welt so erscheinen, wie sie vom menschlichen Wahrnehmungsapparat empfangen und verarbeitet werden. Er stellt eine dreidimensionale Mannigfaltigkeit dar. Er ist kein euklidischer Raum, denn beispiels-

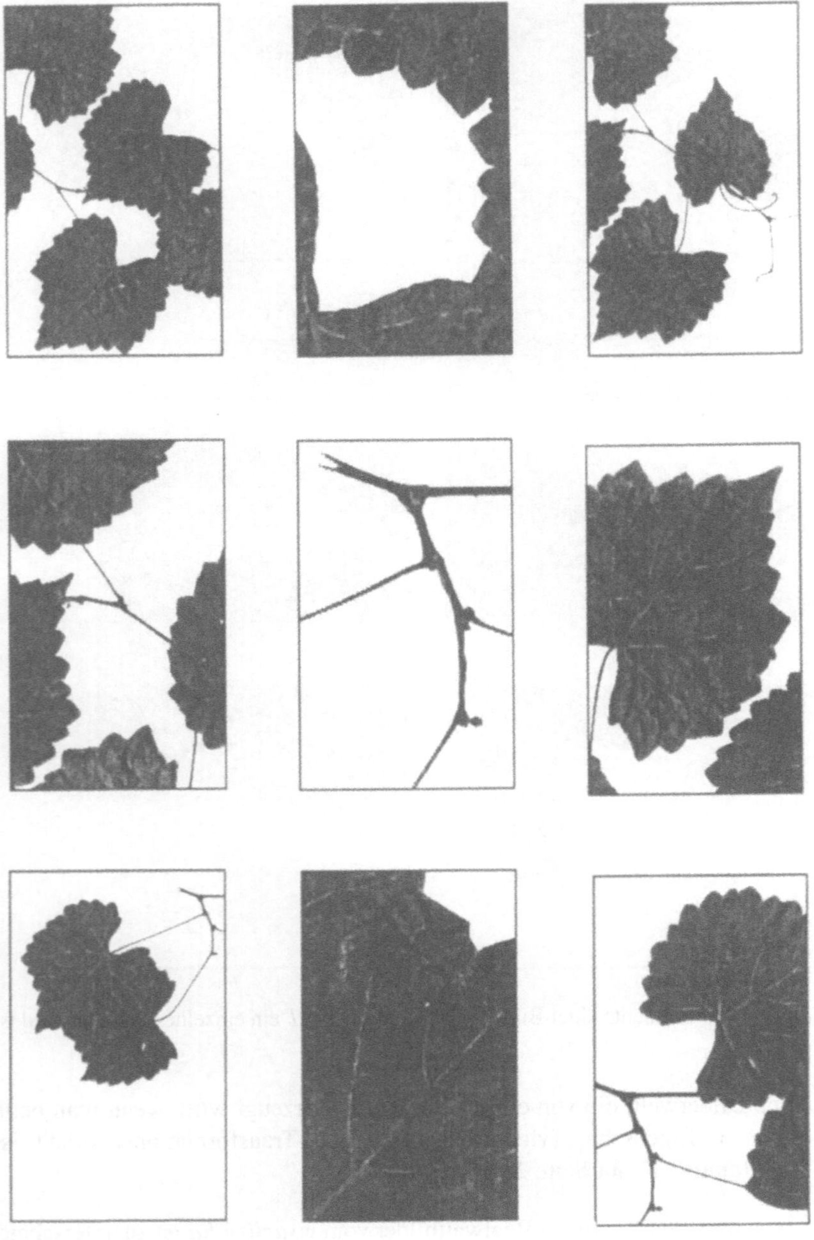

Abbildung 2.16 Elemente einer Bilderwelt $\mathcal{W}(\mathcal{I})$, wobei $\mathcal{I}$ das Bild einer Pflanze ist

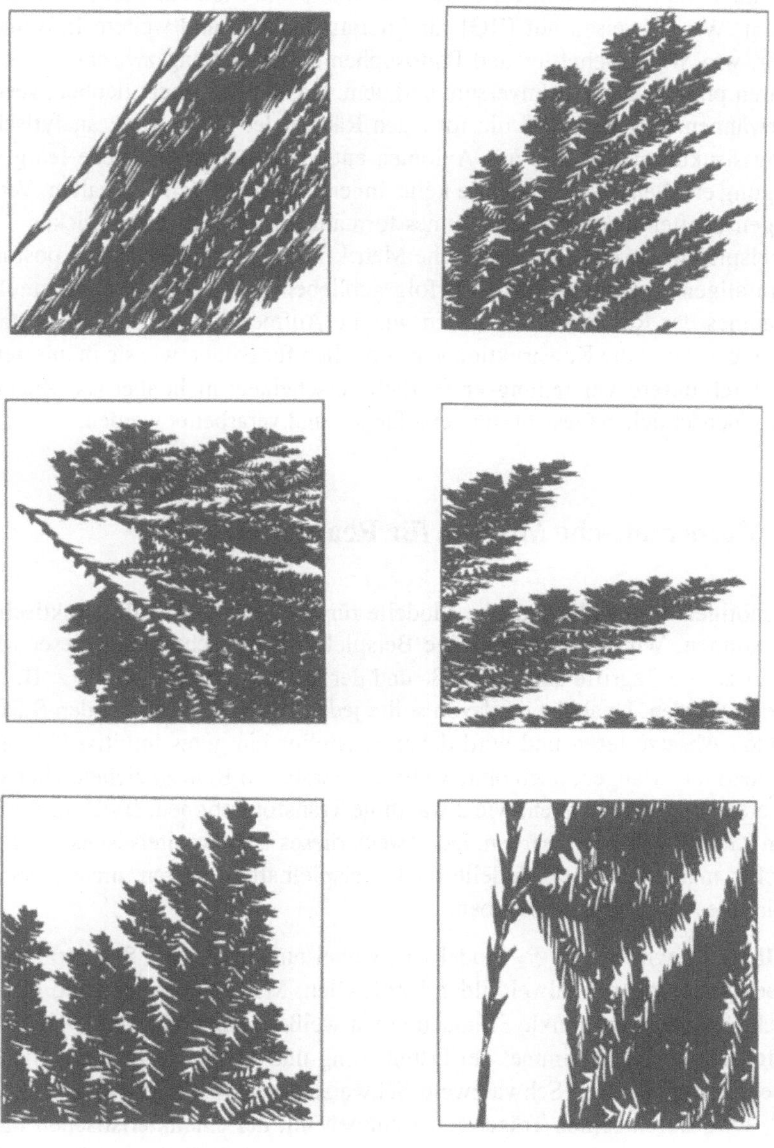

Abbildung 2.17 Elemente einer Bilderwelt $\mathcal{W}(\mathcal{I})$, wobei $\mathcal{I}$ das Bild einer Pflanze ist und beliebige affine Transformationen erlaubt sind

weise ändert sich die scheinbare Größe von Sonne und Mond mit der Höhe über dem Horizont. Wir verweisen auf [RG] für Literaturangaben und weitere Informationen darüber, wie Wissenschaftler und Philosophen die Beziehung zwischen dem beobachtbaren physikalischen Universum und dem, was wir zu sehen glauben, verstehen. Wir erwähnen weiterhin, daß die formalen Räume der Mathematik analytische Beziehungsstrukturen sind, die aus Axiomen entwickelt werden, welche lediglich die Bedingung erfüllen müssen, daß sie keine inneren Widersprüche enthalten. Versuche, die Eigenschaften des visuellen Raumes formalmathematisch auszudrücken – indem man beispielsweise eine hyperbolische Metrik für den visuellen Raum postuliert –, sind im allgemeinen ohne großen Erfolg geblieben [GW]. In unserer Formulierung des Raumes der Realweltbilder haben wir die Aufmerksamkeit auf ein einfacheres Problem gerichtet: die Konstruktion von Modellen für Bilder, wie sie in unserem Verstand, durch unsere Vorstellungskraft erhellt, erscheinen; nicht aber als Objekte, wie sie vom menschlichen Gesichtssinn empfangen und verarbeitet werden.

2.3 Mathematische Modelle für Realweltbilder

Wir benötigen nun mathematische Modelle für $\mathfrak{R}$, damit wir Bilder praktisch handhaben können. Wir geben hier einige Beispiele. Die Beschreibung dieser Modelle erfordert einige Begriffe aus der Maß- und der Integrationstheorie, die z. B. in [FE] behandelt werden. Unabhängig davon sollte jeder Leser des vorliegenden Buches die folgenden Absätze lesen und wird dabei zweifellos ein gutes intuitives Verständnis des Gemeinten erlangen, auch ohne weitere Literatur zu Rate zu ziehen. Hier werden auch verschiedene Gedanken, wie etwa affine Transformationen, erwähnt, die im folgenden Kapitel diskutiert werden. Der Zweck dieses Unterkapitels ist es, die Struktur möglicher mathematischer Modelle für $\mathfrak{R}$ beispielhaft zu zeigen, nicht jedoch, eine vollständige Aufzählung anzugeben.

Modell (i) $\mathfrak{R}$ wird durch $\mathfrak{R}_i$ modelliert, wobei nur die Farben Schwarz und Weiß dazu benutzt werden, Realweltbilder darzustellen. Man stellt sich solche Bilder wie Fax-Schriftstücke vor, dunkle Silhouetten vor weißem Hintergrund, die Umrisse von Baumformen vor dem Himmel bei Dämmerung und andere vorgestellte Bilder, wie sie in einer fremdartigen Schwarzweiß-Sehweise gesehen werden. Jedes Element $\mathcal{J}$ von $\mathfrak{R}_i$ wird durch seinen Träger $\square$ zusammen mit der charakteristischen Funktion $\chi_A : \square \longrightarrow \{0, 1\}$ einer Borel-meßbaren Untermenge $A \subset \square$ dargestellt. Die Menge A, die auf $\square$ „aufgemalt" ist, stellt ein schwarzes Bild auf weißem Untergrund zur Verfügung. „0" steht für die Farbe weiß und „1" für schwarz. Die Funktion $\chi_A(x)$ ist definiert durch

$$\chi_A(x) \longmapsto \begin{cases} 1, & \text{wenn } x \in A, \\ 0, & \text{wenn } x \notin A. \end{cases}$$

χ_A liefert die chromatischen Attribute des Bildes.

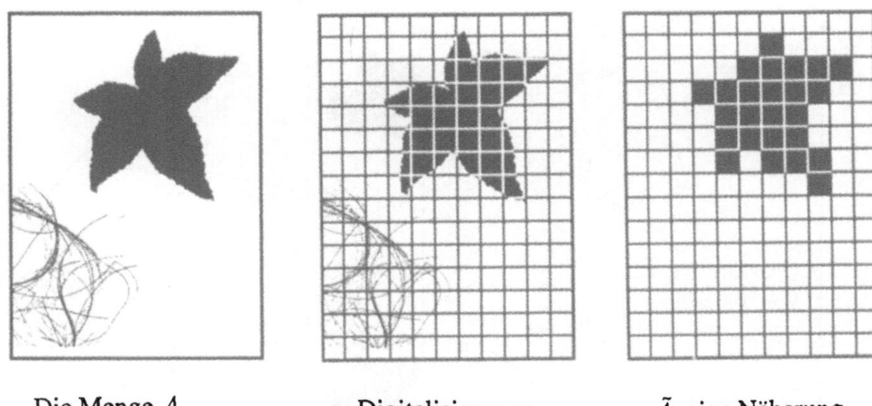

Die Menge A Digitalisierungs-
gitter über A $\tilde{A}$, eine Näherung
endlicher Auflösung an A

Abbildung 2.18 Man erhält die Näherung $\tilde{A}$ endlicher Auflösung an A, indem man über das Bild A ein Pixel-Feld legt und diejenigen Pixel als schwarz notiert, deren Farbmittelwert näher an Schwarz als an Weiß liegt.

In diesem Modell ist jedes Realweltbild durch seinen Träger $\square$ zusammen mit einer Borelmenge $A \subset \square$ vollständig festgelegt; und umgekehrt definiert jedes Paar $(\square, A)$, wobei $A \subset \square$ eine Borel-Untermenge von $I\!R^2$ ist, ein Element von $\Re_i$.

Wir verlangen, daß die Menge A und damit auch die Funktion $\chi_A : \square \to \{0, 1\}$ Borel-meßbar ist, damit man Integrale über meßbare Untermengen des Bildes berechnen kann. Dies wiederum gestattet es uns, auf konsistente Weise Näherungen endlicher Auflösung an das Bild zu definieren, wie es durch die Eigenschaft der Auflösungsunabhängigkeit (Eigenschaft (iii)) von $\Re$ verlangt wird. Beispielsweise können wir die digitalen Näherungsmodelle endlicher, beliebig hoher Auflösung für J definieren, indem wir einem Pixel $P \subset \square$ den Wert 0 oder 1 zuweisen, je nachdem, ob der Wert

$$\frac{\int_P \chi_A(x)\, dx}{\int_P dx}$$

kleiner als $\frac{1}{2}$ oder aber größer oder gleich $\frac{1}{2}$ ist. Dadurch wird eine (digitale) Näherung $\tilde{A}$ endlicher Auflösung an A festgelegt, wie es in Abbildung 2.18 dargestellt ist. Wir benutzen die Schreibweise $\tilde{A} = \mathcal{P}_{m \times n}(A)$, falls die Pixel P dadurch definiert werden, daß $\square$ in ein Feld von m Pixeln waagerecht und n Pixeln senkrecht eingeteilt wurde. In diesem Modell ist $\mathcal{P}_{m \times n} : \Re_i \to \Re_i$ dann ein Projektionsoperator, der den Raum der Realweltbilder auf sich selbst abbildet. Es gilt $\mathcal{P}_{m \times n}(\mathcal{P}_{m \times n}(A)) = \mathcal{P}_{m \times n}(A)$ für alle Borel-Untermengen A von $\square$. Wir sagen, die Modelle endlicher Auflösung $\{\mathcal{P}_{m \times n}(A) : m, n \in I\!N\}$ sind *konsistent*; bildet man nämlich eine digitale Annäherung $\mathcal{P}_{m' \times n'}(A)$ hinreichend hoher Auflösung an A, wobei die natürliche Zahl m' viel größer als m und n' viel größer als n ist, und erzeugt nun dieselbe Annäherung an $\mathcal{P}_{m \times n}(A)$, d. h. also $\mathcal{P}_{m' \times n'}(\mathcal{P}_{m \times n}(A))$, dann ist das Ergebnis annähernd dasselbe.

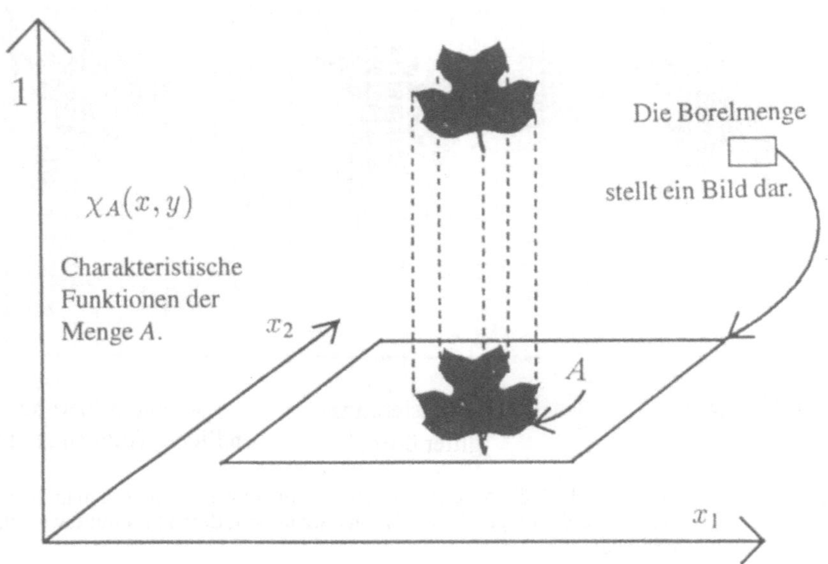

Abbildung 2.19 Realweltbilder werden durch $\Re_i$ modelliert, wobei Borel-Untermengen von $\square$ zur Darstellung binärer Bilder benutzt werden.

Genauer gesagt, für feste m und n gilt

$$d(\mathcal{P}_{m' \times n'}(A), \mathcal{P}_{m' \times n'}(\mathcal{P}_{m \times n}(A))) \to 0,$$

wenn m' und n' gemeinsam gegen unendlich streben.

d steht hier für eine beliebige sinnvolle Metrik auf dem Raum $\Re_i$, die es erlaubt, Bilder mit gleichem Träger zu vergleichen, wie etwa

$$d(A, B) = \int_{\square} |\chi_A(x) - \chi_B(x)| \, dx.$$

Jedes Bild $\mathcal{J}$ in $\Re_i$, das wie oben mit einer Borelmenge A verknüpft ist, kann so gestreckt (gestaucht) werden, daß sich ein neues Bild $\mathcal{H} \in \Re_i$ ergibt, indem man den Träger $\square \subset I\!R^2$ von $\mathcal{J}$ auf ein größeres (kleineres) Gebiet $\square' \subset I\!R^2$ abbildet, dessen räumliche Abmessungen um einen konstanten Faktor $s > 0$ größer (kleiner) als die von $\square$ sind. Nimmt man den Koordinatenursprung in der linken unteren Ecke des Trägers an, werden die chromatischen Attribute von $\mathcal{H}$ durch $\chi(x_1, x_2) := \chi_A(x_1/s, x_2/s)$ für alle $(x_1, x_2) \in \square'$ geliefert. $\Re_i$ ist in Abbildung 2.19 dargestellt.

Modell (ii) In diesem Fall wird $\Re$ durch $\Re_{ii}$ modelliert. Die chromatischen Attribute eines Bildes in $\Re_{ii}$ werden mit Hilfe eines Intervalles I von reellen Zahlen, wie z. B. $[0, 255] \subset I\!R$, und einer Funktion $f : \square \to I$ dargestellt, wobei die Elemente von I für die möglichen Grauwerte stehen. Die Funktion $f(x)$ liefert die Lichtstärke oder Helligkeit des Bildes an einem Bildpunkt $x = (x_1, x_2)$. Um das Modell schärfer zu fassen, kann man eine Integrierbarkeits- und/oder Stetigkeitsklasse für f verlangen. Beispielsweise könnte man Funktionen verwenden, die zu $\ell^1(\square)$, $\ell^2(\square)$ oder $\ell^\infty(\square)$ gehören; oder man könnte fordern, daß die Funktionen eine bestimmte Hölder-Bedingung erfüllen, oder daß sie stückweise stetig sind. Die Funktion f liefert die chromatischen Attribute des Bildes.

In $\mathfrak{R}_{ii}$ ist jedes Bild durch seinen Träger $\square$ zusammen mit einer Funktion $f : \square \to I$ vollständig festgelegt; und umgekehrt definiert jede Funktion

$$f : \square \to I$$

zusammen mit einer gewissen Randbedingung wie etwa $f \in \ell^1(\square)$ ein Element von $\mathfrak{R}_{ii}$.

Man erhält Annäherungsmodelle beliebig hoher endlicher Auflösung für $\mathcal{J} \in \mathfrak{R}_{ii}$, indem man jedem Pixel $P \in \square$ den Wert

$$f(P) = \frac{\int_P f(x)\,dx}{\int_P dx}$$

zuweist.

Jedes Bild $\mathcal{J}$ in $\mathfrak{R}_{ii}$, dessen chromatische Attribute wie eben beschrieben durch f geliefert werden, kann so gestreckt (gestaucht) werden, daß sich ein neues Bild $\mathcal{H} \in \mathfrak{R}_{ii}$ ergibt, indem man den Träger $\square \subset I\!R^2$ von $\mathcal{J}$ auf ein größeres (kleineres) Gebiet $\square' \subset I\!R^2$ abbildet, dessen räumliche Abmessungen um einen konstanten Faktor $s > 0$ größer (kleiner) als die von $\square$ sind. Die chromatischen Attribute von $\mathcal{H}$ werden durch $g(x_1, x_2) := f(x_1/s, x_2/s)$ für alle $(x_1, x_2) \in \square'$ geliefert.

In $\mathfrak{R}_{ii}$ kann der Abstand zwischen zwei Bildern $\mathcal{J}$ und $\mathcal{H}$ mit gleichem Träger durch die Abstandsfunktion gemessen werden, die zu dem gewählten Funktionenraum wie etwa $\ell^1(\square)$, $\ell^2(\square)$ oder $\ell^\infty(\square)$ gehört. Zum Beispiel können wir definieren

$$d(\mathcal{J}, \mathcal{H}) := \int_\square |f(x) - g(x)|\,dx,$$

wobei $f : \square \to I$ und $g : \square \to I$ die chromatischen Funktionen der beiden Bilder sind. $\mathfrak{R}_{ii}$ ist in Abbildung 2.20 dargestellt.

Modell (iii) In diesem Fall wird $\mathfrak{R}$ durch $\mathfrak{R}_{iii}$ modelliert. Ein Bild in $\mathfrak{R}_{iii}$ wird mit Hilfe eines normalisierten reellwertigen Borel-Maßes μ dargestellt, dessen Träger in $\square$ liegt. Die Gesamtmenge des von einer Borel-meßbaren Teilmenge $A \subset \square$ ausgesandten Lichts beträgt

$$\int_A d\mu.$$

In diesem Modell ist es im allgemeinen nicht möglich, die mit einem einzelnen Bildpunkt verknüpfte Lichtintensität zu beschreiben.

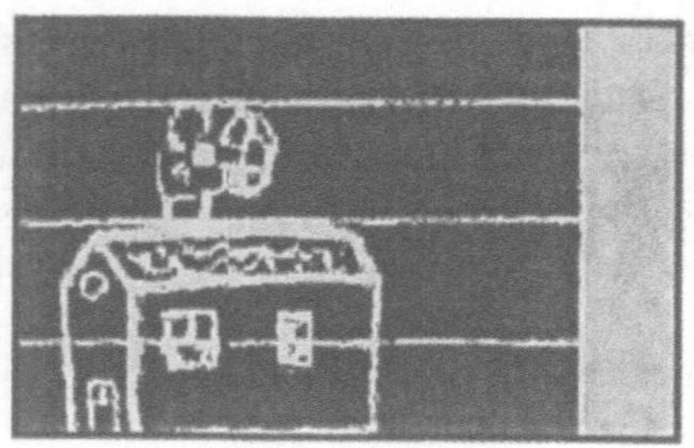
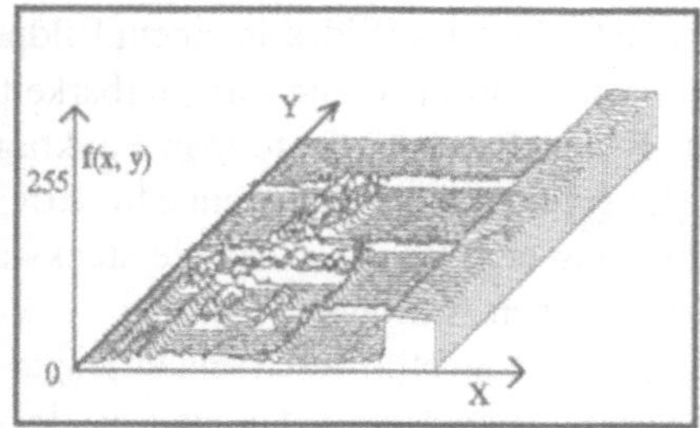

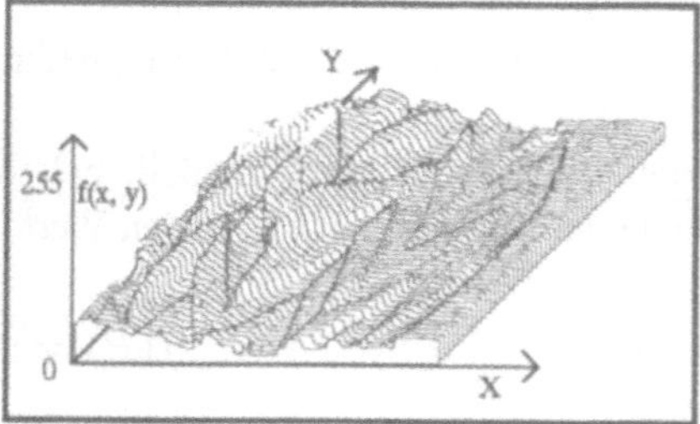

Abbildung 2.20 Realweltbilder werden durch $\Re_{ii}$ modelliert, wobei reellwertige Funktionen $f : \square \to I \subset I\!\!R$ zur Darstellung von Graustufenbildern benutzt werden.

In $\Re_{iii}$ ist jedes Bild durch seinen Träger $\square$ zusammen mit einem normalisierten Borel-Maß μ vollständig festgelegt; und umgekehrt definiert jedes Borel-Maß μ mit Träger in $\square$, das auf

$$\int_{\square} d\mu = 1$$

normalisiert ist, ein Element von $\Re_{iii}$.

Man erhält Annäherungsmodelle beliebig hoher endlicher Auflösung für $\mathcal{J} \in \Re_{iii}$, indem man jedem Pixel $P \in \square$ den Wert

$$f(P) = \int_{P} d\mu$$

zuweist.

Jedes Bild $\mathcal{J}$ in $\Re_{iii}$, dessen chromatische Attribute wie eben beschrieben durch μ geliefert werden, kann so gestreckt (gestaucht) werden, daß sich ein neues Bild $\mathcal{H} \in \Re_{iii}$ ergibt, indem man den Träger $\square \subset I\!\!R^2$ von $\mathcal{J}$ auf ein größeres (kleineres) Gebiet $\square' \subset I\!\!R^2$ abbildet, dessen räumliche Abmessungen um einen konstanten Faktor $s > 0$ größer (kleiner) als die von $\square$ sind. Die chromatischen Attribute von $\mathcal{H}$ werden durch das Maß ν geliefert, wobei ν durch $\nu(B) := \mu(s^{-1}B)$ für alle Borel-Untermengen $B \subset \square'$ definiert ist. s^{-1} steht hier für die affine Abbildung auf $I\!\!R^2$, die $\square'$ auf $\square$ abbildet; s^{-1} ist eine Stauchung (Streckung).

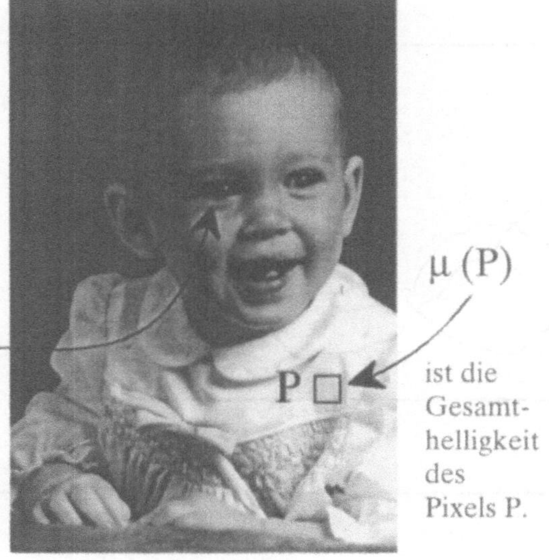

Abbildung 2.21 Realweltbilder werden durch $\Re_{iii}$ modelliert, wobei normalisierte Borel-Maße μ mit Träger in $\square$ zur Darstellung von Graustufenbildern benutzt werden.

In $\Re_{iii}$ kann der Abstand zwischen zwei Bildern $\mathcal{J}$ und $\mathcal{H}$ mit gleichem Träger durch die Abstandsfunktion d gemessen werden, die durch

$$d(\mathcal{J}, \mathcal{H}) := \int_{\square} |d\mu(x) - d\nu(x)|$$

definiert ist, wobei μ und ν die beiden mit den Bildern verknüpften Maße sind. $\Re_{iii}$ ist in Abbildung 2.21 dargestellt.

Modell (iv) In diesem Fall wird $\Re$ durch $\Re_{iv}$ modelliert. Die chromatischen Attribute eines Bildes in $\Re_{iv}$ werden mit Hilfe eines Intervalles I von reellen Zahlen, wie z. B. $[0, 255] \subset I\!R$, und dreier Funktionen $f_r : \square \to I, f_g : \square \to I$ und $f_b : \square \to I$ dargestellt. Die Funktionen $f_r(x), f_g(x), f_b(x)$ liefern die Lichtstärken in der roten, der grünen bzw. der blauen Komponente des Bildes an dem Punkt $x = (x_1, x_2)$ im Träger des Bildes. Wiederum muß man eine Integrierbarkeitsklasse für diese Funktionen angeben.

In $\Re_{iv}$ kann der Abstand zwischen zwei Bildern $\mathcal{J}$ und $\mathcal{H}$ mit gleichem Träger durch die Abstandsfunktion gemessen werden, die zu dem gewählten Funktionenraum wie etwa $\ell^1(\square)$, $\ell^2(\square)$ oder $\ell^\infty(\square)$ gehört. Zum Beispiel können wir definieren

$$d(\mathcal{J}, \mathcal{H}) := \int_{\square} |f_r(x) - g_r(x)| \, dx + \int_{\square} |f_g(x) - g_g(x)| \, dx +$$

$$+ \int_{\square} |f_b(x) - g_b(x)| \, dx$$

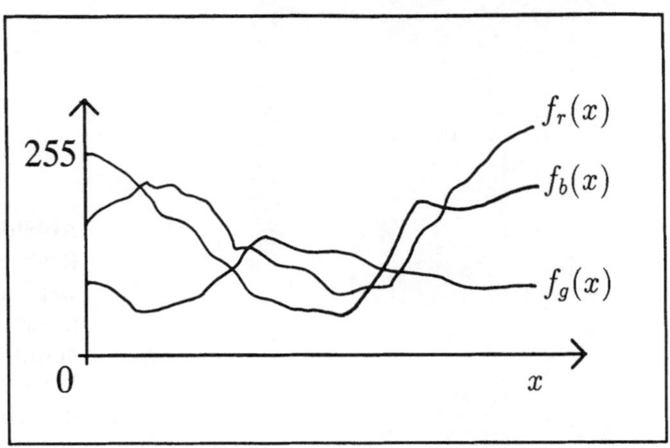

Abbildung 2.22 In $\Re_{iv}$ werden drei Funktionen dazu benutzt, die Rot-, Grün- und Blau-Lichtstärken darzustellen.

wobei f_r, f_g, f_b bzw. g_r, g_g, g_b die chromatischen Funktionen der beiden Bilder sind.

Die übrige Struktur und die weitere Behandlung dieses Modells entsprechen den Ausführungen zu $\Re_{ii}$.

$\Re_{iv}$ ist in Abbildung 2.22 dargestellt.

Viele andere mathematische Modelle für $\Re$ sind möglich und nützlich. In Modell (iv) kann man stattdessen auch die Grauwert-Lichtstärke und dazu bestimmte Farbigkeitswerte für das Bild angeben, wie es etwa im (Y, U, V)- oder im (Y, I, Q)-Bilddarstellungs-System geschieht. Man kann auch Flächen im dreidimensionalen Raum benutzen, um die Farbkomponentenhelligkeit eines Bildes als Funktion der Position darzustellen. Die Familie von Flächen kann gemeinsam als ein einziges geometrisches Objekt behandelt werden, das zur Modellierung eines Bildes benutzt wird; oder man kann erneut Borel-Maße einsetzen, um die Verteilung der Photonen-Helligkeiten in einem Bild für jede einzelne der Farbkomponenten darzustellen.

In jedem der Fälle hat das zugrundeliegende mathematische Objekt, das zur Erzeugung des Modells für $\Re$ benutzt wird, eine unendlich fein definierte Struktur – jedes Gebiet des Bildes, wie klein und wie exakt spezifiziert es auch sein mag, ist mit Zahlen verknüpft, die seine optischen Merkmale beschreiben.

Nachdem einmal ein mathematisches Modell für die „Abbilder" von $\Re$ formuliert worden ist – sei es nun beispielsweise durch Funktionen einer bestimmten Funktionenklasse, sei es durch geeignete Maße oder durch Untermengen des dreidimensionalen

Raumes –, besteht der nächste Schritt im Übergang zu Folgen von Nullen und Einsen. Wir müssen uns in die Lage versetzen, unsere mathematischen „Abbilder", d. h. unsere in diesem oder jenem speziellen Raum liegenden Maße oder Funktionen, auf methodische Weise anzunähern – die endlichen Folgen von Nullen und Einsen auf glatte, stetige Art mit den unendlichen Bildern zu verbinden. Wir möchten Familien von approximierenden Objekten mit den folgenden Eigenschaften einführen: Einerseits sollen sie in dem mathematischen Raum liegen, den wir zur Erzeugung von Bildern ausgewählt haben, oder ihn annähern oder modellieren; andererseits sollen sie durch endlich viele Parameter bestimmt sein. Die Theorie der Approximation dieser Objekte soll ihrerseits gutartig in Bezug auf die gewählte Bildmetrik (Bildabstand) und Bildfunktionsklasse sein, was etwa die Konvergenzrate und den Zuwachs an Rechenkomplexität bei zunehmender Feinheit der Approximation angeht. Insbesondere *müssen diese Approximationsobjekte gute Eigenschaften mit Bezug auf diejenigen Bilder des gewählten mathematischen Modells (oder der gewählten Modelle) für $\Re$ haben, die am besten zu der Klasse von Realweltbildern passen, mit der wir am vertrautesten sind; hierbei muß die Art, wie unser visuelles System mit diesen Bildern umgeht, berücksichtigt werden.*

Unsere Wahl zur Erzeugung von Approximationsobjekten für mathematische Bildmodelle fällt auf zwei Klassen: (a) *IFS-Fraktale* und (b) *FT-Fraktale*. Beide Approximationsfamilien erfüllen die grundlegenden Anforderungen daran, auflösungsunabhängige Modelle zur Verfügung zu stellen, die mit endlichen Ketten von Nullen und Einsen verbunden sind. Auch sind beide Approximationsfamilien konsistent mit den Eigenschaften von $\Re$. Von besonderer Bedeutung ist die Tatsache, daß jede dieser Approximationsklassen auflösungsunabhängige Bilder liefert, und daß diese Bilder normalerweise eine konstante Informationsdichte haben – Ausschneiden und Vergrößern verringern den Informationsgehalt nicht.

2.4 Scannen und Digitalisieren

Oft ist es praktisch, sich Daten als Funktion vorzustellen. Bei Klang- oder Radiowellen gibt die Funktion die Stärke oder die Amplitude in Abhängigkeit von der Zeit an. Für stehende Bilder ist die freie Variable die räumliche Position. Für Video-Sequenzen variieren sowohl Raum als auch Zeit. Wenn Definitions- und Wertebereich einer solchen Funktion als reelle Intervalle definiert sind und die Funktion alle Elemente des Wertebereichs annehmen kann, nennt man die Daten *analog*. Wenn Definitions- und Wertebereich aus endlichen Mengen möglicher Werte bestehen, die sich demnach durch ganze Zahlen darstellen lassen, nennt man die Daten *digital*.

Ein *Scanner* (Abtaster) formt analoge Bilddaten in Form von fokussiertem Licht, das von Bildern reflektiert wird, in digitale Daten um. Ein Modell für einen Scanner ist eine Funktion von $\Re$, dem Raum der Realweltbilder, in den Raum der Digitalbilder. Die Umformung geschieht durch Abtasten von optischen Bildern an einem Gitter von Positionen, die den Pixeln entsprechen, mit Hilfe eines oder mehrerer *CCDs*. CCD

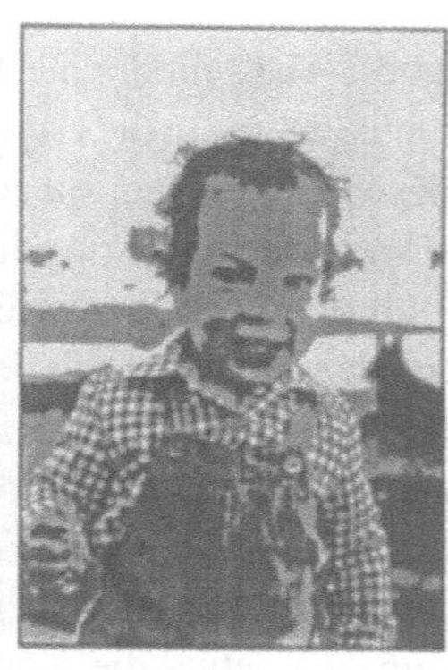

Auflösung 621 × 1360,   Auflösung 94 × 136,   Auflösung 951 × 1360,
64 Graustufen   64 Graustufen   4 Graustufen

Abbildung 2.23   Diese Abbildung zeigt die Auswirkungen unterschiedlicher Auflösungen und Bits je Pixel auf ein Bild.

steht für *charge coupled device* (ladungsgekoppeltes Element); es wandelt chromatische Daten eines oder mehrerer Gebiete von Pixelgröße in elektrische Ladungen um, die unter Benutzung von Analog-Digital-Wandlern in abgeschnittene reelle Zahlen umgewandelt (*quantisiert*) werden. Normalerweise ist die Auflösung des digitalisierenden Scanners sowohl in räumlicher Hinsicht als auch bezüglich der Lichtstärken- und Farbwerte, die er ausgeben kann, sehr viel niedriger als die Auflösung des gescannten Bildes, die zum Beispiel von den physikalischen Eigenschaften des Objektivs und der Wellenlänge des Lichts abhängt; daher können der Umfang der Werte und die verfügbare Auswahl für die Bildabtaststellen praktisch als stetige Intervalle behandelt werden. Wir sagen daher, die Eingabebilddaten für den Scanner seien analog, während die Ausgabebilddaten digital sind.

Das analoge Eingabebild $\mathcal{I}$ kann unter Benutzung mathematischer Modelle für den Raum der Realweltbilder beschrieben werden, und wir betrachten $\mathcal{I}$ als Element von $\Re$. Die Ausgabe des Scanners ist ein Element des Raums der Digitalbilder.

Eine Eigenschaft von Analogdaten besteht darin, daß die darin enthaltene Information potentiell unendlich ist. Die Natur zeigt alle Farben des Regenbogens; sie können durch ein Intervall von Strahlungsfrequenzen beschrieben werden, das unendlich viele verschiedene Werte zu enthalten scheint. Heutige Computer-Monitore stellen $2^8 = 256$, $2^{15} = 32\,768$ oder $2^{24} = 16\,777\,216$ Farben dar. Entsprechend sind die räumlichen Bestandteile eines Bildes stetig. An irgendeinem Punkt der Gewinnung eines Digitalbildes werden dem Bild eine räumliche Auflösung (Pixelbreite und -höhe) und eine Anzahl von Werten (Pixeltiefe) auferlegt. Jede dieser Entscheidungen geht damit einher, Fehler einzuführen.

Auch wenn wir hier unseren Blick hauptsächlich auf Bilder gerichtet haben, können analoge Sprach- oder Radiosignale gleichwohl ebenfalls digitalisiert werden. Um eine zeitabhängige Funktion zu digitalisieren, muß sowohl die Anzahl von Abtastungen je Sekunde (Abtastrate, englisch *sampling rate*) als auch die Anzahl der verschiedenen Funktionswerte, die die Funktion bei jeder Abtastung annehmen kann (Abtastauflösung), gewählt werden. Bei Bildern werden diese beiden Variablen Auflösung (Breite und Höhe) bzw. Bits je Pixel (Tiefe) genannt. Abbildung 2.23 zeigt die Auswirkungen unterschiedlicher Auflösungen und Bits je Pixel auf ein Bild.

Eine Abweichung vom Original, die durch das Abtasten an einer endlichen statt einer unendlichen Anzahl von Punkten hervorgerufen wird, nennt man *Abtastfehler*. Eine Abweichung, die durch die Beschränkung der Funktionswerte an jedem abgetasteten Punkt auf endlich viele mögliche Werte entsteht, wird *Quantisierungsfehler* genannt.

Wenn die Umwandlung eines analogen Signals in ein digitales so viele Fehlerquellen einführt, warum tut man es dann überhaupt? Digitaldaten sind leichter zu speichern, zu übertragen und gezielt zu verändern. Bei Benutzung fehlerkorrigierender Codes können Digitalsignale selbst über einen unzuverlässigen Kommunikationskanal mit beliebig hoher Originaltreue übertragen werden. Ein Digitalsignal kann exakt kopiert werden, ohne das Original dabei zu beeinträchtigen. Ein in digitaler Form vorliegendes Bild kann Umwandlungen unterzogen werden, die bei einem analogen Signal praktisch nicht zu realisieren wären.

Es gibt mehrere Gründe, warum wir uns ein Bild vor der Digitalisierung ansehen wollen. Einer davon betrifft die Beschreibung der Fehler. Das Ziel der Bildkompression besteht darin, dem analogen Bild treu zu bleiben, nicht seiner digitalen Darstellung; diese Tatsache ist der Hauptunterschied zwischen Bildkompression und allgemeineren Formen digitaler Kompression. Insbesondere erlaubt fraktale Bildkompression es, Bilder bei einer höherer Auflösung auszugeben als der, bei der sie eingegeben wurden. Ein weiterer Grund hängt mit der Abtastrate zusammen, die wir als nächstes erörtern wollen.

Eine Methode zum Digitalisieren eines Bildes besteht darin, es an einem Gitter diskreter Punkte abzutasten. Um die durch diesen Prozeß verursachten Fehler zu verstehen, untersuchen wir seine Umkehrung: Wie schwer ist es bei gegebener diskreter Folge von Datenpunkten, die fehlenden Angaben zu interpolieren? Die Antwort hängt von der Art der Funktion ab, die wir zur Anpassung an die Daten verwenden.

Nehmen wir zur Veranschaulichung an, wir wollen die Daten an eine reellwertige Funktion der Form

$$f(x) = \cos(\omega x)$$

anpassen. Wir bekommen die reelle Zahl ω nicht mitgeteilt, aber man nennt uns die Werte von $f(x)$ an einer diskreten Folge von Punkten mit konstanten Abständen,

$$y_n = f(n\Delta x).$$

Eine Schwierigkeit entsteht dadurch, daß ω nicht eindeutig bestimmt ist. Es läßt sich leicht überprüfen, daß, wenn ω eine Lösung des Problems ist, auch $\omega + (2\pi m)/\Delta x$ für jede ganze Zahl m eine Lösung ist.

Die Zahl $f_s = 2\pi/\Delta x$ ist die *Abtastfrequenz*. Je höher diese Frequenz, desto genauer unsere Rekonstruktion. Wie hoch ist hoch genug? Ist die Abtastfrequenz f_s, müssen wir ω auf den Bereich zwischen $-f_s/2$ und $+f_s/2$ beschränken können. Andersherum betrachtet, wenn $|\omega| < f_{max}$, dann sollte die Abtastfrequenz mindestens doppelt so hoch wie diese Rate gewählt werden. Die Frequenz $f_{nyq} = 2f_{max}$ wird *Nyquist*-Rate genannt.

Im allgemeinen sind Signale komplizierter als eine einfache Sinuskurve, aber sie können nach verschiedenen Modellen aus Summen von derartigen Kurven aufgebaut werden. Nach der Fouriertheorie beispielsweise können Funktionen f einer geeigneten Integrierbarkeitsklasse durch die Koeffizienten $\hat{f}(\omega)$ ihrer Fourier-Transformierten ausgedrückt werden:

$$f(x) = \int_{-\infty}^{\infty} \hat{f}(\omega)\cos(\omega x)\,dx.$$

Der Koeffizient $\hat{f}(\omega)$ bezieht sich also auf die Komponente von f, die die Frequenz ω aufweist.

Der quadrierte Absolutbetrag des Koeffizienten $\hat{f}(\omega)$, aufgefaßt als Funktion von ω, wird *Leistungsspektrum* $P(\omega)$ von f genannt. Wenn es eine Abschneidefrequenz ω_M derart gibt, daß $P(\omega) = 0$ für $|\omega| > \omega_M$, so sagt man, das Signal habe eine *beschränkte Bandbreite*. Der Nyquist-Satz besagt, daß die Funktion f für ein Bandbreiten-beschränktes Signal, das mit einer Rate von mehr als $2\omega_M$ (der Nyquist-Rate) abgetastet wird, eindeutig aus den Abtastwerten bestimmt werden kann. Umgekehrt kann eine Abtastung unterhalb der Nyquist-Rate – man spricht hier von *Unterabtastung* – zu unerwünschten Artefakten niedriger Frequenz führen.

Was jedoch, wenn das abzutastende Signal keine beschränkte Bandbreite aufweist? Um hier Treppeneffekte zu vermeiden, müssen die Frequenzkomponenten oberhalb der halben Abtastrate herausgefiltert werden, bevor die Daten abgetastet werden. Wir wollen hier die Einzelheiten der Konstruktion analoger Filter nicht weiter erörtern, einige Beschränkungen aber dennoch anmerken. Der Entwurf von Filtern ist notwendigerweise unvollkommen. Die Entfernung von Hochfrequenzdaten hat immer auch Auswirkungen auf die niedrigen Frequenzen. Eine allgegenwärtige Quelle von Hochfrequenzdaten in Bildern bilden Kanten. Das Fehlen von Hochfrequenzdaten tritt besonders deutlich hervor, wenn man versucht, das Bild bei hoher Auflösung mit Fourier-Methoden zu rekonstruieren [KGB].

Übungen:

(1) Eine Turbine, die sich mit einer Umdrehungsrate von ω dreht, wird von einem Stroboskop mit veränderbarer Blitzfrequenz beleuchtet.

   (a) Zeige, daß man die richtige Bewegung wahrnimmt, wenn die Blitzfrequenz mehr als 2ω beträgt.

   (b) Zeige, daß sich die Turbine rückwärts zu drehen scheint, wenn die Blitzfrequenz zwischen ω und 2ω liegt.

(c) Zeige, daß die Bewegung scheinbar verlangsamt ist, wenn die Blitzrate unterhalb von ω liegt.

(d) Was sieht man, wenn die Blitzfrequenz exakt 2ω beträgt?

(2) Auf digitalen Telefonleitungen wird Sprache 8 000mal je Sekunde mit 8 Bits je Wert abgetastet. Welchen Frequenzbereich läßt dies zu? Wie paßt dies zum Dynamikumfang einer menschlichen Stimme? Wie lange dürfte eine Unterhaltung sein, damit sie noch auf eine 1,2-MB-Diskette paßt?

(3) Audio-Compact-Discs haben eine Abtastrate von 44 000 Abtastungen je Sekunde und eine Abtastauflösung von 16 Bits je Wert. Welchen Frequenzbereich läßt dies zu? Wieviel Platz wird benötigt, um ein fünfminütiges Lied in CD-Qualität darzustellen? Wieviel Platz würde das gleiche Lied bei Telefonleitungsqualität benötigen?

Eine Art, Bilder aufzunehmen, vermittelt das menschliche Auge. Es stellt selbst eine Form des Bildscanners dar. Wir stellen hier einige Tatsachen über die Auflösung und die Sehschärfe des Auges sowie die Rate, mit der es Informationen aufnimmt, zusammen. Die Rechnungen beziehen sich auf die zentrale $2°$-Region des Gelben Flecks im Auge. [HJ] berechnet die Anzahl der Punkte, die hier aufgelöst werden können, zu etwa 10^4. Die Informationskapazität der gesamten Netzhaut wird etwa zehnmal so hoch geschätzt. [HJ] nahm an, daß ein Mensch an der Grenze der Auflösung nur noch schwarz und weiß, nicht mehr aber Zwischenwerte von Grau unterscheiden kann. Er verband daher ein Informationsbit mit jeder kleinen Umgebung – einer Zelle oder einem Pixel – um die aufgelösten Punkte herum.

[RWD1] berechnete die Informationskapazität der Netzhaut aus Messungen der Variation in der Kontrastempfindlichkeit in Abhängigkeit von der Anzahl der Linien je Grad des Blickfeldes, wobei sinusförmige Gitter als Objekte benutzt wurden. Diese Berechnung ergibt einen Wert von $5 \cdot 10^5$ Bits je Sekunde, wobei die Methode jedoch auch den Gehalt bezüglich von Objekten mit unterschiedlichen Grauschattierungen umfaßt.

Beim Arbeiten am Rande des Auflösungsvermögens nimmt die Fähigkeit zur Unterscheidung von Kontrasten stark ab. In der Zentralregion beträgt die Flackerverschmelzungs-Frequenz etwa 50 Hertz, so daß die Informationskapazität hier etwa $50 \cdot 10^4$ Bits je Sekunde beträgt. Diese Schätzungen berücksichtigen zwar keine Farbinformationen; allerdings ist es unwahrscheinlich, daß die Zusatzinformation durch Farbe mehr als etwa 20 Prozent ausmacht, was alles in allem etwa $6 \cdot 10^5$ Bits ergibt [RWD1].

Bei schwacher Beleuchtung erhält man ungefähr ein Informationsbit je Photon, das von einem Zäpfchen im Gelben Fleck absorbiert wird. Bei Tageslicht sinkt die Effizienz auf ungefähr ein Bit je 10^4 Photonen. Bei schwacher Beleuchtung bestimmen mithin rein physikalische Erwägungen die Effizienz; auf höheren Ebenen jedoch müssen die Eigenschaften des Gesichtssinnes als ganzes in die Betrachtung mit einbezogen werden. Die relevanten Eigenschaften sind laut [RWD1] (i) Öffnung und Qualität der Augenlinse, (ii) Anzahl und Abstände der Photonendetektoren, (iii) die Anzahl der mit ihnen verbundenen Nervenfasern und (iv) die neuralen Vorgänge, die die Informationen so umwandeln, daß sie möglichst gut von den höheren Zentren des Gehirns aufgenommen werden können.

Die Eigenschaften (i), (ii) und (iii) sind so aufeinander abgestimmt, daß jede für sich einen Grenzwert von ungefähr 10^4 aufgelösten Punkten im Gelben Fleck ergeben würde. Die neuralen Vorgänge umfassen einen kantenverstärkenden Effekt (*laterale Inhibition*), eine Einrichtung, durch die ein Gegenstand über einen gewissen Bereich von Abständen eine konstante Größe zu behalten scheint (*Größenkonstanz-Skalierung*), sowie weitere Manipulationen der Daten. Der Informationsverlust durch diese Vorgänge wird nicht höher als 20% geschätzt.

[RWD2] schreibt die Informationsübertragungsrate, die das Auge zur Verfügung stellt, der Evolution der höheren Tierarten zu. Überlebenswichtige Entscheidungen mußten auf visuellen Informationen beruhen. Ein großer Umfang von Situationen mußte gemeistert werden, daher wurde eine riesige Informationskapazität benötigt. Und doch mußte die Menge, die zum Treffen einer Entscheidung benutzt wurde, auf das Mindestmaß beschränkt werden, das für eine richtige Entscheidung unentbehrlich war. Diese eingeschränkte Menge mußte so verarbeitet werden, daß sich so schnell wie möglich eine Handlung daraus ergab. Wurde zuwenig Information verarbeitet, wurde eine falsche Entscheidung wahrscheinlicher, während zuviel verarbeitete Information bedeutete, daß eine Entscheidung zu spät kam. In beiden Fällen wurde das Überleben des Tieres unwahrscheinlicher. Die tatsächlich überlebenden Arten besaßen normalerweise eine große visuelle Informationskapazität, konnten jedoch zum Zwecke der Handlungsentscheidung eine kleine Anzahl von Bits für die Verarbeitung auswählen.

Der Verstand ist von Natur aus dazu in der Lage, Skalierungen sehr schnell durchzuführen, wie etwa bei der Größenkonstanz-Skalierung und bei dem Effekt, der den Mond größer erscheinen läßt, wenn er nahe am Horizont steht. Der Verstand ist auch gut darin, bewegten Objekten zu folgen. Es scheint demnach, daß affine Transformationen sowohl in der Welt als auch in der internen Funktionsweise des Verstandes eine Sonderrolle einnehmen.

2.5 Quantisierung, Abtast-Reihenfolge und Farbe

Um ein stetiges Signal in digitaler Form darzustellen, werden die Daten zunächst zu diskreten Zeitpunkten abgetastet. Der nächste Schritt besteht darin, den Wert an jedem der Abtastpunkte auf einen neuen Wert aus einer vorher festgelegten endlichen Menge abzubilden. Dieser Vorgang wird *Quantisierung* genannt. Der hierdurch eingeführte Fehler hängt von dem jeweiligen Signal ab; man nimmt jedoch häufig an, die Daten verteilten sich gleichförmig über die quantisierten Werte. Der mittlere Fehler, zu dem man so gelangt, ist ein Viertel des Abstandes zwischen den Quantisierungsstufen; der maximale Fehler ist die Hälfte dieses Abstands.

Das vorherrschende Ausgabemedium für Digitalbilder ist der Computermonitor; bei Druckern sähen die folgenden Überlegungen etwas anders aus. Bei Bildern sind die Pixelwerte eine Funktion der Leuchtkraft. Wenn wir Quantisierungsstufen für Bilder, die wir darstellen wollen, wählen müssen, bestünde ein natürliches Vorgehen darin, den niedrigsten und den höchsten in den Bildern vorkommenden Intensitätswert zu finden und dann die gewünschte Anzahl von Intensitätsstufen gleichen Abstands zwischen den beiden Extremwerten zu wählen. Intensitätsstufen gleichen Abstands werden jedoch nicht als Helligkeitsstufen gleichen Abstands wahrgenommen. Die Reaktion des Auges auf Licht scheint etwa logarithmisch zu verlaufen. Wir wählen daher die Abstände der logarithmierten Werte gleichförmig: Die Intensitätsstufen stehen in einem festen Verhältnis zur jeweils nächstniedrigeren.

Die kleinste wahrnehmbare Lichstärkenänderung beträgt etwa ein Prozent. Bei 256 Quantisierungsstufen (8 Bit je Pixel) wählen wir eine Mindestlichtstärke I_0 und stellen die übrigen anhand der Regel

$$I_n = (1{,}01)^n I_0$$

dar. Die hellsten Pixel sind dann etwa zwölfmal so hell wie die schwächsten: $(1{,}01)^{255} \approx 12{,}6$.

Ein Nebeneffekt dieses Schemas für die Darstellung von Pixelhelligkeiten besteht darin, daß negative Pixelwerte einen physikalischen Sinn haben. Da die Skala logarithmisch ist, sind die Kappungspunkte an beiden Enden willkürlich. Auch wenn es keine physikalisch sinnvolle Deutung negativer Intensität gibt, stellt auf dieser Skala ein Pixelwert von -1 ein Pixel mit 99% (100/101) der Lichtstärkenstufe null dar. Diese Beobachtung vereinfacht die späteren Überlegungen, wenn wir affine Transformationen auf Pixelwerte anwenden. Auch wenn in der Praxis Pixelwerte auf einen festgelegten Bereich abgeschnitten werden, ist die Theorie auf beliebig große positive und negative Zahlen anwendbar.

Übungen:

(1) Später wenden wir affine Transformationen auf die Helligkeitsstufen in Bildern an. Wie wirkt sich eine Verschiebung der Helligkeit (des Pixelwertes) um eine Konstante auf die Lichtstärke aus?

(2) Welcher mathematischen Operation entspricht der Kontrastregler an einem Monitor? Wie sieht es mit dem Helligkeitsregler aus?

Nach dem Abtasten und Quantisieren haben wir ein Feld von Zahlenwerten vor uns. Wir müssen sie nach einem festgelegten Muster auslesen, um einen eindimensionalen Datenstrom zur Eingabe in ein Digitalrechnersystem zu erhalten. Wie dies geschieht, hängt häufig von der Art der Datennutzung ab. Beispielsweise will man die Daten vielleicht Block für Block statt Pixel für Pixel verwenden. Man steht dann immer noch vor dem Problem, die Blöcke anzuordnen. Eine allgemeine Grundregel für die Kompression eines Datenstroms besagt, die Anordnung so zu wählen, daß die

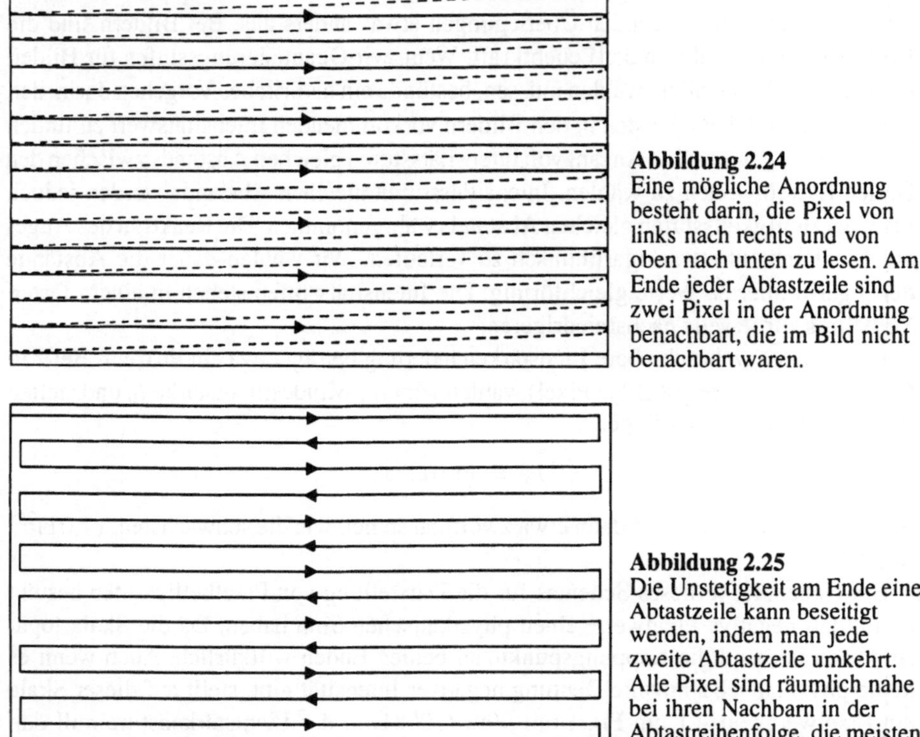

Abbildung 2.24
Eine mögliche Anordnung besteht darin, die Pixel von links nach rechts und von oben nach unten zu lesen. Am Ende jeder Abtastzeile sind zwei Pixel in der Anordnung benachbart, die im Bild nicht benachbart waren.

Abbildung 2.25
Die Unstetigkeit am Ende einer Abtastzeile kann beseitigt werden, indem man jede zweite Abtastzeile umkehrt. Alle Pixel sind räumlich nahe bei ihren Nachbarn in der Abtastreihenfolge, die meisten senkrechten Zusammenhänge werden jedoch ignoriert.

Variation in den Daten möglichst gering ist. Um dies zu erreichen, versucht man, die Abtastreihenfolge der Geometrie des Bildes anzupassen: Nahe beieinandergelegene Pixel des Bildes sollten in der Anordnung wieder zu zwei nahe beieinanderliegenden Pixeln werden.

Eine mögliche Anordnung besteht darin, die Pixel von links nach rechts und von oben nach unten (manchmal auch von unten nach oben) zu lesen. Dies wird *Abtastzeilenordnung* genannt (siehe Abbildung 2.24). Pixel werden so angeordnet, wie sie auf einem Monitor ohne Zeilensprung (*Interlacing*) ausgegeben werden. Am Ende jeder Abtastzeile sind zwei Pixel in der Anordnung benachbart, die im Bild nicht benachbart waren.

Die Unstetigkeit am Ende einer Abtastzeile kann beseitigt werden, indem man jede zweite Abtastzeile umkehrt und zuerst von links nach rechts, dann von rechts nach links usw. abtastet, wie in Abbildung 2.25 gezeigt. Alle Pixel sind räumlich nahe bei ihren Nachbarn in der Abtastreihenfolge. Die meisten senkrechten Zusammenhänge zwischen Pixeln werden in diesem Schema ignoriert.

Abbildung 2.26
Diese Abbildung zeigt die Abtastung eines Bildes anhand einer Hilbertkurve. Benachbarte Pixel in der Anordnung entsprechen benachbarten Pixeln im Bild.

Abbildung 2.26 zeigt einen anderen Zugang zum Problem der Pixel-Anordnung. Hier wird der Versuch unternommen, so viel wie möglich von der zweidimensionalen Information zu bewahren. Der sich ergebende Pfad ist als *Hilbert-Kurve* bekannt. Wie im vorhergehenden Beispiel entsprechen benachbarte Pixel in der Anordnung stets benachbarten Pixeln des Bildes. Es gibt jedoch keine ausgezeichnete Richtung mehr. Diese Anordnung ist nur wohldefiniert, wenn die Auflösung des Digitalbildes in Breite und Höhe eine Zweierpotenz ist; sie hat die Eigenschaft, daß das erste Viertel des Bildes dem ersten Viertel der Pixel in der Abtastfolge entspricht, das zweite Viertel dem zweiten Viertel, ..., das erste Sechzehntel des Bildes entspricht dem ersten Sechzehntel der Pixel in der Folge usw.

Übungen:

(1) Betrachte das folgende Bild: Ein Rechteck wird durch eine Gerade, die einer der Seiten des Rechtecks parallel ist, geteilt. Auf der einen Seite der Geraden ist das Rechteck schwarz, auf der anderen weiß. Wie sehen die Dateien aus, die von den drei eben betrachteten Arten von Abtastreihenfolgen erzeugt werden?

(2) Beschreibe die Regel, die der Hilbert-Kurven-Anordnung in Abbildung 2.26 zugrunde liegt. Genauer: Finde für ein Bild, das 2^m Pixel an jeder Kante (2^{2m} Pixel insgesamt) hat, eine Funktion, die die Pixel in der Abtastreihenfolge auflistet. Wenn $m = 2$, ist die Antwort durch $(0, 0)$, $(1, 0)$, $(1, 1)$, $(0, 1)$ gegeben.

(3) Zeige, daß die Hilbertkurve bei Übergang ins Unendliche dazu benutzt werden kann, eine stetige Funktion $h : [0, 1] \rightarrow [0, 1] \times [0, 1]$ vom Einheitsintervall in das Einheitsquadrat zu beschreiben. Zeige, daß die Funktion h surjektiv ist

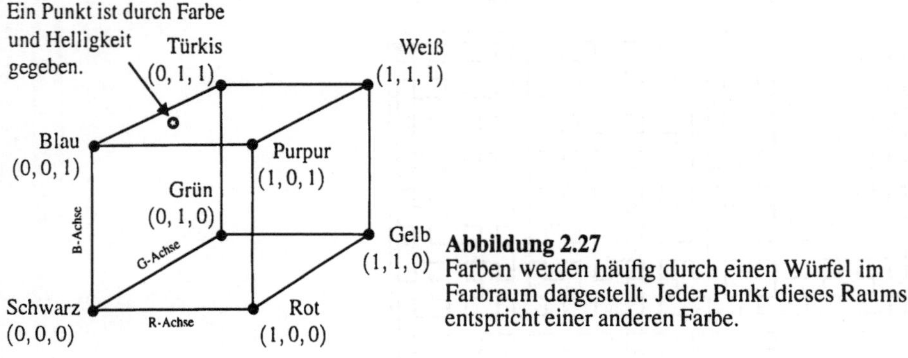

Abbildung 2.27
Farben werden häufig durch einen Würfel im Farbraum dargestellt. Jeder Punkt dieses Raums entspricht einer anderen Farbe.

(d. h., jeder Punkt des Quadrats wird mindestens einmal erreicht), daß sie jedoch nicht umkehrbar ist, weil einige Punkte mehr als einmal angenommen werden.

Bis zu diesem Punkt haben wir nicht viel über Farbe gesagt, wenngleich diese für Anwendungen wesentlich ist. Wir betrachten nun die Digitaldarstellung von Farbe; weitere Information findet sich in [FVD].

Physikalisch betrachtet ist Licht aus einem unendlichen Frequenzspektrum zusammengesetzt. Die Farbe von Licht anzugeben würde es erfordern, für jede Frequenz die Lichtstärke zu benennen, oder zumindest für eine große Untermenge der Frequenzen. Dies würde die Beschreibung von Farbbildern äußerst unpraktikabel machen. Die Lage vereinfacht sich, wenn man die Aufmerksamkeit statt auf die physikalische auf die wahrgenommene Farbe einschränkt; zudem ist dies konsistent mit unserem Verständnis von $\Re$.

Farbsehen wird normalerweise mit Hilfe von HELMHOLTZ' Dreifarbenlehre erklärt. Das Auge spricht auf Lichtstärkenkombinationen dreier additiver Farben an: rot, grün und blau. Wiederum stellen Pixelwerte einen Logarithmus dar, und 24 Bits, bzw. 8 Bits für jede dieser Lichtstärken, scheinen den Umfang unterscheidbarer Farben auszuschöpfen. Farben werden oft durch einen Würfel im Farbraum dargestellt, wobei man die Kantenlängen jeweils auf Eins normieren kann, wie in Abbildung 2.27 dargestellt.

Abbildung 2.28 zeigt ein in die R-, G- und B-Komponenten zerlegtes Farbbild.

Das (R, G, B)-System bildet die Grundlage unserer Überlegungen zur Farbe, ist allerdings nicht für jede Anwendung das am besten geeignete Koordinatensystem. Es gibt zwei andere weithin benutzte Koordinatensysteme, die sich ebenfalls durch R, G und B ausdrücken lassen. Beide lassen sich durch lineare Abbildungen aus (R, G, B) herleiten, wie die folgenden Gleichungen zeigen:

$$\begin{pmatrix} Y \\ I \\ Q \end{pmatrix} = \begin{pmatrix} 0,299 & 0,587 & 0,114 \\ 0,596 & -0,275 & -0,321 \\ 0,212 & -0,528 & 0,311 \end{pmatrix} \begin{pmatrix} R \\ G \\ B \end{pmatrix}$$

Abbildung 2.28 Ein in seine drei Komponenten Rot, Grün und Blau zerlegtes Farbbild. Farbtafel 1 bietet eine volle Farbfassung dieses Bildes.

$$\begin{pmatrix} Y \\ U \\ V \end{pmatrix} = \begin{pmatrix} 0,299 & 0,587 & 0,114 \\ -0,147 & -0,289 & 0,436 \\ 0,615 & -0,515 & -0,100 \end{pmatrix} \begin{pmatrix} R \\ G \\ B \end{pmatrix}$$

In beiden Fällen wird die Graustufenkomponente der Information vom Rest der Farbinformation getrennt. Der Y-Vektor stellt eine gewichtete Summe der drei Intensitäten dar, die die wahrgenommene Helligkeit modellieren soll. Die Y-Komponente wird daher oft die *Luminanz* genannt. Die beiden verbleibenden Komponenten bestimmen die Farbeigenschaften und werden im Fall des (Y, I, Q)-Systems als *Farbton* (englisch *hue*) und *Sättigung* (englisch *saturation*) bezeichnet. Diese beiden Komponenten zusammen werden auch *Chrominanz* genannt. Luminanz und Chrominanz gemeinsam stellen die chromatischen Attribute des Bildes in dieser Art von Modellen für $\mathfrak{R}$ zur Verfügung. Ein weiterer Grund für die Benutzung der (Y, I, Q)-Basis liegt darin, daß die Varianz der Chrominanz-Daten tendenziell geringer als die der Luminanz-Daten ist. Durch eine derartige Trennung der Daten ist es möglich, Bandbreite einzusparen. Vor diesem Hintergrund reservieren nordamerikanische (NTSC-)Farbfernsehsignale 4 MHz für Y, 1,5 MHz für I und 0,6 MHz für Q.

Die (Y, U, V)-Basis ist ähnlich definiert und bildet die Grundlage für die Farbtrennung im europäischen (PAL- und SECAM-)Fernsehen. Die (Y, U, V)-Basis wird auch von kommerziellen Kompressionsverfahren für Digitalbilder wie etwa dem im Anhang beschriebenen JPEG-Standard verwendet.

Andere in der Computergrafik benutzte Farbkoordinaten sind die Systeme (H, S, V) (Farbton, Sättigung, Wert; englisch: *hue, saturation, value*) und (H, S, L) (Farbton, Sättigung, Hellwert; englisch: *hue, saturation, lightness*) (siehe [FVD]). Das Verhältnis zwischen diesen Koordinatensystemen und der (R, G, B)-Basis ist nichtlinear; daher werden sie normalerweise nicht mit Standardkompressionsverfahren in Verbindung gebracht. Der hier benutzte Begriff von Farbton ist eine Winkelgröße und entspricht der Farbe; die anderen beiden Koordinaten bestimmen die Helligkeit und den Weißanteil. Der Farbton einer Grauschattierung ist dabei undefiniert.

Drucker benutzen ein subtraktives System, und viele Druckvorgänge beruhen auf einer Basis aus Türkis (englisch *cyan*), Purpur (*magenta*) und Gelb (*yellow*) (und Schwarz). Dies ist als *CMY(K)*-System bekannt. Die schwarze Komponente ist die Summe der Komponenten Türkis, Purpur und Gelb. Abbildung 2.29 zeigt ein in seine Druckkomponenten zerlegtes Bild.

Übungen:

(1) Was sind die höchsten und niedrigsten Werte für Y, U und V, wenn R, G und B jeweils Werte zwischen 0 und 255 annehmen können? Wie sieht es mit Y, I und Q aus?

(2) Wieviele Bits Genauigkeit braucht man, wenn die Umwandlung $(R, G, B) \rightarrow (Y, U, V)$ verlustfrei sein soll? Bestimme umgekehrt den mittleren Rundungsfehler bei den Umwandlungen, wenn R, G, B, Y, U und V jeweils mit 8 Bit

dargestellt werden. Der Mittelwert kann hier über den (R, G, B)-Würfel ermittelt werden.

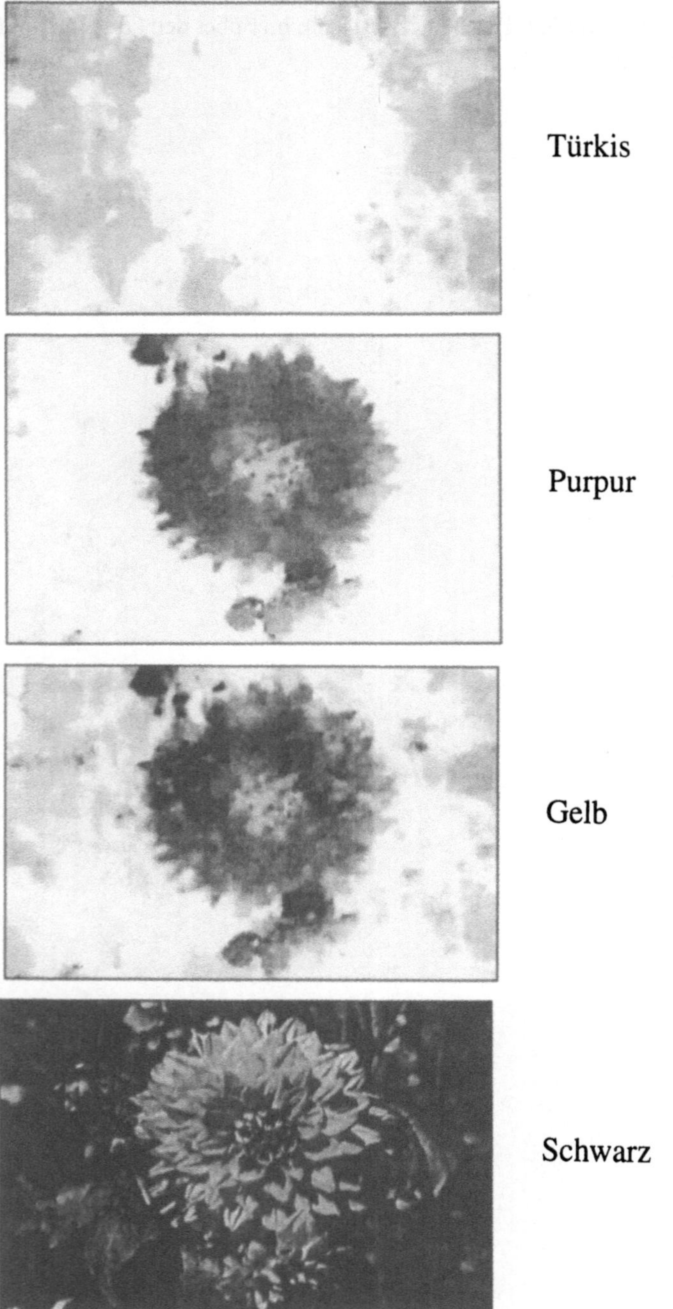

Abbildung 2.29 Ein in seine Komponenten Türkis, Purpur, Gelb und Schwarz zerlegtes Farbbild. Farbtafel 1 bietet eine volle Farbfassung dieses Bildes.

2.6 Literaturverzeichnis

[DFDS1] Michael F. Barnsley, *The Desktop Fractal Design System (IBM PC and MacIntosh Software)*. Academic Press, San Diego (1992).

[FE] M. Barnsley, *Fractals Everywhere*. Academic Press, Boston (1988).

[FVD] James D. Foley, Andries van Dam, Steven K. Feiner, and John F. Hughes, *Computer Graphics: Principles and Practice (2nd ed.)*. Addison-Wesley, Reading, MA (1990).

[GW] Gerald Westheimer, "Visual Space" in [RG], p.796.

[HJ] H. Jacobson, *Science*, 113, 292. (1951)

[JG] J. A. Green, *Sets and Groups, Library of Mathematics* (Editor: Walter Ledermann). Routledge and Kegan Paul, London (1965).

[KGB] K. G. Beauchamp, *Transforms for Engineers: A Guide to Signal Processing*. Oxford University Press, London (1987).

[LC] Kevin D. Lee, Yosef Cohen, *Fractal Attraction (MacIntosh Software)*. Academic Press, San Diego (1992).

[PFS] Sir Peter Strawson, "Immanuel Kant" in [RG], pp.406–408.

[RG] Richard L. Gordon, *The Oxford Companion to the Mind*. Oxford University Press, London (1987).

[RWD1] R.W. Ditchburn, "Visual Information Rate" in [RG], pp.795–796.

[RWD2] R.W. Ditchburn and A.E. Drysdale, *Vision Research*, 13, 2435 (1973).

3 Mathematische Grundlagen der fraktalen Bildkompression I

Wes unsterblich Aug und Hand
Furchtlos dieses Gleichmaß band?
– William Blake, Der Tiger[1]

3.1 Ziel dieses Kapitels

Das Anliegen dieses Kapitels ist es, die grundlegenden Notationen, Definitionen und Informationen, die wir aus der Topologie und der Geometrie benötigen, bereitzustellen. Dieses Material ist grundlegend für die fraktale Bildkompression; es wird ausführlicher in [FE] behandelt, siehe auch [BM] und [HW].

Der Träger eines Bildes, $\square \subset I\!R^2$, zusammen mit der euklidischen Metrik ist ein Beispiel für einen *metrischen Raum*. Die *Topologie* dieses Raumes gibt Aufschluß über die Beschaffenheit von Realweltbildern. Topologische Eigenschaften und Klassifikationen von Teilmengen des Bildträgers – wie z. B. Rand, Inneres, Offenheit, Abgeschlossenheit, Zusammenhang und Kompaktheit – sind von Bedeutung, da sie unter Transformationen des Trägers, die äquivalente Metriken erzeugen, erhalten bleiben. Die Topologie bildet die Basis für die Beschreibung vieler Eigenschaften von Bildern; auch bauen weite Teile des mathematischen Überbaus auf ihr auf.

Zunächst wird der Begriff der affinen Transformationen vorgestellt. Diese werden sowohl für die Anwendung der IFS-Theorie als auch für die Anwendung der *lokalen IFS-Theorie* zur Bildkomprimierung benötigt.

3.2 Räume, Abbildungen und Transformationen

Wir beginnen mit einigen Definitionen. Mit dem Begriff *Raum* meinen wir hier grundsätzlich eine Menge, auf der eine Struktur definiert ist. Beispiele für Räume sind die reelle Achse $I\!R$, die euklidische Ebene $I\!R^2$, der dreidimensionale Raum $I\!R^3$, das Einheitsintervall $[0, 1]$, das Einheitsquadrat $\square \subset I\!R^2$ und der Coderaum Σ. Ein Raum kann beispielsweise dadurch eine Struktur besitzen, daß eine Metrik auf ihm definiert ist.

1 Aus „Lieder der Unschuld und Erfahrung" in der Übersetzung von W. Wilhelm, erschienen im Insel Verlag, Frankfurt

Definition Ein *metrischer Raum* $(\mathbf{X}, d)$ ist ein Raum (oder eine Menge) $\mathbf{X}$ mit einer reellwertigen Funktion $d : \mathbf{X} \times \mathbf{X} \to I\!R$, die den *Abstand* zwischen je zwei Punkten x und y in $\mathbf{X}$ angibt. d habe folgende Eigenschaften:

1. $d(x, y) = d(y, x) \quad \forall x, y \in \mathbf{X}$.

2. $0 < d(x, y) < \infty \quad \forall x, y \in \mathbf{X}, x \neq y$.

3. $d(x, x) = 0 \quad \forall x \in \mathbf{X}$.

4. $d(x, y) \leq d(x, z) + d(z, y) \quad \forall x, y, z \in \mathbf{X}$.

d heißt dann *Metrik auf dem Raum* $\mathbf{X}$.

Beispiele:

(i) $(I\!R, d(x, y) := |x - y| \quad \forall x, y \in I\!R)$ ist die reelle Achse mit der euklidischen Metrik.

(ii) $(I\!R^2, d_1(x, y) := |x_1 - y_1| + |x_2 - y_2| \quad \forall x, y \in I\!R^2)$ ist die euklidische Ebene mit der Mannheimer Metrik.

(iii) $(I\!R^2, d_2(x, y) := \sqrt{(x_1 - y_1)^2 + (x_2 - y_2)^2} \quad \forall x, y \in I\!R^2)$ ist die euklidische Ebene mit der euklidischen Metrik.

(iv) $(I\!R^2, d_\infty(x, y) := \max\{|x_1 - y_1|, |x_2 - y_2|\} \quad \forall x, y \in I\!R^2)$ ist die euklidische Ebene mit der Maximumsmetrik.

(v) (Σ, d_C) ist ein metrischer Raum, wenn die Metrik d_C auf dem Coderaum Σ über einer Menge mit N Zeichen durch

$$d_C(\sigma, \omega) := \sum_{i=1}^{\infty} \frac{|\sigma_i - \omega_i|}{(N + 1)^i}$$

für $\sigma = (\sigma_1 \sigma_2 \sigma_3 \ldots,)$ und $\omega = (\omega_1 \omega_2 \omega_3 \ldots)$ definiert wird.[2] Diese Metrik wird im folgenden auch als Coderaum-Metrik bezeichnet.

Definition Sei $\mathbf{X}$ ein Raum. Eine *Transformation* oder *Abbildung* auf $\mathbf{X}$ ist eine Funktion $f : \mathbf{X} \to \mathbf{X}$. Wenn $S \subset \mathbf{X}$, dann ist $f(S) = \{f(x) : x \in S\}$. Die Funktion f ist *injektiv*, wenn für beliebige $x, y \in \mathbf{X}$ aus $f(x) = f(y)$ schon $x = y$ folgt. Sie ist *surjektiv*, wenn $f(\mathbf{X}) = \mathbf{X}$. Sie heißt *invertierbar*, wenn sie injektiv und surjektiv ist; in diesem Fall ist es möglich, eine Abbildung $f^{-1} : \mathbf{X} \to \mathbf{X}$, die *Inverse* von f, durch $f^{-1} : y \mapsto x$ zu definieren, wobei $x \in \mathbf{X}$ der eindeutig durch $y = f(x)$ bestimmte Punkt ist.

2 Der Coderaum wird auf Seite 143 definiert.

Definition Sei $f : \mathbf{X} \to \mathbf{X}$ eine Abbildung auf einem Raum. Die *Vorwärtsiterierten* von f sind Abbildungen $f^n : \mathbf{X} \to \mathbf{X}$, die definiert sind durch $f^0(x) = x, f^1(x) = f(x), f^{n+1}(x) = f \circ f^n(x) = f(f^n(x))$ für $n = 0, 1, 2, \ldots$ Wenn f invertierbar ist, sind die *Rückwärtsiterierten* von f die Abbildungen $f^{-m} : \mathbf{X} \to \mathbf{X}$, die definiert sind durch

$$f^{-m}(x) := (f^m)^{-1}(x)$$

für $m = 1, 2, \ldots$

Beispiele:

(i) Sei $f : \mathbf{X} \to \mathbf{X}$ eine invertierbare Abbildung. Dann kann man leicht zeigen, daß

$$f^m \circ f^n = f^{m+n} \quad \text{für alle ganzen Zahlen } m \text{ und } n.$$

(ii) Wenn $f : \mathbf{X} \to \mathbf{X}$ nicht invertierbar ist, gilt diese Beziehung für alle nichtnegativen Zahlen m und n.

3.3 Affine Transformationen in $I\!R$

Affine Transformationen in $I\!R$ sind Transformationen $f : I\!R \to I\!R$ von der Form

$$f : x \mapsto a \cdot x + b \quad \forall x \in I\!R,$$

wobei a und b reelle Konstanten sind. Für das Intervall $I = [0, 1]$ ist $f(I)$ ein neues Intervall der Länge $|a|$: Die Transformation f verlängert bzw. verkürzt das Intervall um den Faktor a, der Anfangspunkt 0 wird auf b verschoben, und $f(I)$ liegt rechts oder links von b, je nachdem, ob a positiv oder negativ ist.

Die Wirkung einer affinen Transformation auf ganz $I\!R$ kann wie folgt beschrieben werden: Die reelle Achse wird vom Ursprung aus gedehnt, wenn $|a| > 1$, oder zu ihm hin gestaucht, wenn $|a| < 1$; sie wird am Nullpunkt gespiegelt, wenn $a < 0$. Sie wird als Ganzes *verschoben* – nach links, wenn $b < 0$, bzw. nach rechts, wenn $b > 0$. Wenn $f : [0, 1] \to [0, 1]$ und $g : [0, 1] \to [0, 1]$ affine Transformationen auf dem Intervall $[0, 1] \subset I\!R$ sind, dann auch $f \circ g$.

Beispiele:

(i) Sei $f : I\!R \to I\!R$ definiert durch $f : x \mapsto 2 \cdot x + 3$. Dann ist f eine affine Transformation.

(ii) Wenn $f : I\!R \to I\!R$ eine invertierbare affine Transformation ist, dann auch $f^n : I\!R \to I\!R$ für beliebige ganze Zahlen n.

3.4 Konstruktion der klassischen Cantormenge durch zwei affine Transformationen auf $I\!R$

Mit Hilfe zweier affiner Transformationen auf dem Raum $[0, 1] \subset I\!R$ kann man ein Beispiel eines IFS-Fraktals konstruieren: die *klassische Cantormenge* $\mathcal{C}$. Zunächst beschreiben wir $\mathcal{C}$ durch eine Konstruktion.

$\mathcal{C}$ ist eine Teilmenge des metrischen Raumes $[0, 1]$, die man durch fortgesetztes Löschen des jeweils mittleren offenen Drittelintervalls wie folgt erhält. Wir konstruieren eine geschachtelte Folge abgeschlossener Intervalle

$$I_0 \supset I_1 \supset I_2 \supset I_3 \supset I_4 \supset I_5 \supset I_6 \supset I_7 \supset \cdots \supset I_N \supset \cdots,$$

wobei

$I_0 = [0, 1],$

$I_1 = [0, \tfrac{1}{3}] \cup [\tfrac{2}{3}, \tfrac{3}{3}],$

$I_2 = [0, \tfrac{1}{9}] \cup [\tfrac{2}{9}, \tfrac{3}{9}] \cup [\tfrac{6}{9}, \tfrac{7}{9}] \cup [\tfrac{8}{9}, \tfrac{9}{9}],$

$I_3 = [0, \tfrac{1}{27}] \cup [\tfrac{2}{27}, \tfrac{3}{27}] \cup [\tfrac{6}{27}, \tfrac{7}{27}] \cup [\tfrac{8}{27}, \tfrac{9}{27}] \cup [\tfrac{18}{27}, \tfrac{19}{27}] \cup [\tfrac{20}{27}, \tfrac{21}{27}] \cup [\tfrac{24}{27}, \tfrac{25}{27}] \cup [\tfrac{26}{27}, \tfrac{27}{27}],$

$I_4 = I_3$ ohne das mittlere offene Drittel jedes Intervalls in I_3,

$\vdots$

$I_N = I_{N-1}$ ohne das mittlere offene Drittel jedes Intervalls in I_{N-1}.

Diese Konstruktion wird in Abbildung 3.1 veranschaulicht. Die Cantormenge $\mathcal{C}$ ist definiert durch:

$$\mathcal{C} := \bigcap_{n=0}^{\infty} I_n.$$

$\mathcal{C}$ enthält den Punkt $x = 0$, ist also nicht leer. $\mathcal{C}$ ist eine perfekte Menge (s. Unterkapitel 3.8), die überabzählbar viele Punkte enthält. $\mathcal{C}$ ist ein Beispiel für ein *IFS-Fraktal* im Raum $[0, 1] \subset I\!R$.

Wir betrachten $\mathcal{C}$ mit der euklidischen Norm und definieren auf $\mathcal{C}$ eine Transformation $f_1 : \mathcal{C} \to \mathcal{C}$ durch $f_1 : x \mapsto \tfrac{1}{3}x$; diese ist injektiv, nicht aber surjektiv. Eine weitere injektive affine Transformation, die $\mathcal{C}$ auf sich selbst abbildet, ist $f_2 : x \mapsto \tfrac{1}{3}x + \tfrac{2}{3}$. Es gilt $\mathcal{C} = f_1(\mathcal{C}) \cup f_2(\mathcal{C})$; $\mathcal{C}$ ist also die Vereinigung zweier affiner Transformationen ihrer selbst.

3.5 Affine Transformationen in der euklidischen Ebene

Definition Eine Abbildung $f : I\!R^2 \to I\!R^2$ der Form

$$w(x_1, x_2) = (ax_1 + bx_2 + e, cx_1 + dx_2 + f), \tag{3.1}$$

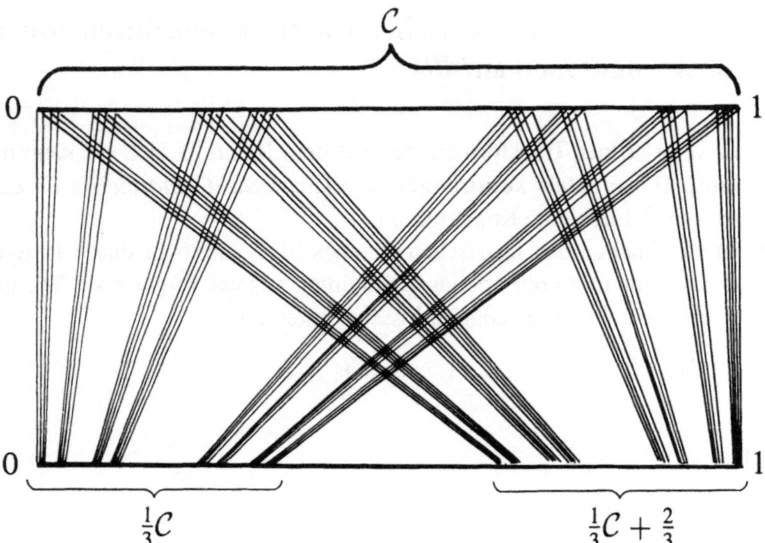

Abbildung 3.1   Diese Abbildung zeigt, wie die klassische Cantormenge $\mathcal{C}$ durch die Anwendung zweier affiner Transformationen auf sich selbst abgebildet wird.

wobei a, b, c, d, e und f reelle Zahlen sind, heißt (zweidimensionale) *affine* Transformation.

Wir benutzen die folgenden äquivalenten Schreibweisen, bei denen wir Koordinatenpaare mit Spaltenvektoren gleichsetzen:

$$w(x) = w\begin{pmatrix} x_1 \\ x_2 \end{pmatrix} = \begin{pmatrix} a & b \\ c & d \end{pmatrix}\begin{pmatrix} x_1 \\ x_2 \end{pmatrix} + \begin{pmatrix} e \\ f \end{pmatrix} = \mathbf{A}x + \mathbf{T}.$$

Dabei ist

$$\mathbf{A} = \begin{pmatrix} a & b \\ c & d \end{pmatrix}$$

eine reelle 2×2-Matrix und $\mathbf{T}$ der Spaltenvektor

$$\begin{pmatrix} e \\ f \end{pmatrix}.$$

Derartige Transformationen haben wichtige geometrische und algebraische Eigenschaften. Wir nehmen an, daß der Leser mit der Matrixmultiplikation vertraut ist.

Die Matrix $\mathbf{A}$ kann immer in der Form

$$\begin{pmatrix} a & b \\ c & d \end{pmatrix} = \begin{pmatrix} r_1 \cos \vartheta_1 & -r_2 \sin \vartheta_2 \\ r_1 \sin \vartheta_1 & r_2 \cos \vartheta_2 \end{pmatrix}$$

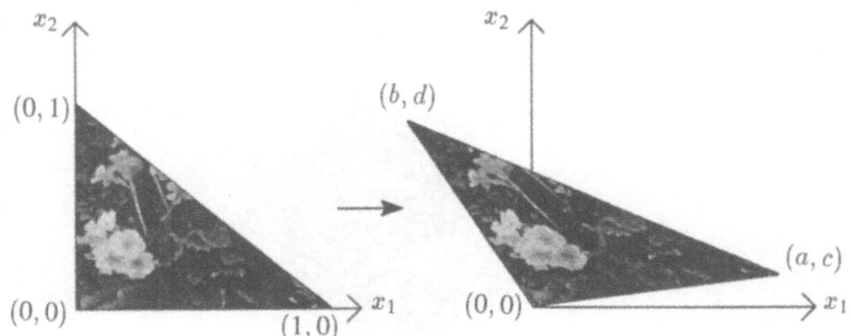

Abbildung 3.2 Diese Abbildung zeigt eine lineare Transformation in $I\!R^2$. Sie bildet ein beliebiges Dreieck mit einem Eckpunkt im Koordinaten-Ursprung in ein anderes Dreieck mit Eckpunkt im Ursprung ab, sofern $ad - bc \neq 0$.

geschrieben werden, wobei (r_1, ϑ_1) die Polarkoordinaten des Punktes (a,c) und $(r_2, \vartheta_2 + \frac{\pi}{2})$ die Polarkoordinaten des Punktes (b,d) sind, d. h.

$$r_1 = \sqrt{a^2 + c^2}, \quad \vartheta_1 = \begin{cases} \arctan \frac{c}{a}, & \text{wenn } a \neq 0, \\[4pt] \frac{\pi}{2}, & \text{wenn } a = 0 \text{ und } c \geq 0, \\[4pt] \frac{3\pi}{2}, & \text{wenn } a = 0 \text{ und } c < 0, \end{cases}$$

$$r_2 = \sqrt{b^2 + d^2}, \quad \vartheta_2 = \begin{cases} \arctan \frac{b}{d}, & \text{wenn } d \neq 0, \\[4pt] \frac{\pi}{2}, & \text{wenn } d = 0 \text{ und } b \geq 0, \\[4pt] \frac{3\pi}{2}, & \text{wenn } d = 0 \text{ und } b < 0. \end{cases}$$

Die *lineare Transformation*

$$\begin{pmatrix} x_1 \\ x_2 \end{pmatrix} \mapsto \mathbf{A} \begin{pmatrix} x_1 \\ x_2 \end{pmatrix}$$

in $I\!R^2$ bildet – wie in Abbildung 3.2 veranschaulicht – ein beliebiges Dreieck mit einem Eckpunkt im Koordinaten-Ursprung in ein anderes Dreieck mit Eckpunkt im Ursprung ab, sofern $ad - bc \neq 0$.

Die allgemeine affine Transformation $w(x) = \mathbf{A}x + \mathbf{T}$ in $I\!R^2$ setzt sich zusammen aus einer linearen Transformation $\mathbf{A}$ gefolgt von einer Verschiebung oder *Translation*, die durch den Vektor $\mathbf{T}$ bestimmt wird. Man kann immer eine affine Transformation finden, die ein gegebenes Dreieck mit Ecken in den Punkten (x_1, x_2), (y_1, y_2) und (z_1, z_2) auf ein anderes gegebenes Dreieck mit Ecken in $(\tilde{x}_1, \tilde{x}_2)$, $(\tilde{y}_1, \tilde{y}_2)$ und $(\tilde{z}_1, \tilde{z}_2)$ abbildet. Die Koeffizienten a, b, c, d, e und f ergeben sich aus der Lösung des folgenden

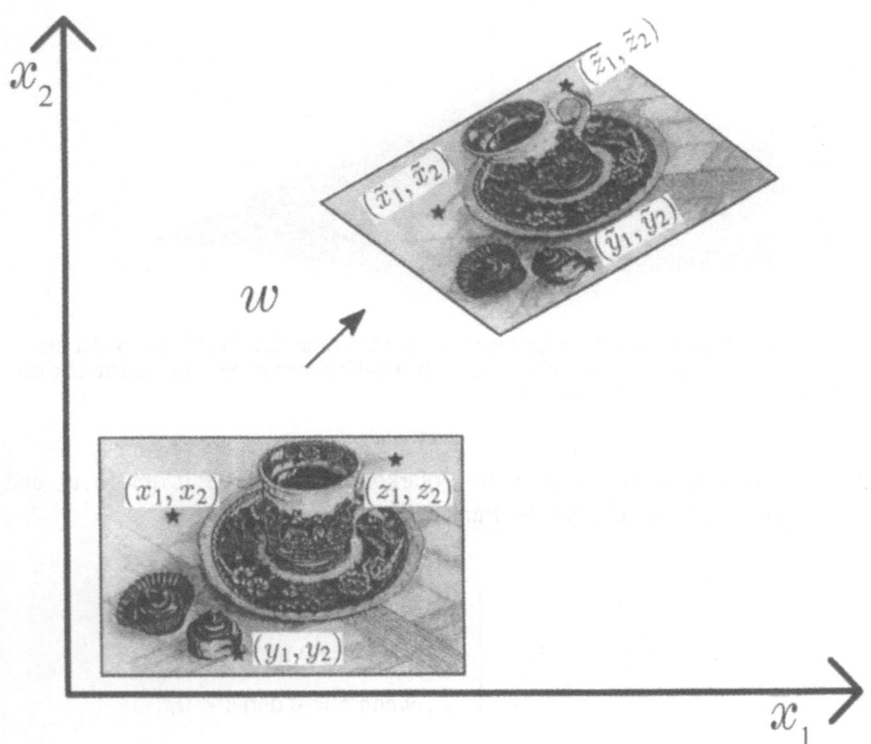

Abbildung 3.3 Eine affine Transformation wird durch ihre Wirkung auf drei Punkte vollständig bestimmt.

linearen Gleichungssystems:

$$
\begin{aligned}
x_1 a + x_2 b + e &= \tilde{x}_1, \\
y_1 a + y_2 b + e &= \tilde{y}_1, \\
z_1 a + z_2 b + e &= \tilde{z}_1, \\
x_1 c + x_2 d + f &= \tilde{x}_2, \\
y_1 c + y_2 d + f &= \tilde{y}_2, \\
z_1 c + z_2 d + f &= \tilde{z}_2.
\end{aligned}
$$

Diese Idee wird in Abbildung 3.3 veranschaulicht.

Die *Umkehrabbildung* oder *Inverse* der affinen Transformation $w(x_1, x_2) = (ax_1 + bx_2 + e, cx_1 + dx_2 + f)$ ist die affine Transformation

$$
w^{-1}(x_1, x_2) = (dx_1 - bx_2 - de + bf, -cx_1 + ax_2 + ce - af) \cdot \frac{1}{\alpha}
$$

mit $\alpha := ad - bc \neq 0$.

Vorher und Nachher

$$\mathcal{I} = w(\mathcal{I})$$

Abbildung 3.4   Diese Abbildung zeigt eine affine Transformation $w : I\!R^2 \to I\!R^2$ mit $w(x_1, x_2) = (x_1, x_2)$. Sie heißt *identische Abbildung*.

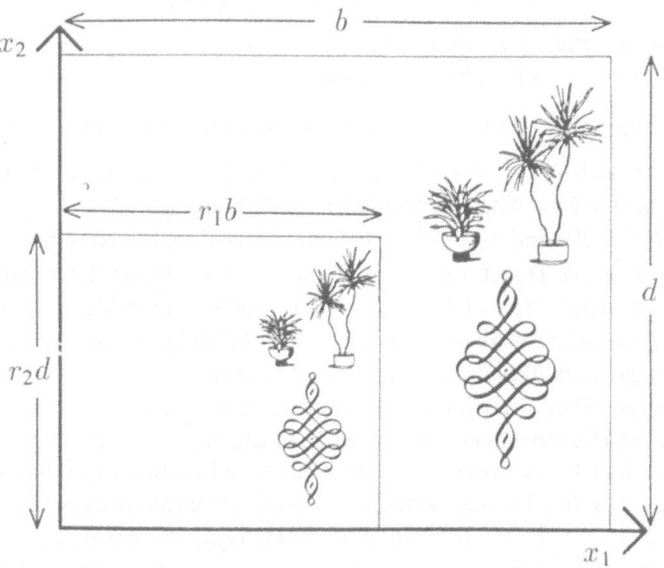

Abbildung 3.5   Diese Abbildung zeigt eine affine Transformation $w : I\!R^2 \to I\!R^2$ der Form $w(x_1, x_2) = (r_1 x_1, r_2 x_2)$, wobei r_1 und r_2 positive Konstanten sind. Sie heißt *Streckung*.

Die affine Transformation $w : I\!R^2 \to I\!R^2$, die durch $w(x_1, x_2) := (x_1, x_2)$ definiert ist, heißt *identische Abbildung*; s. Abbildung 3.4.

Eine affine Transformation $w : I\!R^2 \to I\!R^2$ der Form $w(x_1, x_2) = (r_1 x_1, r_2 x_2)$, wobei r_1 und r_2 positive Konstanten sind, heißt *Streckung*; s. Abbildung 3.5.

Die beiden affinen Transformationen $w_1(x_1, x_2) = (-x_1, x_2)$ und $w_2(x_1, x_2) = (x_1, -x_2)$ sind Beispiele für *Spiegelungen*. Die erste entspricht einer Spiegelung entlang der x_1-Achse, die zweite einer Spiegelung entlang der x_2-Achse; s. Abbildung 3.6.

Affine Transformationen der Form $w(x_1, x_2) = (x_1 + e, x_2 + f)$, wobei e und f reelle Konstanten sind, heißen *Verschiebungen.*; s. Abbildung 3.7.

Affine Transformationen $w_1, w_2 : I\!R^2 \to I\!R^2$ heißen *Ähnlichkeitsabbildung*, wenn sie von einer der folgenden Formen sind:

$$w_1 \begin{pmatrix} x_1 \\ x_2 \end{pmatrix} = \begin{pmatrix} r\cos\vartheta & -r\sin\vartheta \\ r\sin\vartheta & r\cos\vartheta \end{pmatrix} \begin{pmatrix} x_1 \\ x_2 \end{pmatrix} + \begin{pmatrix} e \\ f \end{pmatrix},$$

$$w_2 \begin{pmatrix} x_1 \\ x_2 \end{pmatrix} = \begin{pmatrix} r\cos\vartheta & r\sin\vartheta \\ r\sin\vartheta & -r\cos\vartheta \end{pmatrix} \begin{pmatrix} x_1 \\ x_2 \end{pmatrix} + \begin{pmatrix} e \\ f \end{pmatrix}$$

mit einer beliebigen Verschiebung $(e, f) \in I\!R^2$, einer reellen Zahl $r \neq 0$ und einem Winkel $\vartheta, 0 \leq \vartheta < 2\pi$. ϑ nennt man den *Rotationswinkel*, r den *Skalierungsfaktor* oder die *Skalierung*; s. Abbildung 3.8.

Lineare Transformationen der Form

$$\mathbf{A} \begin{pmatrix} x_1 \\ x_2 \end{pmatrix} = \begin{pmatrix} \cos\vartheta & -\sin\vartheta \\ \sin\vartheta & \cos\vartheta \end{pmatrix} \begin{pmatrix} x_1 \\ x_2 \end{pmatrix}$$

werden *Drehungen* genannt; s. Abbildung 3.9.

Eine lineare Transformation einer der Formen

$$w_1(x_1, x_2) = (x_1 + bx_2, x_2) \quad \text{oder} \quad w_2(x_1, x_2) = (x_1, cx_1 + x_2),$$

wobei b und c reelle Konstanten sind, werden *Scherungen* genannt. In beiden Fällen bleibt eine der beiden Koordinaten unverändert; s. Abbildung 3.10.

Wenn $w_1 : I\!R^2 \to I\!R^2$ und $w_2 : I\!R^2 \to I\!R^2$ affine Transformationen sind, dann auch $w_3 = w_1 \circ w_2$, d. h. affine Transformationen können zu neuen affinen Transformationen zusammengefügt werden. Dies führt uns zu dem Problem, eine Menge elementarer affiner Transformationen zu finden, aus denen jede beliebige affine Transformation durch Hintereinanderausführung konstruiert werden kann.

Eine allgemeine affine Transformation kann als eine lineare Transformation mit anschließender Translation dargestellt werden. Eine allgemeine lineare Transformation erhält man durch Kombination einer Streckung mit einer Rotation und einer Scherung.

Sei S ein Gebiet in $I\!R^2$, das von einem Polygon oder einem anderen „schönen" Rand begrenzt wird. Sei $w : I\!R^2 \to I\!R^2$ eine affine Transformation mit $w(x) = \mathbf{A}x + \mathbf{T}$ wie in Gleichung 3.1 auf Seite 49. Die Determinante von $\mathbf{A}$, $\det(\mathbf{A})$, läßt sich als $\det(\mathbf{A}) = ad - bc$ berechnen. Man kann zeigen, daß (Fläche von $w(S)$) $= |\det(\mathbf{A})| \cdot$ (Fläche von S). Ist $\det(\mathbf{A}) < 0$, so wird S von der Transformation „umgeklappt"; s. Abbildung 3.11.

Abbildung 3.6 Diese Abbildung zeigt die affinen Transformationen $w_1(x_1, x_2) = (-x_1, x_2)$ und $w_2(x_1, x_2) = (x_1, -x_2)$. Beide sind Beispiele für *Spiegelungen*.

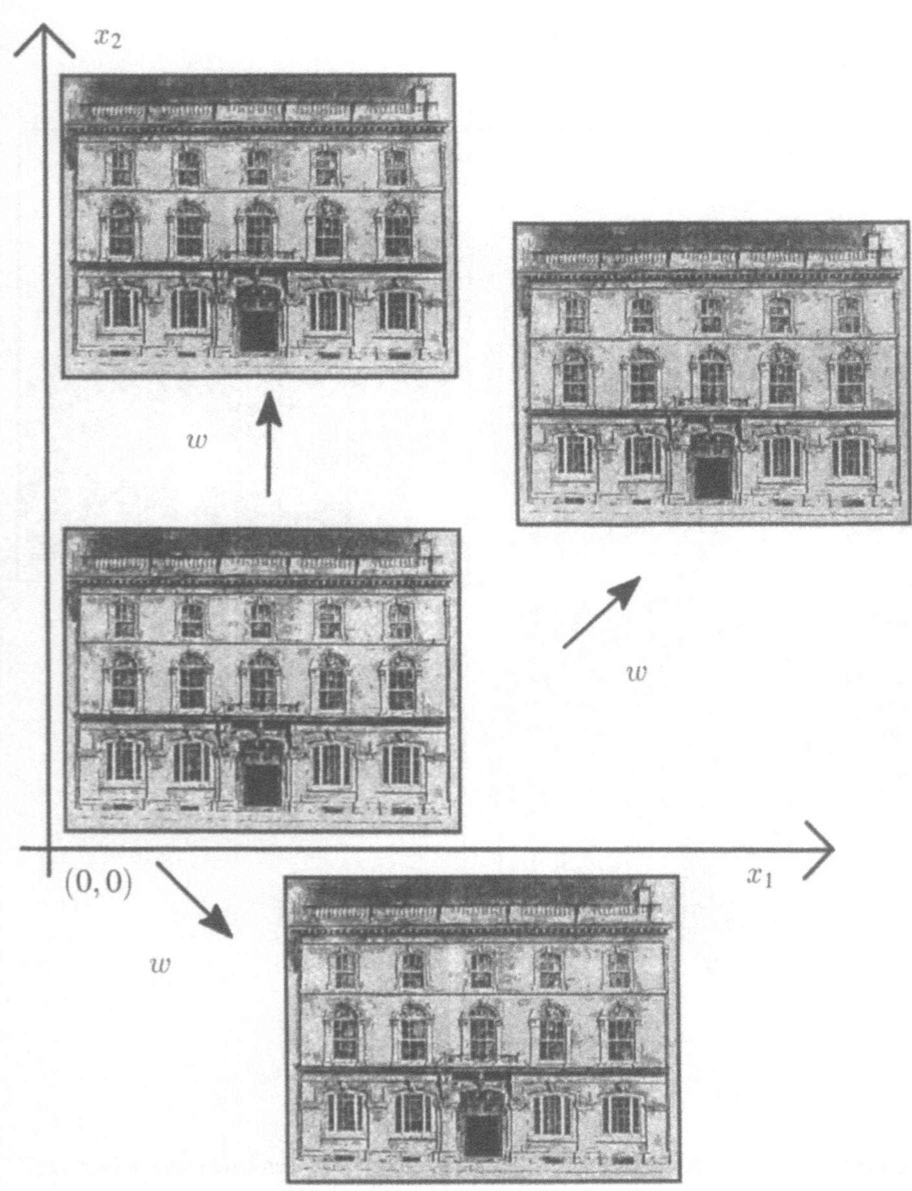

Abbildung 3.7 Diese Abbildung zeigt affine Transformationen der Form $w(x_1, x_2) = (x_1 + e, x_2 + f)$, wobei e und f reelle Konstanten sind. Sie heißen *Verschiebungen*.

Farbtafel 1. Komprimierte Zinnie. Dieses Bild einer Zinnie war der Ausgangspunkt für die RGB- und CMY(K)-Zerlegungen in den Abbildungen 2.28 auf Seite 41 und 2.29 auf Seite 44. Das Foto wurde in einer Auflösung von 640 mal 480 Punkten mit 24 Bit Tiefe in einer 768 KByte großen Datei im Targa-Format gespeichert. Diese wurde mit Hilfe fraktaler Bildkompression zu einer 14 930 Byte großen FIF-Datei (*Fractal Image Format*) komprimiert. Die FIF-Datei wiederum wurde zu einer 24-Bit-Targa-Datei dekomprimiert und über einen UP-D700-Farbdrucker von Sony ausgedruckt.

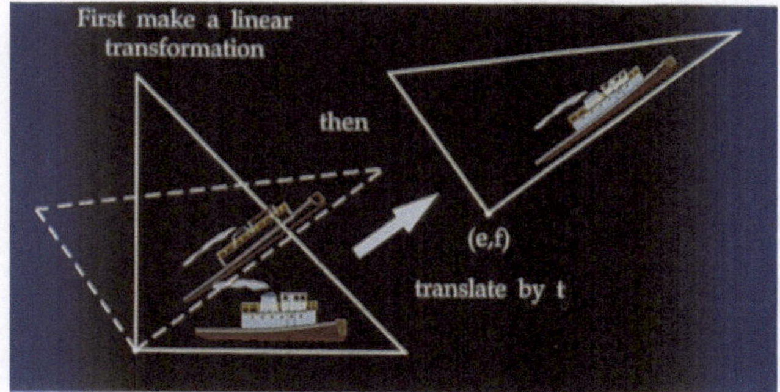

Farbtafel 2. Affine Transformationen. Eine affine Transformation besteht aus einer linearen Transformation und einer anschließenden Verschiebung. Das Schiff wird zunächst rotiert und gestreckt, danach verschoben.

Farbtafel 3.
Vier IFS-Attraktoren. Dieses schöne
Bild wurde durch das harmonische
Zusammenspiel vierer IFS-Attraktoren
erzeugt.

Farbtafel 4.
Eine Schneeflocke. Ein einfaches IFS
erzeugt eine komplexe Schneeflocke.

Farbtafel 5.
Bäume und Vögel. Ein Beispiel für ein durch VRIFS berechnetes Bild (s. Kapitel 4). Es besteht aus einer Anzahl von Segmenten, deren jedes mit Hilfe eines rekurrierenden IFS mit Wahrscheinlichkeiten konstruiert wurde. Die Graustufenwerte werden für jedes Segment mit Hilfe einer Nachschlage-Tabelle auf Farbwerte abgebildet, die am Ende des Vorgangs interaktiv so eingestellt wird, daß sich ein dem Original möglichst ähnliches Endbild ergibt.

Farbtafel 6.
Farbversion des Bildes in Abbildung 4.25 auf Seite 102. Diese Tafel zeigt ein Maß $\mu \in \mathcal{P}$, das Fixpunkt eines zu einem IFS von affinen Abbildungen gehörenden Markov-Operators ist.

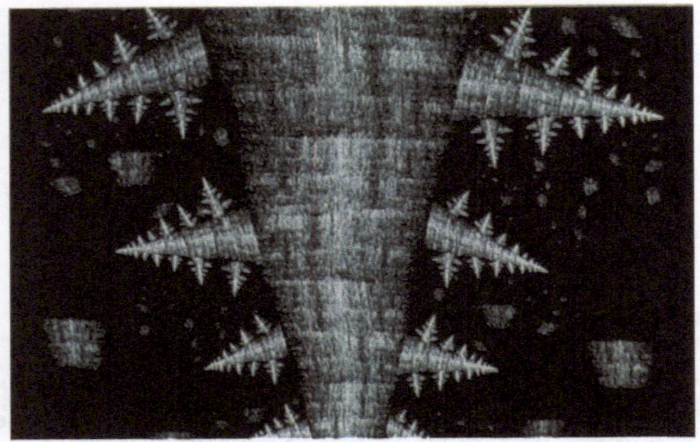

Farbtafel 7. Farbversion des Bildes in Abbildung 4.26 auf Seite 103. Diese Tafel zeigt ein Maß $\mu \in \mathcal{P}$, das ein Fixpunkt eines zu einem IFS von affinen Abbildungen gehörenden Markov-Operators ist, wobei die Abbildungen so gewählt wurden, daß sie das Bild einer Pflanzenwurzel ergeben.

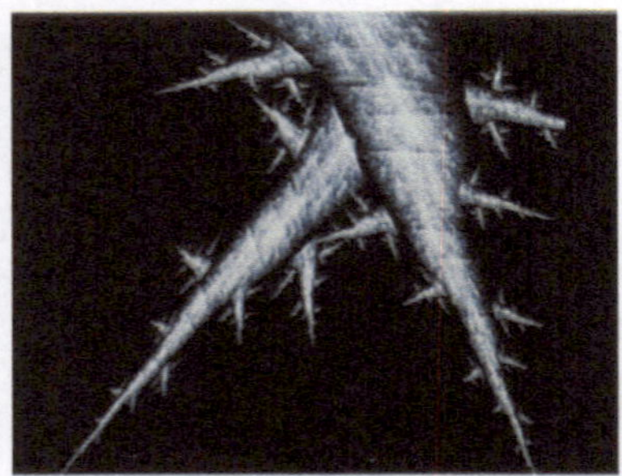

**Farbtafel 8.
Farbversion des Bildes in Abbildung 4.28 auf Seite 106.** Diese Tafel zeigt ein Maß $\mu \in \mathcal{P}$, das ein Fixpunkt eines zu einem IFS von affinen Abbildungen gehörenden Markov-Operators mit Kondensation ist. In Abbildung 4.28 auf Seite 106 sind die Abbildungen zu sehen, mit denen dieses Bild erzeugt wurde.

**Farbtafel 9.
Ursprüngliches Hibiskus-Bild.** Ein Foto wurde mit 100 dpi gescannt und ergab so ein Bild der Auflösung 505 mal 510 und 24 Bit Tiefe, das 772 668 Byte Speicherplatz benötigt. Die Tafeln 9 bis 12 wurden jeweils mit Hilfe von Images Incorporated als 24-Bit-Targa-Dateien auf einem Mitsubishi-S340-Farbsublimationsdrucker ausgegeben.

Farbtafel 10.
Hibiskus – Kompressionsrate 9:1. Mit
Hilfe fraktaler Bildkompression wurde die
ursprüngliche Datei zu einer 84 435 Byte
großen FIF-Datei komprimiert. Bei dieser
Kompressionsrate ist es fast unmöglich,
das dekomprimierte Bild vom Original zu
unterscheiden.

Farbtafel 11.
Hibiskus – Kompressionsrate 46:1. Mit
Hilfe fraktaler Bildkompression wurde die
ursprüngliche Datei zu einer 16 869 Byte
großen FIF-Datei komprimiert. Bei dieser
Kompressionsrate geht der größte Teil der
feinadrigen Struktur in den Blättern und
Blütenblättern verloren.

Farbtafel 12.
Hibiskus – Kompressionsrate 67:1. Mit
Hilfe fraktaler Bildkompression wurde die
ursprüngliche Datei zu einer 11 608 Byte
großen FIF-Datei komprimiert. Bei dieser
Kompressionsrate geht die feinadrige
Struktur in den Blättern und Blütenblättern
vollständig verloren, und die Pollen an den
Stempeln sowie die Spitzlichter auf den
Blütenblättern verschwimmen.

Farbtafel 13.
Ursprüngliches Gecko-Bild. Das
ursprüngliche Gecko-Bild hat eine
Auflösung von 640 mal 400 und
eine Tiefe von 24 Bit; es benötigt
768 KByte Speicherplatz. Es
wurde als 24-Bit-Targa-Datei
auf einem Mitsubishi-S340-
Farbsublimationsdrucker
ausgegeben.

Farbtafel 14.
**Gecko – Kompressionsrate
156:1.** Mit Hilfe fraktaler
Bildkompression wurde die
ursprüngliche Datei mittels
der FTC-II-Karte und des
POEM-Kompressionstreibers
zu einer 19 645 Byte großen
FIF-Datei komprimiert. Diese
wurde zu einem Bild der
Auflösung 1280 mal 800 (also auf
doppelte Größe des Originals)
dekomprimiert, so daß sich eine
effektive Kompressionsrate von
156:1 ergibt.

Farbtafel 15.
Gecko – Kompressionsrate
625:1. Wir benutzen nun dieselbe
19 645 Byte große FIF-Datei,
aus der wir einen Ausschnitt
vergrößern. Das hier gezeigte Bild
(ein Viertel des ursprünglichen
Bildes) besitzt eine Auflösung
von 1280 mal 800, so daß sich
eine effektive Kompressionsrate
von 625:1 ergibt.

Farbtafel 16.
Gecko – Kompressionsrate
2500:1. Zu guter Letzt vergrößern
wir einen weiteren Ausschnitt
derselben FIF-Datei. Dieser
kleine Bereich (ein Achtel
der Fläche des ursprünglichen
Bildes) besitzt eine Auflösung
von 1280 mal 800, so daß sich
eine effektive Auflösung von
2500:1 ergibt. Beachte, daß drei
Byte der FIF-Datei ausreichen,
um 2500 Pixel in diesem Bild
wiederzugeben, während im
ursprünglichen Bild drei Byte
für jedes einzelne Pixel benötigt
wurden.

Abbildung 3.8 Diese Abbildung zeigt affine Transformationen, die *Ähnlichkeitsabbildungen* genannt werden.

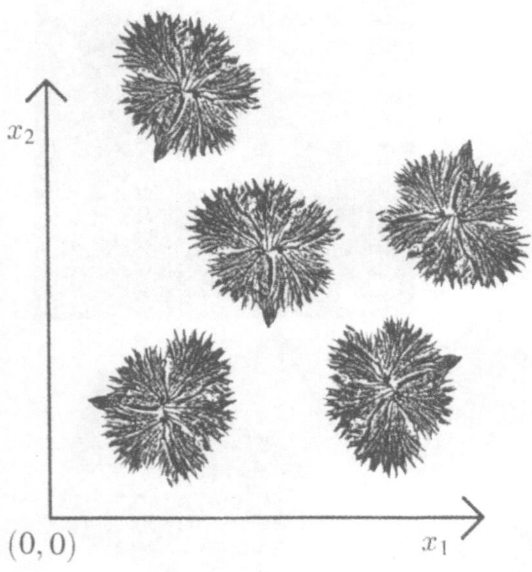

Abbildung 3.9
Diese Abbildung zeigt lineare Transformationen, die *Drehungen* genannt werden.

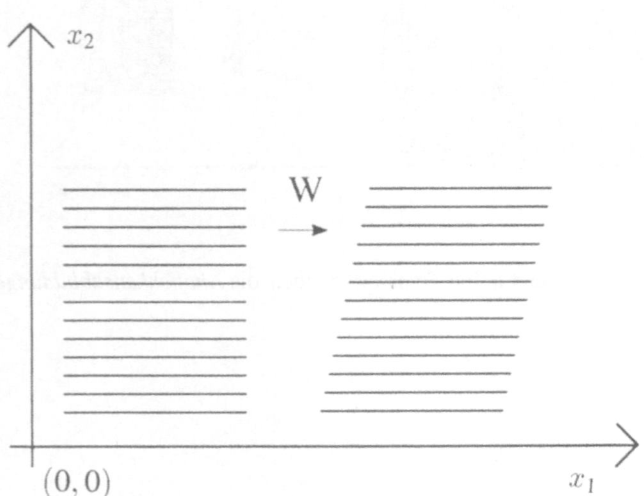

Abbildung 3.10 Diese Abbildung zeigt eine lineare Transformationen der Form $w_1(x_1, x_2) = (x_1 + bx_2, x_2)$, wobei b eine reelle Konstante ist. Sie ist ein Beispiel einer *Scherung*.

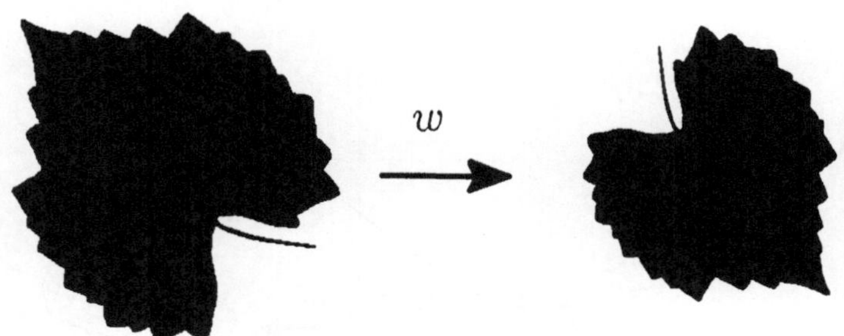

Abbildung 3.11 Ist det $\mathbf{A} < 0$, wird das Blatt B durch die Transformation „umgeklappt".

3.6 Affine Transformationen im dreidimensionalen reellen Raum

Die allgemeine affine Transformation $w : I\!R^3 \to I\!R^3$ kann in der Matrix-Schreibweise folgendermaßen dargestellt werden:

$$w(x) = w \begin{pmatrix} x_1 \\ x_2 \\ x_3 \end{pmatrix} = \begin{pmatrix} a & b & t \\ c & d & u \\ r & s & p \end{pmatrix} \begin{pmatrix} x_1 \\ x_2 \\ x_3 \end{pmatrix} + \begin{pmatrix} e \\ f \\ q \end{pmatrix} = \mathbf{A}x + \mathbf{T},$$

wobei $a, b, c, d, e, f, p, q, r, s, t, u$ reelle Konstanten sind und $x = (x_1, x_2, x_3) \in I\!R^3$ ist, d. h.

$$w(x_1, x_2, x_3) = (ax_1 + bx_2 + tx_3 + e, cx_1 + dx_2 + ux_3 + f, rx_1 + sx_2 + px_3 + q).$$

Unter der Voraussetzung, daß die Determinante ungleich Null ist, ist die Transformation umkehrbar. Sie bildet Tetraeder – ein solcher wird durch vier Punkte definiert, die nicht in einer Ebene liegen – in Tetraeder ab. Umgekehrt definieren zwei Tetraeder eindeutig eine dreidimensionale affine Transformation. Beachte, daß eine dreidimensionale affine Transformation das Spiegelbild einer Menge erzeugen kann.

Von besonderem Interesse sind für uns affine Transformationen $w : I\!R^3 \to I\!R^3$ der Form

$$w(x_1, x_2, x_3) = (v(x_1, x_2), px_3 + q),$$

wobei $v : I\!R^2 \to I\!R^2$ eine zweidimensionale affine Transformation ist. Jedes zur x_3-Achse parallele Geradenstück wird auf ein zur x_3-Achse paralleles Geradenstück abgebildet. Jedes Dreieck, das in einer zur x_3-Achse senkrechten Ebene liegt, wird auf ein neues Dreieck abgebildet, das wiederum in einer senkrecht zur x_3-Achse stehenden Ebene liegt.

In den Abbildungen 3.12 bis 3.15 werden dreidimensionale affine Transformationen veranschaulicht. Abbildung 3.12 zeigt, wie zwei Tetraeder eine dreidimensionale affine Transformation definieren. Abbildung 3.13 zeigt affine Transformationen der Form

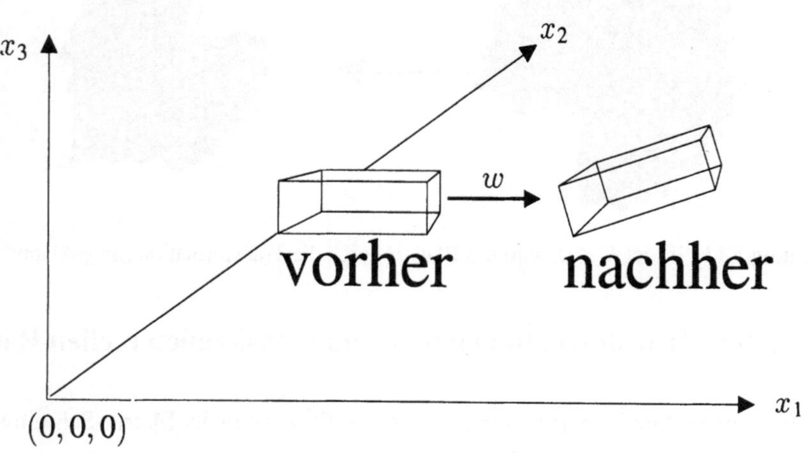

Abbildung 3.12 Diese Abbildung zeigt den Zusammenhang zwischen zwei Tetraedern, die eine affine Transformation definieren.

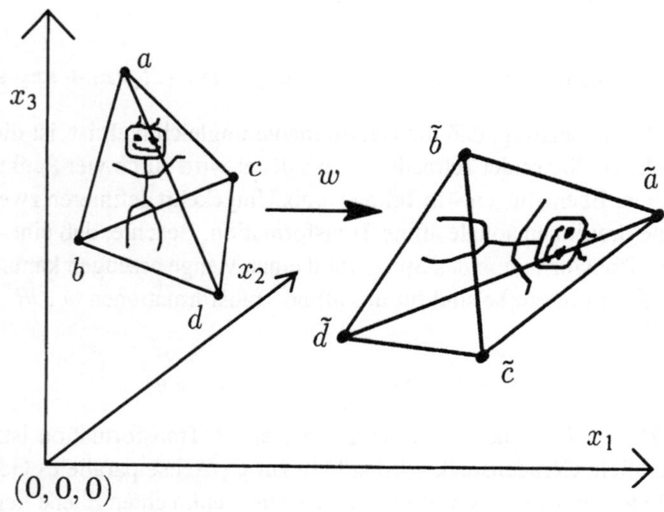

Abbildung 3.13 Diese Abbildung zeigt affine Transformationen der Form $w(x_1, x_2, x_3) = (v(x_1, x_2), px_3 + q)$, wobei v eine zweidimensionale affine Transformation ist. „Übereinander liegende" Punkte verändern durch die Transformation ihre Lage zueinander nicht. Diese Art affiner Transformationen wird in Anwendungen der fraktalen Transformation benutzt.

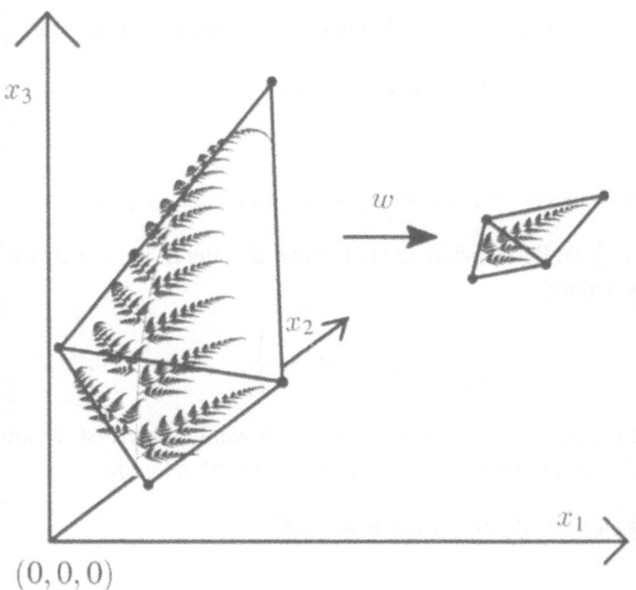

Abbildung 3.14
Diese Abbildung zeigt eine dreidimensionale affine Transformation, die auf einen fraktalen Farn angewandt wird. Der Tetraeder, der durch die Spitzen dreier Blätter und den Anfangspunkt definiert ist, wird auf einen Tetraeder abgebildet, der durch ein einzelnes Hauptblatt definiert ist.

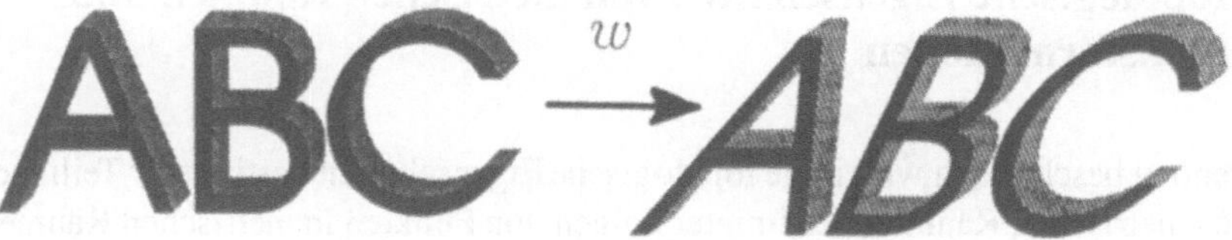

Abbildung 3.15 Diese Abbildung zeigt die Wirkung dreidimensionaler affiner Transformationen auf dreidimensionale Buchstaben, wie sie in Zeichenprogrammen verwendet werden.

$w(x_1, x_2, x_3) = (v(x_1, x_2), px_3 + q)$. Solche Transformationen spielen eine besondere Rolle bei der Bildkompression mit fraktalen Transformationen. Abbildung 3.14 zeigt dreidimensionale affine Transformationen, die benutzt werden, um einen fraktalen Farn mit Hilfe eines iterierten Funktionensystems zu erzeugen. Das IFS wird durch diese Transformationen definiert. Abbildung 3.15 stellt den Effekt bestimmter dreidimensionaler affiner Transformationen auf dreidimensionale Buchstaben dar, wie sie in Zeichenprogrammen verwendet werden.

3.7 Normen auf linearen Transformationen im $I\!R^n$

Auf den metrischen Räumen $(I\!R^n, d)$ für $n = 2$ und $n = 3$ definieren wir die *Norm* eines Punktes $x \in I\!R^n$ durch $\|x\| = d(x, O)$, wobei O den Koordinatenursprung bezeichnet. Sei $\mathbf{A}$ eine lineare Transformation auf einem dieser beiden Räume, d. h.

$$\mathbf{A}(x_1, x_2) = (ax_1 + bx_2, cx_1 + dx_2)$$

oder

$$\mathbf{A}(x_1, x_2, x_3) = (ax_1 + bx_2 + tx_3, cx_1 + dx_2 + ux_3, rx_1 + sx_2 + px_3),$$

wobei a, b, c, d, t, u, r, s und p reelle Konstanten sind. Dann definieren wir die *Norm der affinen Transformation* $\mathbf{A}$ durch

$$\|\mathbf{A}\| := \max \left\{ \frac{\|\mathbf{A}x\|}{\|x\|} : x \in I\!R^n, x \neq 0 \right\},$$

sofern dieses Maximum existiert. Man kann zeigen, daß $\|\mathbf{A}\|$ wohldefiniert ist, wenn d beispielsweise die euklidische Metrik ist. Wenn $\|\mathbf{A}\|$ existiert, gilt außerdem

$$\|\mathbf{A}x\| \leq \|\mathbf{A}\| \, \|x\| \quad \text{für alle } x \in I\!R^n.$$

3.8 Topologische Eigenschaften von metrischen Räumen und Transformationen

Im folgenden beschreiben wir einige topologische Eigenschaften bestimmter Teilmengen eines metrischen Raumes, bestimmter Folgen von Punkten in metrischen Räumen und bestimmter Funktionen auf metrischen Räumen, die wir an anderer Stelle benötigen. Diese können leicht aus der Theorie der metrischen Räume hergeleitet werden und werden ausführlicher in [FE] dargestellt.

Beispiele für Eigenschaften von Mengen sind Offenheit, Abgeschlossenheit, Kompaktheit, Beschränktheit und Vollständigkeit; wir werden uns auch mit Cauchy-Folgen und stetigen Funktionen beschäftigen. Diese Eigenschaften werden in Form von Aussagen, Definitionen und Sätzen, zusammen mit aussagekräftigen Beispielen, behandelt. Wir beginnen mit dem Begriff der äquivalenten metrischen Räume. Viele topologische Eigenschaften von Teilmengen und Folgen eines metrischen Raumes bleiben unter Transformationen, die äquivalente Metriken liefern, erhalten.

Definition Zwei Metriken d und e auf einem Raum X sind *äquivalent*, wenn es Konstanten $0 < c_1 < c_2 < \infty$ gibt, so daß

$$c_1 d(x, y) \leq e(x, y) \leq c_2 d(x, y) \quad \forall (x, y) \in X \times X.$$

Beispiele:

(i) Die Mannheimer Metrik d_1 und die euklidische Metrik d_2 sind äquivalent auf $\square \subset I\!\!R^2$.

(ii) Sei Σ der Coderaum auf N Zeichen. Man kann auf Σ zwei verschiedene Metriken d_C und d_E definieren durch

$$d_C(\sigma,\omega) := d_C(\sigma_1\sigma_2\sigma_3\ldots,\omega_1\omega_2\omega_3\ldots) = \sum_{i=1}^{\infty} \frac{|\sigma_i - \omega_i|}{(N+1)^i}$$

und

$$d_E(\sigma,\omega) := d_E(\sigma_1\sigma_2\sigma_3\ldots,\omega_1\omega_2\omega_3\ldots) = \left|\sum_{i=1}^{\infty} \frac{\sigma_i - \omega_i}{(N+1)^i}\right|.$$

Dann sind diese beiden Metriken äquivalent.

Definition Zwei metrische Räume $(\mathbf{X}, d)$ und $(\mathbf{Y}, e)$ sind *äquivalent*, wenn es eine invertierbare Funktion $h : \mathbf{X} \to \mathbf{Y}$ gibt, so daß die Metrik $\tilde{d}$ auf $\mathbf{X}$, die durch

$$\tilde{d}(x,y) := e(h(x), h(y))   \quad \forall x, y \in \mathbf{X}$$

definiert ist, äquivalent zu d ist.

Beispiele:

(i) Die metrischen Räume (Σ, d_C) und (Σ, d_E) sind äquivalent. In diesem Fall ist $\Sigma = \mathbf{X} = \mathbf{Y}$ und die invertierbare Funktion $h : \Sigma \to \Sigma$ ist die identische Abbildung $h(x) = x \quad \forall x \in \Sigma$.

(ii) Wenn $\mathbf{X} = [1, 2]$ und $\mathbf{Y} = [0, 1]$, $d = d_2$ die euklidische Metrik und $e(x, y) := 2|x - y|$ in $\mathbf{Y}$ ist, dann sind $(\mathbf{X}, d)$ und $(\mathbf{Y}, e)$ äquivalente metrische Räume.

(iii) $(\square, d_1)$ und $(\square, d_2)$ sind äquivalente metrische Räume.

(iv) Sei $w : I\!\!R^n \to I\!\!R^n$ für $n = 2$ oder $n = 3$ eine invertierbare affine Transformation. Seien $d = d_2$ die euklidische Metrik auf $I\!\!R^n$ und $e(x, y) = d_2(w(x), w(y))$. Dann sind $(I\!\!R^n, d_2)$ und $(I\!\!R^n, e)$ äquivalente metrische Räume.

Definition Seien $\mathbf{X}$ und $\mathbf{Y}$ metrische Räume. Eine Funktion $f : \mathbf{X} \to \mathbf{Y}$ heißt *stetig* in bezug auf d und e, wenn für alle $\varepsilon > 0$ und $x, y \in \mathbf{X}$ ein $\delta > 0$ existiert, so daß

$$d(x, y) < \delta \quad \Rightarrow \quad e(f(x), f(y)) < \varepsilon.$$

Beispiele:

(i) Affine Transformationen auf $I\!R^n$, $n = 1, 2$ oder 3, versehen mit der euklidischen Metrik d_2 sind Beispiele für stetige Funktionen.

(ii) Die Verschiebungsabbildung $V : \Sigma \rightarrow \Sigma$ auf dem Coderaum mit der Coderaum-Metrik d_C ist eine stetige Funktion. Diese Funktion ist definiert durch

$$V(\sigma_1 \sigma_2 \sigma_3 \sigma_4 \ldots) \mapsto \sigma_2 \sigma_3 \sigma_4 \sigma_5 \ldots$$

(iii) Wenn $f : \mathbf{X} \rightarrow \mathbf{Y}$ stetig in bezug auf die Metrik d auf $\mathbf{X}$ und $\tilde{d}$ eine zu d äquivalente Metrik auf $\mathbf{X}$ ist, so ist f stetig in bezug auf die Metrik $\tilde{d}$ auf $\mathbf{X}$. Analog dazu bleibt die Stetigkeit von f erhalten, wenn man in $\mathbf{Y}$ zu einer äquivalenten Metrik übergeht.

Definition Eine Folge von Punkten $\{x_n\}_{n=1}^{\infty}$ in einem Raum $\mathbf{X}$ ist eine Funktion $f : I\!N \rightarrow \mathbf{X}$ mit $f(n) = x_n$ für alle $n \in I\!N$. Dabei bezeichnet $I\!N$ wie üblich die Menge der natürlichen Zahlen (ohne Null). Eine Folge positiver ganzer Zahlen $\{n_i\}_{i=1}^{\infty}$ ist eine ordnungserhaltende Funktion $g : I\!N \rightarrow I\!N$ mit $g(i) = n_i$ für alle $i \in I\!N$. Wir bezeichnen $g : I\!N \rightarrow I\!N$ als *ordnungserhaltend*, wenn für alle $m, n \in I\!N$ gilt: $m < n \Rightarrow g(m) < g(n)$. Eine Teilfolge $\{x_{n_i}\}_{i=1}^{\infty}$ ist eine Funktion der Form $f \circ g : I\!N \rightarrow \mathbf{X}$, wobei f und g wie oben sind und x_{n_i} den Punkt $f(g(i))$ bezeichnet.

Definition Eine Folge $\{x_n\}_{n=1}^{\infty}$ von Punkten in einem metrischen Raum $(\mathbf{X}, d)$ heißt *Cauchy-Folge*, wenn für beliebiges $\varepsilon > 0$ eine ganze Zahl $N > 0$ existiert, so daß

$$d(x_n, x_m) < \varepsilon \quad \text{für alle } n, m > N.$$

Definition Eine Folge $\{x_n\}_{n=1}^{\infty}$ von Punkten in einem metrischen Raum $(\mathbf{X}, d)$ *konvergiert* gegen einen Punkt $x \in \mathbf{X}$, wenn für jedes $\varepsilon > 0$ eine ganze Zahl $N > 0$ existiert, so daß

$$d(x_n, x) < \varepsilon \quad \text{für alle } n > N.$$

In diesem Fall nennen wir die Folge auch *konvergent*. Der Punkt $x \in \mathbf{X}$, gegen den eine solche Folge konvergiert, heißt *Grenzwert* oder *Limes* der Folge. Wir schreiben dafür $x = \lim_{n \to \infty} x_n$.

Satz 3.1 *Wenn eine Folge $\{x_n\}_{n=1}^{\infty}$ in einem metrischen Raum $(\mathbf{X}, d)$ gegen einen Punkt $x \in \mathbf{X}$ konvergiert, dann ist $\{x_n\}_{n=1}^{\infty}$ eine Cauchy-Folge.*

Beispiel:

Wenn $(\mathbf{X}, d)$ und $(\mathbf{X}, \tilde{d})$ äquivalente metrische Räume sind, dann ist die Folge $\{x_n\}_{n=1}^{\infty}$ genau dann Cauchy-Folge in dem ersten Raum, wenn sie Cauchy-Folge im zweiten Raum ist. Das heißt, daß die Eigenschaft, Cauchy-Folge zu sein, beim Wechsel zwischen äquivalenten Metriken erhalten bleibt.

Definition Ein metrischer Raum $(\mathbf{X}, d)$ ist *vollständig*, wenn jede Cauchy-Folge $\{x_n\}_{n=1}^{\infty}$ in $\mathbf{X}$ einen Grenzwert $x \in \mathbf{X}$ besitzt.

Beispiele:

(i) $(I\!R, d_2)$ ist ein vollständiger metrischer Raum.

(ii) $(I\!R^2, d_2)$ ist ein vollständiger metrischer Raum.

(iii) $(\square, d_2)$ ist ein vollständiger metrischer Raum.

(iv) (Σ, d_C) ist ein vollständiger metrischer Raum.

(v) Seien $(\mathbf{X}, d)$ und $(\mathbf{Y}, e)$ äquivalente metrische Räume. Dann ist $(\mathbf{X}, d)$ genau dann vollständig, wenn $(\mathbf{Y}, e)$ vollständig ist.

Definition Sei $S \subset \mathbf{X}$ eine Teilmenge des metrischen Raumes $(\mathbf{X}, d)$. Ein Punkt $x \in \mathbf{X}$ heißt *Häufungspunkt* von S, wenn es eine Folge $\{x_n\}_{n=1}^{\infty}$ von Punkten $x_n \in S$ gibt, so daß $\lim_{n \to \infty} x_n = x$.

Definition Sei $S \subset \mathbf{X}$ eine Teilmenge des metrischen Raumes $(\mathbf{X}, d)$. Der *Abschluß* von S, der mit $\overline{S}$ bezeichnet wird, ist als $\overline{S} = S \cup \{\text{Häufungspunkte von } S\}$ definiert.

Definition Die Menge S ist *abgeschlossen*, wenn sie alle ihre Häufungspunkte enthält, d. h. $S = \overline{S}$ ist.

Definition Sei $S \subset \mathbf{X}$ eine Teilmenge des metrischen Raumes $(\mathbf{X}, d)$. S ist *offen*, wenn es für jedes $x \in S$ ein $\varepsilon > 0$ gibt, so daß $B(x, \varepsilon) := \{y \in X : d(x, y) \leq \varepsilon\} \subset S$ ist.

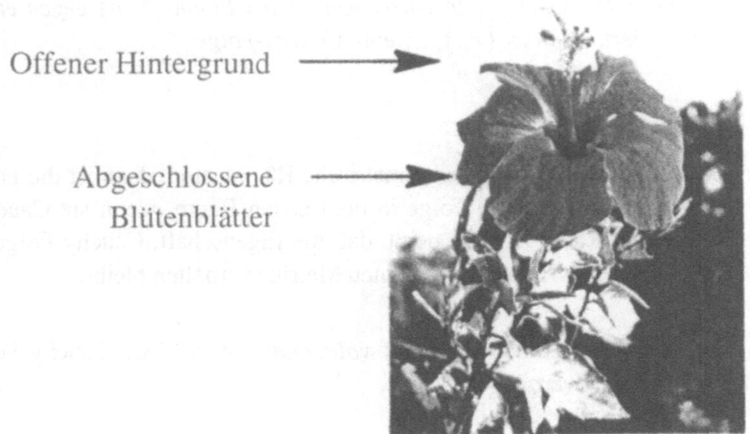

Abbildung 3.16 Diese Abbildung zeigt auf nette Art die topologischen Eigenschaften offener und abgeschlossener Mengen. Wir stellen uns die Blütenblätter der Blume im Vordergrund als abgeschlossene Teilmengen des Bildträgers vor, da es merkwürdig wäre, wenn ein Blütenblatt keine Kante hätte. Wir stellen uns den Bildhintergrund als offene Menge vor, weil seine Ränder – wie z. B. die Kanten der Blumen – nicht zu ihm gehören. Beachte, daß wir den Träger eines Bildes, $\square \subset I\!\!R^2$, in unserer axiomatischen Beschreibung des Raumes der Realweltbilder $\Re$ als offen definiert haben.

Abbildung 3.16 veranschaulicht die topologischen Eigenschaften offener und abgeschlossener Mengen.

Definition Eine Menge S ist *perfekt*, wenn sie genau gleich der Menge ihrer Häufungspunkte ist.

Beispiele:

(i) Die Cantormenge $\mathcal{C}$ mit der euklidischen Metrik ist abgeschlossen und perfekt.

(ii) Die Teilmenge $S = \{x = \frac{1}{n} : n = 1, 2, 3, \ldots\}$ ist abgeschlossen in $((0, 1], d_2)$, nicht aber in $([0, 1], d_2)$.

(iii) $S = [0, 1]$ ist eine abgeschlossene, perfekte Teilmenge von $(I\!\!R, d_2)$.

(iv) $S = \Sigma$ ist eine abgeschlossene, perfekte Teilmenge von (Σ, d_C).

(v) Wenn S eine Teilmenge eines vollständigen metrischen Raumes $(\mathbf{X}, d)$ ist, dann ist (S, d) ein metrischer Raum. (S, d) ist genau dann vollständig, wenn S abgeschlossen in $\mathbf{X}$ ist.

Definition Sei $S \subset \mathbf{X}$ eine Teilmenge des metrischen Raumes $(\mathbf{X}, d)$. S ist *kompakt*, wenn jede unendliche Folge $\{x_n\}_{n=1}^{\infty}$ in S eine Teilfolge enthält, die in S konvergiert.

Definition Sei $S \subset \mathbf{X}$ eine Teilmenge des metrischen Raumes $(\mathbf{X}, d)$. S ist *beschränkt*, wenn es einen Punkt $a \in \mathbf{X}$ und eine Zahl $R > 0$ gibt, so daß $d(a, x) < R$ für alle $x \in \mathbf{X}$.

Definition Sei $S \subset \mathbf{X}$ eine Teilmenge des metrischen Raumes $(\mathbf{X}, d)$. S ist *total beschränkt*, wenn es für jedes $\varepsilon > 0$ eine endliche Menge von Punkten $\{y_1, \ldots, y_n\} \subset S$ gibt, so daß für jedes $x \in \mathbf{X}$ gilt: $d(x, y_i) < \varepsilon$ für ein $y_i \in \{y_1, \ldots, y_n\}$.

Satz 3.2 *Seien $(\mathbf{X}, d)$ ein vollständiger metrischer Raum und $S \subset \mathbf{X}$. Die Menge S ist genau dann kompakt, wenn sie abgeschlossen und total beschränkt ist.*

Beispiele:

(i) Wenn S eine abgeschlossene Teilmenge eines vollständigen metrischen Raumes $(\mathbf{X}, d)$ ist, dann ist (S, d) ebenfalls ein vollständiger metrischer Raum.

(ii) Wenn $(\mathbf{X}, d)$ und $(\mathbf{Y}, e)$ äquivalente metrische Räume sind, die Abbildung $h :$ $\mathbf{X} \to \mathbf{Y}$ diese Äquivalenz vermittelt und $S \subset \mathbf{X}$ abgeschlossen ist, kann man zeigen, daß $h(S) = \{h(s) : s \in S\}$ abgeschlossen ist.

(iii) Wenn $(\mathbf{X}, d)$ ein metrischer Raum ist, dann ist $\mathbf{X}$ offen.

(iv) Wenn $(\mathbf{X}, d)$ ein metrischer Raum ist, dann ist die Aussage „$S \subset \mathbf{X}$ ist offen" äquivalent zu der Aussage „$\mathbf{X} \setminus S$ ist abgeschlossen."

(v) Jede abgeschlossene beschränkte Teilmenge von $(I\!R^2, d_2)$ ist kompakt. Insbesondere ist jeder metrische Raum der Form (K, d_2), wobei K eine abgeschlossene beschränkte Teilmenge von $I\!R^2$ ist, ein vollständiger metrischer Raum.

(vi) Seien $(\mathbf{X}, d)$ ein metrischer Raum, $f : \mathbf{X} \to \mathbf{X}$ stetig und A eine kompakte nichtleere Teilmenge von $\mathbf{X}$. Dann ist $f(A)$ eine kompakte nichtleere Teilmenge von $\mathbf{X}$.

(vii) Seien $S \subset (\mathbf{X}, d)$ offen und $(\mathbf{Y}, e)$ ein zu $(\mathbf{X}, d)$ äquivalenter metrischer Raum, wobei die Äquivalenz durch die Abbildung $h : \mathbf{X} \to \mathbf{Y}$ vermittelt wird. Dann ist $h(S)$ eine offene Teilmenge von $\mathbf{Y}$.

(viii) Die Cantormenge $\mathcal{C}$ ist abgeschlossen und kompakt.

(ix) Sind zwei Räume äquivalent, so bleiben die folgenden topologischen Eigenschaften erhalten: Offenheit, Abgeschlossenheit, Beschränktheit, Vollständigkeit, Kompaktheit und Perfektheit.

Definition Sei $S \subset \mathbf{X}$ eine Teilmenge des metrischen Raumes $(\mathbf{X}, d)$. Ein Punkt $x \in \mathbf{X}$ ist ein *Randpunkt* von S, wenn für jedes $\varepsilon > 0$ die Kugel $B(x, \varepsilon)$ einen Punkt in $\mathbf{X} \setminus S$ und einen Punkt in S enthält.

Definition Die Menge aller Randpunkte von S heißt *Rand* von S und wird mit ∂S bezeichnet.

Definition Sei $S \subset \mathbf{X}$ eine Teilmenge des metrischen Raumes $(\mathbf{X}, d)$. Ein Punkt $x \in S$ ist ein *innerer Punkt* von S, wenn es ein $\varepsilon > 0$ gibt, so daß $B(x, \varepsilon) \subset S$ ist.

Definition Die Menge aller inneren Punkte von S heißt *Inneres* von S und wird mit S° bezeichnet.

Beispiele:

(i) Sei $S \subset \mathbf{X}$ eine Teilmenge des metrischen Raumes $(\mathbf{X}, d)$. Dann ist $\partial S = \partial(X \setminus S)$ und $\partial \mathbf{X} = \emptyset$.

(ii) Die Eigenschaften, Rand bzw. Inneres einer Menge zu sein, bleiben unter metrischer Äquivalenz erhalten.

(iii) Sei $(\mathbf{X}, d)$ die Gerade der reellen Zahlen mit der euklidischen Metrik. Sei weiter S die Menge aller rationalen Zahlen in $\mathbf{X}$, d. h. die reellen Zahlen, die als $\frac{p}{q}$ geschrieben werden können, wobei p und q ganze Zahlen mit $q \neq 0$ sind. Dann ist $\partial S = \mathbf{X}$.

(iv) Sei S eine abgeschlossene Teilmenge eines metrischen Raumes. Dann ist $\partial S \subset S$.

(v) Sei S eine offene Teilmenge eines metrischen Raumes. Dann ist $\partial S \cap S = \emptyset$.

(vi) Sei S eine offene Teilmenge eines metrischen Raumes. Dann ist $S^\circ = S$. Ist umgekehrt $S^\circ = S$, so ist S offen.

(vii) Sei S eine abgeschlossene Teilmenge eines metrischen Raumes. Dann ist $S = S^\circ \cup \partial S$.

(viii) Man kann zeigen, daß der Rand einer Menge S einen metrischen Raum in zwei disjunkte offene Mengen teilt, deren Vereinigung zusammen mit dem Rand ∂S den gesamten Raum ergeben. (Beweis?)

(ix) Sei S eine Teilmenge eines kompakten metrischen Raumes. Dann ist ∂S kompakt.

Definition Ein metrischer Raum $(\mathbf{X}, d)$ heißt *zusammenhängend*, wenn die einzigen beiden Teilmengen von $\mathbf{X}$, die sowohl offen als auch abgeschlossen sind, der Raum $\mathbf{X}$ selbst sowie $\emptyset$ sind. Eine Teilmenge $S \subset \mathbf{X}$ ist zusammenhängend, wenn der metrische Raum (S, d) zusammenhängend ist.

Definition Eine Menge S heißt *unzusammenhängend*, wenn sie nicht zusammenhängend ist.

Definition Eine Menge S heißt *total unzusammenhängend*, wenn die einzigen nichtleeren zusammenhängenden Teilmengen von S solche Teilmengen sind, die nur aus einzelnen Punkten bestehen.

Beispiele:

(i) Die Eigenschaften, zusammenhängend oder unzusammenhängend zu sein, sind invariant unter metrischer Äquivalenz.

(ii) Der metrische Raum $(\square, d_2)$ ist zusammenhängend.

(iii) Der metrische Raum $(\mathbf{X} = (0, 1) \cup \{2\}, d_2)$ ist unzusammenhängend.

(iv) Der metrische Raum (Σ, d_C) ist total unzusammenhängend.

3.9 Der Fixpunktsatz – Schlüssel zur fraktalen Bildkompression

Definition Sei $f : \mathbf{X} \to \mathbf{X}$ eine Transformation auf einem Raum. Ein Punkt $x_f \in \mathbf{X}$, für den $f(x_f) = x_f$ gilt, heißt *Fixpunkt* der Transformation.

Die Abbildungen 3.17 und 3.18 veranschaulichen Fixpunkte von affinen Transformationen.

Die Transformation $V : \Sigma \to \Sigma$ auf dem Coderaum, die durch

$$V(\sigma_1 \sigma_2 \sigma_3 \sigma_4 \sigma_5 \ldots) = \sigma_2 \sigma_3 \sigma_4 \sigma_5 \sigma_6 \ldots$$

definiert ist, heißt *Verschiebungsabbildung*.

Die Transformation V^n wirkt für beliebiges $n \in \{0, 1, 2, 3, \ldots\}$ wie folgt. Es ist

$$V^n(\sigma_1 \sigma_2 \sigma_3 \sigma_4 \sigma_5 \ldots) = \sigma_{n+1} \sigma_{n+2} \sigma_{n+3} \sigma_{n+4} \sigma_{n+5} \sigma_{n+6} \ldots$$

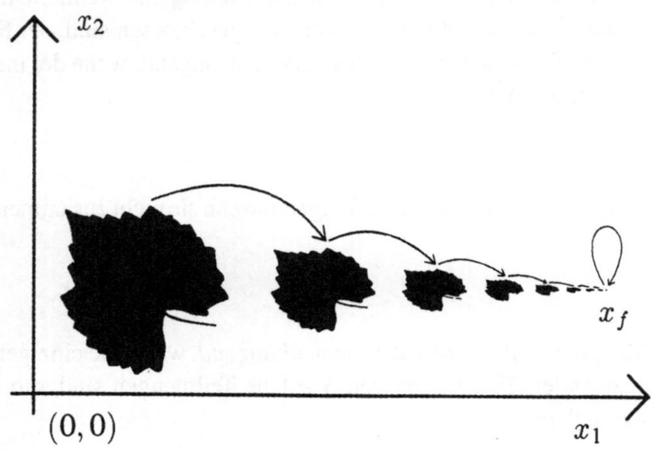

Abbildung 3.17 Diese Abbildung zeigt, wie eine kontrahierende affine Transformation einen Fixpunkt hat. Die wiederholte Anwendung der Transformation w auf das erste Blatt erzeugt eine Reihe von Blättern, die immer kleiner werden. Das Ende der Reihe ist der Fixpunkt $x_f = w(x_f)$.

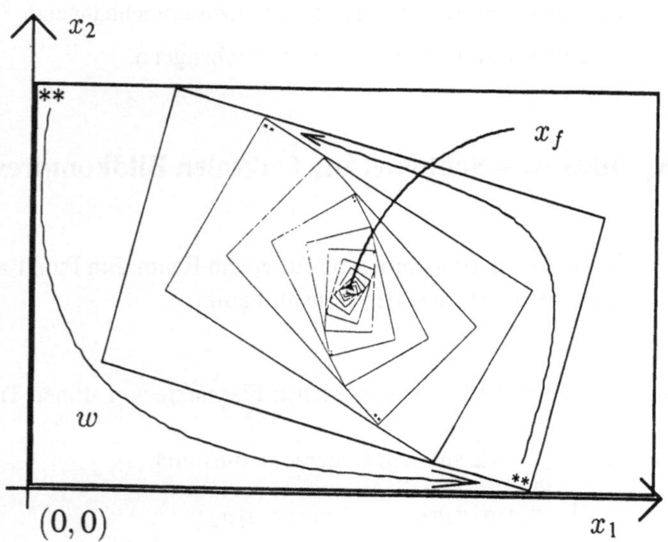

Abbildung 3.18 Diese Abbildung zeigt den Fixpunkt einer affinen Transformation, $x_f = w(x_f)$.

Für den Fall, daß der Coderaum aus den beiden Zeichen $\{0, 1\}$ aufgebaut ist, sind die Fixpunkte von V^3:

00000000000000000000000000000000000000000000000000000...
00100100100100100100100100100100100100100100100100...
01001001001001001001001001001001001001001001001001001001 00100100...
01101101101101101101101101101101101101101101101101101101 10...
10010010010010010010010010010010010010010010010010010010 01001...
10110110110110110110110110110110110110110110110110110110 11011...
11011011011011011011011011011011011011011011011011011011 101...
11111111111111111111111111111111111111111111111111111...

Definition Eine Transformation $f : \mathbf{X} \to \mathbf{X}$ auf einem metrischen Raum $(\mathbf{X}, d)$ heißt *kontrahierend* oder eine *Kontraktion*, wenn es eine Konstante $0 \leq s < 1$ gibt, so daß

$$d(f(x), f(y)) \leq s \cdot d(x, y) \quad \forall x, y \in \mathbf{X}.$$

Jede solche Zahl s heißt *Kontraktionsfaktor* von f; den kleinsten Kontraktionsfaktor bezeichnen wir auch als *den* Kontraktionsfaktor.

Satz 3.3 (Banachscher Fixpunktsatz) *Sei $f : \mathbf{X} \to \mathbf{X}$ eine Kontraktion auf einem vollständigen metrischen Raum $(\mathbf{X}, d)$. Dann besitzt f genau einen Fixpunkt $x_f \in \mathbf{X}$ und für jedes $x \in \mathbf{X}$ konvergiert die Folge $\{f^n(x)\}_{n=0}^{\infty}$ gegen x_f, d. h.*

$$\lim_{n \to \infty} f^n(x) = x_f \quad \text{für alle } x \in \mathbf{X}.$$

Beweis Seien $x \in \mathbf{X}$ und $0 \leq s < 1$ ein Kontraktionsfaktor von f. Dann gilt

$$d(f^n(x), f^m(x)) \leq s^{m \wedge n} d(x, f^{|n-m|}(x)) \tag{3.2}$$

für alle $m, n = 0, 1, 2, \ldots$, wobei x fest gewählt ist. Die Notation $m \wedge n$ bezeichnet hier das Minimum der beiden Zahlen m und n. Weiter gilt für $k = 0, 1, 2, \ldots$

$$\begin{aligned}
d(x, f^k(x)) &\leq d(x, f(x)) + d(f(x), f^2(x)) + \cdots + d(f^{(k-1)}(x), f^k(x)) \\
&\leq (1 + s + s^2 + \cdots + s^{k-1}) d(x, f(x)) \\
&\leq (1 - s)^{-1} d(x, f(x)).
\end{aligned}$$

Durch Einsetzen in Ungleichung 3.2 erhalten wir

$$d(f^n(x), f^m(x)) \leq s^{m \wedge n} \cdot (1 - s)^{-1} \cdot d(x, f(x)),$$

womit unmittelbar folgt, daß $\{f^n(x)\}_{n=0}^{\infty}$ eine Cauchy-Folge ist. Da $\mathbf{X}$ vollständig ist, besitzt diese Cauchy-Folge einen Grenzwert $x_f \in \mathbf{X}$, und es gilt

$$\lim_{n \to \infty} f^n(x) = x_f.$$

Wir zeigen nun, daß x_f ein Fixpunkt von f ist. Da f kontrahierend ist, ist f stetig. Also gilt:

$$f(x_f) = f\left(\lim_{n\to\infty} f^n(x)\right) = \lim_{n\to\infty} f^{(n+1)}(x) = x_f.$$

Abschließend bleibt zu klären, ob es mehr als einen Fixpunkt geben kann. Nehmen wir an, x_f und y_f wären zwei Fixpunkte von f. Dann ist $x_f = f(x_f)$ und $y_f = f(y_f)$ und damit

$$d(x_f, y_f) = d(f(x_f), f(y_f)) \leq s d(x_f, y_f),$$

also $(1 - s)d(x_f, y_f) \leq 0$, woraus $d(x_f, y_f) = 0$ und $x_f = y_f$ folgt. Damit ist der Beweis vollständig. $\square$

Beispiele:

 (i) Sei $w : \square \to \square$ eine Kontraktion auf $(\square, d_2)$. Dann gibt es einen Punkt $x_f \in \square$, der von der Transformation nicht bewegt wird. Wenn Sie diese Seite weiter weg schieben und dabei Augen und Kopf stillhalten, so daß das Abbild auf Ihrer Netzhaut innerhalb des ursprünglichen Abbildes zu liegen kommt, dann gibt es (mindestens) einen Punkt, dessen Lage unverändert geblieben ist.

 (ii) Die affine Transformation $f : \mathbb{R} \to \mathbb{R}$, die durch $f(x) = \frac{1}{2}x + \frac{1}{2}$ definiert ist, ist eine Kontraktion mit Kontraktionsfaktor $s = \frac{1}{2}$ und dem Fixpunkt $x_f = 1$. Daher gilt

$$\lim_{n\to\infty} f^n(x) = 1 \text{ für jedes } x \in \mathbb{R}.$$

Insbesondere können wir folgern, daß

$$\frac{1}{2} + \frac{1}{2}\left(\frac{1}{2} + \frac{1}{2}\left(\frac{1}{2} + \frac{1}{2}\left(\frac{1}{2} + \frac{1}{2}\left(\frac{1}{2} + \frac{1}{2}\left(\frac{1}{2} + \frac{1}{2}(\ldots)\right)\right)\right)\right)\right) = 1.$$

(iii) Die affine Transformation $w : \mathbb{R}^2 \to \mathbb{R}^2$, die durch $w(x) = \mathbf{A}x + \mathbf{T}$ definiert ist mit

$$\mathbf{A} = \begin{pmatrix} \frac{1}{2}\cos 120° & -\frac{1}{2}\sin 120° \\ \frac{1}{2}\sin 120° & \frac{1}{2}\cos 120° \end{pmatrix} \quad \text{und} \quad \mathbf{T} = \begin{pmatrix} \frac{1}{2} \\ 0 \end{pmatrix},$$

ist eine Kontraktion. Der Kontraktionsfaktor ist $s = \frac{1}{2}$. Wie in Beispiel (ii) können wir folgern, daß

$$\mathbf{T} + \mathbf{A}(\mathbf{T} + \mathbf{A}(\mathbf{T} + \mathbf{A}(\mathbf{T} + \mathbf{A}(\mathbf{T} + \mathbf{A}(\mathbf{T} + (\ldots))))))x = x_f.$$

(iv) Seien $(\mathbf{X}, d)$ ein kompakter metrischer Raum und $f : \mathbf{X} \to \mathbf{X}$ eine Kontraktion. Dann kann man zeigen, daß $\{f^n(\mathbf{X})\}_{n=0}^{\infty}$ eine Cauchy-Folge in $(\mathcal{H}(\mathbf{X}), h)$ ist mit $\lim_{n\to\infty} f^n(\mathbf{X}) = \{x_f\}$, wobei x_f der Fixpunkt von f ist. (Der Raum $(\mathcal{H}(\mathbf{X}), h)$ wird in Kapitel 4.2 auf Seite 75 definiert.)

(v) Die Transformation $T : \Sigma \to \Sigma$ auf dem Coderaum Σ, die durch

$$T(\sigma_1\sigma_2\sigma_3\sigma_4\sigma_5\ldots) = 1\sigma_1\sigma_2\sigma_3\sigma_4\sigma_5\sigma_6\ldots$$

definiert ist, wobei „1" eines der Zeichen im Coderaum ist, ist eine Kontraktion bezüglich der Coderaum-Metrik. Ihr Fixpunkt ist

$$1111111111111111111111111111111111111111\ldots$$

3.10 Literaturverzeichnis

[BM] Bert Mendelson, *Introduction to Topology*, Blackie and Son Limited, London (1963).

[FE] Michael Barnsley, *Fractals Everywhere*. Academic Press, Boston (1988).

[HW] Hermann Weyl, *Symmetry in The World of Mathematics* (Editor: James R. Newman). Simon & Schuster, New York (1956).

4 Fraktale Bildkompression I: IFS-Fraktale

4.1 Ziel dieses Kapitels

Der Zweck dieses Kapitels besteht darin, die Grundlagen der Theorie der *iterierten Funktionensysteme* (*IFS-Theorie*) und die Anwendung dieser Theorie auf die fraktale Bildkompression darzustellen. Wir beschreiben dazu die Eigenschaften eines Hausdorff-Raumes $\mathcal{H}$ und kontrahierende Abbildungen (kurz *Kontraktionen*) auf $\mathcal{H}$; danach definieren wir den Begriff des IFS. Wir konzentrieren uns auf IFS, die durch affine Transformationen erzeugt werden, und die daraus entstehenden IFS-Fraktale. Diese Fraktale können als Annäherungen an Realweltbilder benutzt werden; sie haben die Eigenschaft, selbst Modelle für Realweltbilder und gleichzeitig durch endliche Folgen von Nullen und Einsen vollständig bestimmt zu sein. Dadurch eignen sie sich gut zur Kompression. IFS-Fraktale lassen sich insbesondere deswegen für die Approximation von Realweltbildern einsetzen, weil sie sich mit Hilfe des Collage-Satzes als Annäherungsgrößen gut steuern lassen.

Wir betrachten die Approximation schwarzweißer (Binär-)Bilder durch Attraktoren iterierter Funktionensysteme auf der Grundlage affiner Transformationen. Wir betrachten zudem die Kompression von Realweltbildern, die durch den Raum $\mathcal{P}$ der normalisierten Borel-Maße mit Träger in $\square$ dargestellt werden, unter Benutzung von IFS-Fraktalen. IFS-Fraktale, die von affinen Transformationen erzeugt werden, eignen sich für diese Aufgabe wegen der bemerkenswerten Tatsache, daß es eine explizite Theorie der Momente für sie gibt.

Sowohl die IFS- als auch die FT-Theorie stellen die Mittel zur Verfügung, endliche Symbolfolgen mit auflösungsunabhängigen Bildern zu verknüpfen. Sie liefern die grundlegenden Mechanismen, die in der fraktalen Bildkompression Anwendung finden. Der Stoff dieses Kapitels ist eine Einführung in die fraktale Bildkompression und stellt auch den Ausgangspunkt für die Verbindung zwischen *IFS-Fraktalen* und dem *Coderaum* dar, die später in diesem Buch benötigt wird.

4.2 Bilderräume – der Hausdorff-Raum $\mathcal{H}$

Wir beschreiben einen geeigneten Raum $\mathcal{H}$, in dem man wichtige Untermengen metrischer Räume wie etwa $(\square, d_2)$ untersuchen kann. Wir beschränken uns auf vollständige

Abbildung 4.1
Einige Elemente des Raumes
$\mathcal{H}(\square)$

metrische Räume, da dieser Fall für das Studium der fraktalen Bildkompression ausreicht. Wir haben den Fall im Sinn, daß $(\mathbf{X}, d)$ der $I\!\!R^2$ mit der euklidischen Metrik ist; die allgemeine Konstruktion hat allerdings ebenfalls einen Nutzen. Besonders wenn wir Zeichnungen, Bilder und andere „schwarzweiße" Teilmengen des $I\!\!R^2$ untersuchen wollen, ist es praktisch, den unten definierten metrischen Raum $(\mathcal{H}(I\!\!R^2), h(d_2))$ zu benutzen. Zur Veranschaulichung enthält Abbildung 4.1 einige Elemente dieses Raumes.

Definition Sei $(\mathbf{X}, d)$ ein vollständiger metrischer Raum. Dann bezeichnet $\mathcal{H}(\mathbf{X})$ den Raum, dessen Elemente die kompakten nichtleeren Untermengen von $\mathbf{X}$ sind.

Definition Sei $(\mathbf{X}, d)$ ein vollständiger metrischer Raum, $x \in \mathbf{X}$ und $B \in \mathcal{H}(\mathbf{X})$. Definiere

$$d(x, B) := \min \{d(x, y) : y \in B\}.$$

$d(x, B)$ heißt *Abstand* des Punktes x von der Menge B.

Definition Sei $(\mathbf{X}, d)$ ein vollständiger metrischer Raum, und seien A und B Elemente von $\mathcal{H}(\mathbf{X})$. Definiere

$$d(A, B) := \max \{d(x, B) : x \in A\}.$$

$d(A, B)$ heißt *Abstand* der Menge $A \in \mathcal{H}(\mathbf{X})$ von der Menge $B \in \mathcal{H}(\mathbf{X})$.

Lemma 4.1 *Sei* $(\mathbf{X}, d)$ *ein vollständiger metrischer Raum. Wenn A, B und C zu* $\mathcal{H}(\mathbf{X})$ *gehören, dann gilt*

$$d(A \cup B, C) = d(A, C) \vee d(B, C),$$

wobei $x \vee y$ *für das Maximum von* x *und* y *steht.*

Definition Sei $(\mathbf{X}, d)$ ein vollständiger metrischer Raum. Dann ist der *Hausdorff-Abstand* zwischen zwei Punkten A und B in $\mathcal{H}(\mathbf{X})$ durch

$$h(A, B) := d(A, B) \vee d(B, A)$$

definiert. h wird auch die *Hausdorff-Metrik* auf $\mathcal{H}(\mathbf{X})$ genannt.

Lemma 4.2 *Sei* $(\mathbf{X}, d)$ *ein vollständiger metrischer Raum. Dann gilt für alle A, B, C, D in* $\mathcal{H}(\mathbf{X})$

$$h(A \cup B, C \cup D) \leq h(A, C) \vee d(B, D).$$

Lemma 4.3 *Sei* $(\mathbf{X}, d)$ *ein vollständiger metrischer Raum. Seien A und B in* $\mathcal{H}(\mathbf{X})$, *und sei* $\varepsilon > 0$. *Dann gilt*

$$h(A, B) \leq \varepsilon \Leftrightarrow A \subset B + \varepsilon \text{ und } B \subset A + \varepsilon,$$

wobei $A + \varepsilon := \{x \in \mathbf{X} : d(x, A) \leq \varepsilon\}$.

Die soeben aufgeführten Ergebnisse, die in [FE] genauer ausgeführt sind, sind nützlich für den Beweis des folgenden zentralen Satzes, der die Existenz von IFS-Fraktalen garantiert.

Satz 4.1 *Sei* $(\mathbf{X}, d)$ *ein vollständiger metrischer Raum. Dann ist* $(\mathcal{H}(\mathbf{X}), h)$ *ein vollständiger metrischer Raum. Wenn darüber hinaus* $\{A_n \in \mathcal{H}(\mathbf{X}) : n = 1, 2, \ldots\}$ *eine Cauchy-Folge ist, ist die Menge*

$$A := \lim_{n \to \infty} A_n,$$

die wieder in $\mathcal{H}(\mathbf{X})$ *liegt, durch*

$$A = \{x \in \mathbf{X} : \exists \text{ eine gegen } x \text{ konvergierende Cauchy-Folge} \{x_n \in A_n\}\}$$

bestimmt.

Beweis Siehe [FE] und die dort angegebene Literatur. $\square$

Ist $(\mathbf{X}, d)$ ein vollständiger metrischer Raum, schreiben wir $h(d)$ für die oben konstruierte Hausdorff-Metrik auf dem Raum $\mathcal{H}(\mathbf{X})$, wenn wir die zugrundeliegende Metrik d erwähnen wollen. Wir nennen $(\mathcal{H}(\mathbf{X}), h(d))$ den zu $(\mathbf{X}, d)$ gehörenden Hausdorff-Raum.

4.3 Kontraktionen auf dem Raum $\mathcal{H}$

Lemma 4.4 *Sei* $w : \mathbf{X} \to \mathbf{X}$ *eine Kontraktion auf dem metrischen Raum* $(\mathbf{X}, d)$. *Dann ist* w *stetig.*

Beweis Sei $\varepsilon > 0$ gegeben. Für $s = 0$ ist die Behauptung klar. Sei nun $0 < s < 1$ ein Kontraktionsfaktor für w. Dann gilt für alle x und y mit $d(x, y) < \delta := \varepsilon/s$:

$$d(w(x), w(y)) \leq s \cdot d(x, y) < \varepsilon$$

$\square$

Lemma 4.5 *Sei* $w : \mathbf{X} \to \mathbf{X}$ *eine stetige Abbildung auf dem metrischen Raum* $(\mathbf{X}, d)$. *Dann induziert* w *eine Abbildung auf* $\mathcal{H}(\mathbf{X})$.

Beweis Sei S eine nichtleere kompakte Teilmenge von $\mathbf{X}$. Offensichtlich ist $w(S) := \{w(x) : x \in S\}$ nichtleer. Wir müssen noch zeigen, daß $w(S)$ kompakt ist. Sei dazu $\{y_n\}$ eine unendliche Punktfolge in $w(S)$. Dann gibt es eine unendliche Punktfolge $\{x_n\}$ in S mit $w(x_n) = y_n$. Da S kompakt ist, gibt es eine unendliche Teilfolge $\{x_{n_k}\}$, die gegen einen Punkt $\hat{x} \in S$ konvergiert; dann folgt aus der Stetigkeit von w, daß $\{y_{n_k} = w(x_{n_k})\}$ eine unendliche Teilfolge von $\{y_n\}$ ist, die gegen $\hat{y} := w(\hat{x}) \in w(S)$ konvergiert. $\square$

Das folgende Lemma zeigt, wie man aus einer kontrahierenden Abbildung auf $(\mathbf{X}, d)$ eine Kontraktion auf $(\mathcal{H}(\mathbf{X}), h)$ erzeugt.

Lemma 4.6 *Sei* $w : \mathbf{X} \to \mathbf{X}$ *eine Kontraktion auf dem metrischen Raum* $(\mathbf{X}, d)$ *mit Kontraktionsfaktor* s. *Dann ist die Abbildung*

$$\begin{aligned} w : \mathcal{H}(\mathbf{X}) &\to \mathcal{H}(\mathbf{X}) \\ B &\mapsto \{w(x) : x \in B\} \end{aligned}$$

eine Kontraktion auf $(\mathcal{H}(\mathbf{X}), h(d))$ *mit Kontraktionsfaktor* s.

Beweis Aus Lemma 4.4 folgt, daß $w : \mathbf{X} \to \mathbf{X}$ stetig ist. Wegen Lemma 4.5 wird $\mathcal{H}(\mathbf{X})$ von w auf sich selbst abgebildet. Seien nun $B, C \in \mathcal{H}(\mathbf{X})$. Dann gilt

$$\begin{aligned} d(w(B), w(C)) &= \max\{\min\{d(w(x), w(y)) : y \in C\} : x \in B\} \\ &\leq \max\{\min\{s \cdot d(x, y) : y \in C\} : x \in B\} \\ &= s \cdot d(B, C). \end{aligned}$$

Entsprechend gilt $d(w(C), w(B)) \leq s \cdot d(C, B)$. Es folgt

$$\begin{aligned} h(w(B), w(C)) &= d(w(B), w(C)) \vee d(w(C), w(B)) \\ &\leq s \cdot (d(B, C) \vee d(C, B)) = s \cdot h(B, C). \square \end{aligned}$$

Das nächste Lemma gibt eine grundlegende Methode an, wie man Kontraktionen auf $(\mathcal{H}(\mathbf{X}), h)$ so zusammensetzt, daß sich neue kontrahierende Abbildungen auf $(\mathcal{H}(\mathbf{X}), h)$ ergeben. Dies ist eine andere Methode als die offensichtliche, nämlich das Nacheinanderausführen.

Lemma 4.7 *Sei* $(\mathbf{X}, d)$ *ein metrischer Raum. Seien* $\{w_n : n = 1, 2, \ldots, N\}$ *Kontraktionen auf* $(\mathcal{H}(\mathbf{X}), h)$. *Sei* s_n *der Kontraktionsfaktor von* w_n *für jedes* n. *Definiere eine Abbildung*

$$
\begin{aligned}
W : \mathcal{H}(\mathbf{X}) &\to \mathcal{H}(\mathbf{X}) \\
B &\mapsto w_1(B) \cup w_2(B) \cup \cdots \cup w_N(B) \\
&= \bigcup_{n=1}^{N} w_n(B).
\end{aligned}
$$

Dann ist W *eine kontrahierende Abbildung mit Kontraktionsfaktor* $s := \max\{s_n : n = 1, 2, \ldots, N\}$.

Beweis   Wir zeigen die Behauptung für $N = 2$. Durch vollständige Induktion folgt daraus die Behauptung. Seien $B, C \in \mathcal{H}(\mathbf{X})$. Wir haben

$$
\begin{aligned}
h(W(B), W(C)) &= h(w_1(B) \cup w_2(B), w_1(C) \cup w_2(C)) \\
&\leq h(w_1(B), w_1(C)) \vee h(w_2(B), w_2(C)) \\
&\leq s_1 h(B, C) \vee s_2 h(B, C) \leq s h(B, C).
\end{aligned}
$$

$\square$

4.4   Iterierte Funktionensysteme

Der Name *iterierte Funktionensysteme* wurde in [BD] geprägt. Zu diesem Bereich gibt es viele weitere beachtenswerte Literaturstellen, unter anderem [M1, MW, DS, H, K1, K2].

Definition Ein (hyperbolisches) *iteriertes Funktionensystem* besteht aus einem vollständigen metrischen Raum $(\mathbf{X}, d)$ zusammen mit einer endlichen Menge von kontrahierenden Abbildungen $w_n : \mathbf{X} \to \mathbf{X}$ mit den jeweiligen Kontraktionsfaktoren s_n für $n = 1, 2, \ldots, N$. Wir benutzen die Abkürzung „IFS" für „iteriertes Funktionensystem" und benutzen die Schreibweise $\{\mathbf{X}; w_n, n = 1, 2, \ldots, N\}$ für das IFS und $s = \max\{s_n : n = 1, 2, \ldots, N\}$ für den zugehörigen Kontraktionsfaktor.

Wir haben das Wort *hyperbolisch* in dieser Definition in Klammern gesetzt, weil es im Alltagsgebrauch meistens weggelassen wird. Zudem werden wir die Bezeichnung IFS gelegentlich für eine endliche Menge von Abbildungen auf einem metrischen Raum anwenden, ohne besondere Bedingungen an die Abbildungen zu stellen.

Der folgende Satz faßt die bisher angegebenen Tatsachen über hyperbolische IFS zusammen.

Satz 4.2 (IFS-Satz) *Sei* $\{\mathbf{X}; w_n, n = 1, 2, \ldots, N\}$ *ein hyperbolisches iteriertes Funktionensystem mit Kontraktionsfaktor s. Dann ist die Transformation*

$$W : \mathcal{H}(\mathbf{X}) \to \mathcal{H}(\mathbf{X})$$
$$B \mapsto \bigcup_{n=1}^{N} w_n(B)$$

eine kontrahierende Abbildung auf dem vollständigen metrischen Raum $(\mathcal{H}(\mathbf{X}), h(d))$ *mit Kontraktionsfaktor s, d. h.*

$$h(W(B), W(C)) \leq s \cdot h(B, C)$$

für alle $B, C \in \mathcal{H}(\mathbf{X})$. *Es gibt einen eindeutig bestimmten Fixpunkt* $A \in \mathcal{H}(\mathbf{X})$ *mit der Eigenschaft*

$$A = W(A) = \bigcup_{n=1}^{N} w_n(A),$$

der durch $A = \lim_{n \to \infty} W^n(B)$ *für beliebige* $B \in \mathcal{H}(\mathbf{X})$ *gegeben ist.* $(W^n$ *steht für die n-fache Nacheinanderausführung der Abbildung W.)*

Beweis   Siehe [FE].   □

Definition Der im IFS-Satz beschriebene Fixpunkt $A \in \mathcal{H}(\mathbf{X})$ heißt der *Attraktor* des IFS.

In der Literatur lassen sich zahlreiche Beispiele für iterierte Funktionensysteme und ihre Attraktoren finden. Wir erwähnen insbesondere die folgenden Quellen: [AH, B, BD, BJMRS, BAS, BEHL, BS1, CEJ, D1, DFDS1, FE, GE, HD, H, PJS, M1, M2, MMC, MW]; siehe auch die folgenden Unterkapitel.

Ein einfaches Beispiel für ein IFS ist $\{\mathbb{R}; w_1(x) = 0, w_2(x) = \frac{2}{3}x + \frac{1}{3}\}$. Sein Attraktor besteht aus einer abzählbaren aufsteigenden Folge $\{x_n : n = 1, 2, \ldots\}$ reeller Zahlen zusammen mit der Menge $\{0\}$, für die gilt:

$$x_n = 1 - \left(\frac{2}{3}\right)^n.$$

Eine andere Art von Beispielen für ein IFS findet sich im Coderaum. Sei (Σ, d) der Coderaum über drei Symbolen $\{0, 1, 2\}$ mit der Metrik

$$d(x, y) := \sum_{n=1}^{\infty} \frac{|x_n - y_n|}{4^n}.$$

Definiere $w_1, w_2 : \Sigma \to \Sigma$ durch $w_1(x) := 0x_1x_2x_3\ldots$ und $w_2(x) := 2x_1x_2x_3\ldots$ Dann sind sowohl w_1 als auch w_2 Kontraktionen. Der Attraktor des IFS $\{\Sigma; w_1, w_2\}$ ist eine Untermenge von Σ mit einer Struktur, die der der klassischen Cantor-Menge $\mathcal{C}$ ähnelt. Nehmen wir eine dritte Transformation $w_3(x) := 1x_1x_2x_3\ldots$ zu dem IFS hinzu, wird der Attraktor der ganze Raum Σ.

Der Rest dieses Unterkapitels, der eine andere Methode zur Erzeugung kontrahierender Abbildungen auf $\mathcal{H}(\mathbf{X})$ behandelt, kann beim ersten Lesen übersprungen werden.

Definition Sei $(\mathbf{X}, d)$ ein metrischer Raum und $C \in \mathcal{H}(\mathbf{X})$. Definiere eine Transformation $w_0 : \mathcal{H}(\mathbf{X}) \to \mathcal{H}(\mathbf{X})$ durch $w_0(B) := C$ für alle $B \in \mathcal{H}(\mathbf{X})$. Dann wird w_0 *Kondensations-Transformation* und C die zugehörige *Kondensationsmenge* genannt.

Wir bemerken, daß eine Kondensations-Transformation $w_0 : \mathcal{H}(\mathbf{X}) \to \mathcal{H}(\mathbf{X})$ eine kontrahierende Abbildung auf dem metrischen Raum $(\mathcal{H}(\mathbf{X}), h(d))$ mit Kontraktionsfaktor 0 ist, und daß der eindeutige Fixpunkt die Kondensationsmenge ist.

Definition Sei $\{\mathbf{X}; w_1, w_2, \ldots, w_N\}$ ein hyperbolisches IFS mit Kontraktionsfaktor $0 \leq s < 1$. Sei $w_0 : \mathcal{H}(\mathbf{X}) \to \mathcal{H}(\mathbf{X})$ eine Kondensationstransformation. Dann wird $\{\mathbf{X}; w_0, w_1, \ldots, w_N\}$ *(hyperbolisches) IFS mit Kondensation* mit Kontraktionsfaktor s genannt.

Der IFS-Satz läßt sich auf IFS mit Kondensation verallgemeinern.

Satz 4.3 (IFS-Kondensations-Satz) *Sei $\{\mathbf{X}; w_n, n = 0, 1, 2, \ldots, N\}$ ein hyperbolisches iteriertes Funktionensystem mit Kondensation mit Kontraktionsfaktor s. Dann ist die Transformation*

$$\begin{aligned} W : \mathcal{H}(\mathbf{X}) &\to \mathcal{H}(\mathbf{X}) \\ B &\mapsto \bigcup_{n=0}^{N} w_n(B) \end{aligned}$$

eine kontrahierende Abbildung auf dem vollständigen metrischen Raum $(\mathcal{H}(\mathbf{X}), h(d))$ mit Kontraktionsfaktor s, d. h.

$$h(W(B), W(C)) \leq s \cdot h(B, C)$$

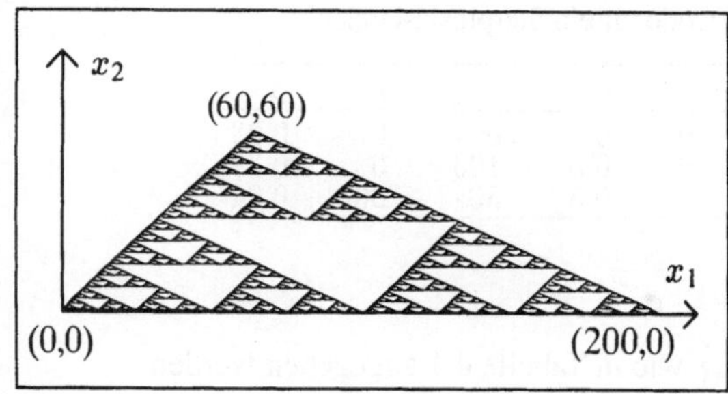

Abbildung 4.2
Ein Sierpinski-Dreieck, dessen Ecken an den Punkten $(0,0)$, $(200,0)$ und $(60,60)$ liegen

für alle $B, C \in \mathcal{H}(\mathbf{X})$. Es gibt einen eindeutig bestimmten Fixpunkt $A \in \mathcal{H}(\mathbf{X})$ mit der Eigenschaft

$$A = W(A) = \bigcup_{n=0}^{N} w_n(A),$$

der durch $A = \lim_{n \to \infty} W^n(B)$ für beliebige $B \in \mathcal{H}(\mathbf{X})$ gegeben ist.

Beweis   Siehe [FE].   □

4.5   Iterierte Funktionensysteme affiner Transformationen des $I\!R^2$

Wir betrachten das IFS $\left\{ I\!R^2; w_1, w_2, w_3 \right\}$, wobei die w_i affine Transformationen des $I\!R^2$ sind:

$$w_1 \begin{pmatrix} x \\ y \end{pmatrix} := \begin{pmatrix} \frac{1}{2} & 0 \\ 0 & \frac{1}{2} \end{pmatrix} \begin{pmatrix} x \\ y \end{pmatrix} + \begin{pmatrix} 0 \\ 0 \end{pmatrix},$$

$$w_2 \begin{pmatrix} x \\ y \end{pmatrix} := \begin{pmatrix} \frac{1}{2} & 0 \\ 0 & \frac{1}{2} \end{pmatrix} \begin{pmatrix} x \\ y \end{pmatrix} + \begin{pmatrix} 100 \\ 0 \end{pmatrix},$$

$$w_3 \begin{pmatrix} x \\ y \end{pmatrix} := \begin{pmatrix} \frac{1}{2} & 0 \\ 0 & \frac{1}{2} \end{pmatrix} \begin{pmatrix} x \\ y \end{pmatrix} + \begin{pmatrix} 30 \\ 30 \end{pmatrix}.$$

Der Attraktor dieses IFS ist ein Sierpinski-Dreieck, dessen Ecken an den Punkten $(0,0)$, $(200,0)$ und $(60,60)$ liegen, wie in Abbildung 4.2 gezeigt.

Die Matrizenschreibweise für ein durch affine Abbildungen gegebenes IFS ist nicht sehr effizient; einigen wir uns daher auf die folgende Schreibweise:

$$w_i(z) = w_i \begin{pmatrix} x \\ y \end{pmatrix} = \begin{pmatrix} a_i & b_i \\ c_i & d_i \end{pmatrix} \begin{pmatrix} x \\ y \end{pmatrix} + \begin{pmatrix} e_i \\ f_i \end{pmatrix} = \mathbf{A}_i z + t_i.$$

Tabelle 4.1 IFS-Code für ein Sierpinski-Dreieck

w	a	b	c	d	e	f	p
1	0.5	0	0	0.5	0	0	0.33
2	0.5	0	0	0.5	100	0	0.33
3	0.5	0	0	0.5	30	30	0.34

Dann kann das IFS $\left\{ I\!R^2; w_1, w_2, w_3 \right\}$ wie in Tabelle 4.1 angegeben werden.

Tabelle 4.1 führt für $i = 1, 2, 3$ auch eine mit w_i verknüpfte Zahl p_i auf, die als Wahrscheinlichkeit aufgefaßt werden kann. Im allgemeineren Fall eines IFS $\{\mathbf{X}; w_n : n = 1, 2, \ldots, N\}$ gäbe es N solcher Zahlen $\{p_n : n = 1, 2, \ldots, N\}$ mit der Eigenschaft

$$p_1 + p_2 + p_3 + \cdots + p_N = 1 \text{ und } p_i > 0 \text{ für } i = 1, 2, \ldots, N.$$

Diese Zahlen hängen mit der Maßtheorie der IFS-Attraktoren zusammen und spielen bei der Berechnung von Bildern des Attraktors eines IFS unter Benutzung des Zufalls-Iterations-Algorithmus [FE] eine Rolle; sie werden auch im Graustufen-Fotokopier-Algorithmus, der später in diesem Kapitel beschrieben wird, benutzt. Sie haben keine Bedeutung für den Fotokopier-Algorithmus, wenn er auf „Schwarzweiß"-Bilder angewendet wird. Im Zusammenhang mit dem Zufalls-Iterations-Algorithmus kann ihr Wert mit

$$p_i \approx \frac{|\det A_i|}{\sum\limits_{j=1}^{N} |\det A_j|} = \frac{|a_i d_i - b_i c_i|}{\sum\limits_{j=1}^{N} |a_j d_j - b_j c_j|} \text{ für } i = 1, 2, \ldots, N$$

angenommen werden. (Das Zeichen $\approx$ steht für *annähernd gleich*.) Wenn für eines der i der Wert von $\det \mathbf{A}_i$ 0 ist, sollte p_i stattdessen einen kleinen positiven Wert wie etwa 0,0001 erhalten. Andere Fälle sollten nach Erfahrungswerten behandelt werden.

Wir beziehen uns auf Angaben wie die in Tabelle 4.1 als IFS-*Code*. Andere IFS-Codes sind in den Tabellen 4.2, 4.3 und 4.4 am Ende von Unterkapitel 4.7 aufgeführt.

Der Attraktor eines IFS kann mit Hilfe des Zufalls-Iterations-Algorithmus [FE] berechnet werden. In den Abbildungen 4.3 bis 4.7 zeigen wir einige durch affine Transformationen gegebene IFS zusammen mit ihren Attraktoren. In jedem Fall sind die affinen Transformationen, die das IFS bestimmen, durch ihre Anwendung auf ein Rechteck in $I\!R^2$ mit Ecken in $(0, 0)$, $(0, 160)$, $(256, 0)$ und $(256, 160)$ dargestellt. All diese Bilder wurden mit dem *Desktop Fractal Design System* [DFDS1] erzeugt, das den oben erwähnten Algorithmus implementiert.

In den Abbildungen 4.8 bis 4.11 zeigen wir einige durch affine Transformationen gegebene IFS, die jeweils eine Kondensationsmenge besitzen, und den zugehörigen Attraktor. Diese Bilder wurden mit *Version 2.0* des *Desktop Fractal Design System* [DFDS2] erzeugt.

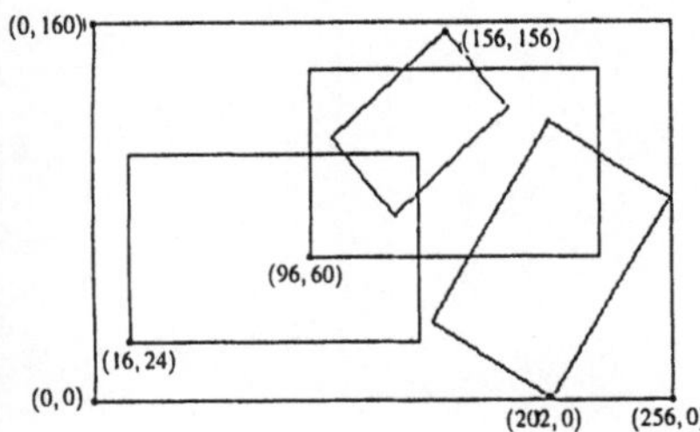

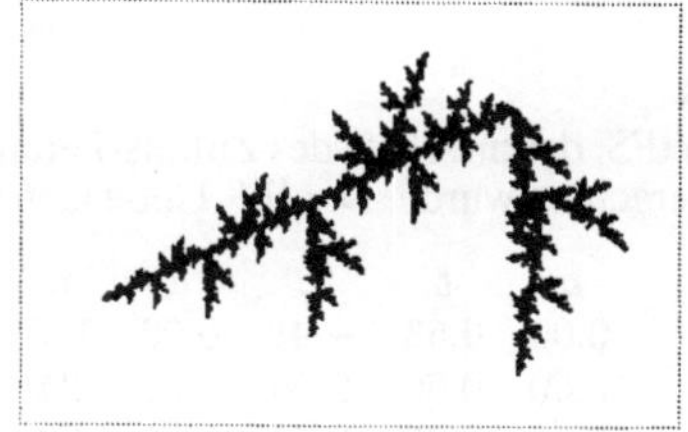

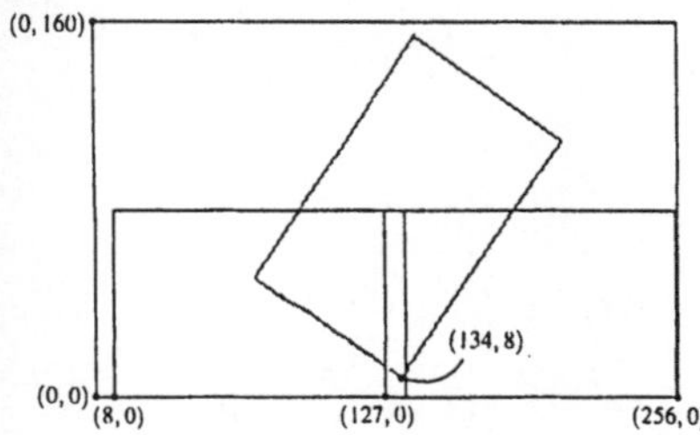

Abbildung 4.3
Attraktor eines IFS, der mit Hilfe des Zufalls-Iterations-Algorithmus berechnet wurde. Der IFS-Code lautet

a	b	c	d	e	f
0.50	0.00	0.00	0.50	16	24
0.21	$-.33$	0.33	0.21	202	0
0.50	0.00	0.00	0.50	96	60
$-.20$	0.18	$-.18$	$-.20$	156	156

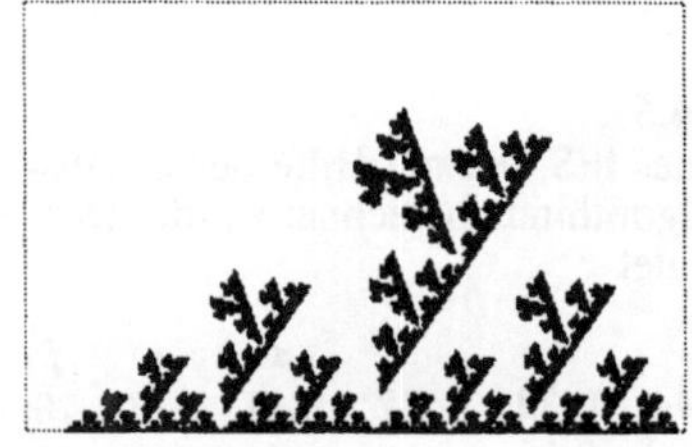

Abbildung 4.4
Attraktor eines IFS, der mit Hilfe des Zufalls-Iterations-Algorithmus berechnet wurde. Der IFS-Code lautet

a	b	c	d	e	f
0.50	0.00	0.00	0.50	8	0
0.50	0.00	0.00	0.50	127	0
0.28	$-.40$	0.40	0.28	134	8

4.6 Der Fotokopier-Algorithmus zur Berechnung des Attraktors eines IFS

Nach dem IFS-Satz in Unterkapitel 4.4 auf Seite 79 gilt die folgende Eigenschaft, die ein Konstruktionsverfahren für den Attraktor eines IFS nahelegt. Sei $\{ I\!R^2; w_1, w_2, \ldots, w_N \}$ ein hyperbolisches IFS, und sei A_0 eine kompakte Untermenge des $I\!R$. Dann läßt

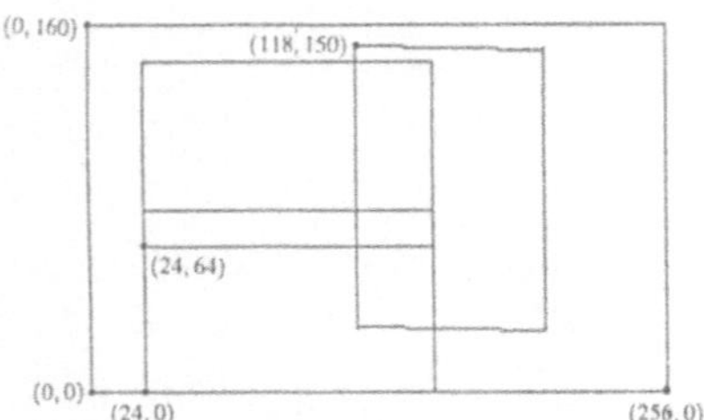

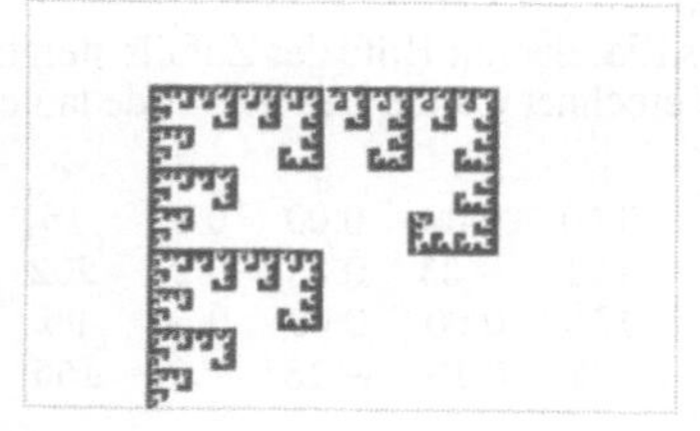

Abbildung 4.5
Attraktor eines IFS, der mit Hilfe des Zufalls-Iterations-Algorithmus berechnet wurde. Der IFS-Code lautet

a	b	c	d	e	f
0.00	0.53	$-.48$	0.00	118	150
0.50	0.00	0.00	0.50	24	0
0.50	0.00	0.00	0.50	24	64

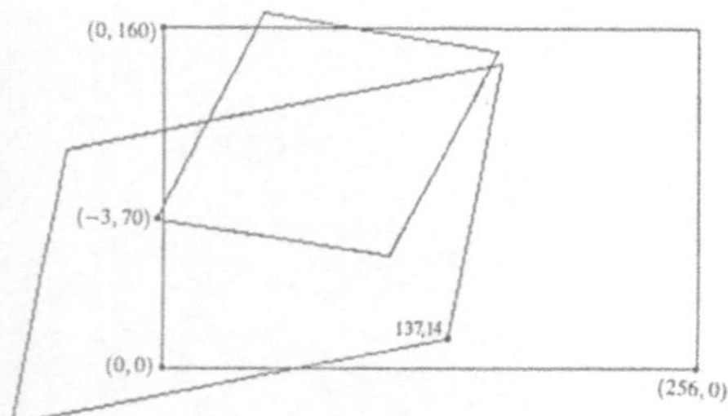

Abbildung 4.6
Attraktor eines IFS, der mit Hilfe des Zufalls-Iterations-Algorithmus berechnet wurde. Der IFS-Code lautet

a	b	c	d	e	f
0.44	0.32	$-.07$	0.61	-3	70
$-.82$	0.16	$-.16$	$-.81$	137	14

sich schrittweise $A_n := W^n(A)$ durch

$$A_{n+1} := \bigcup_{j=1}^{N} w_j(A_n) \text{ für } n = 1, 2, \ldots$$

berechnen; das heißt, es läßt sich eine Folge $\{A_n : n = 0, 1, 2, 3, \ldots\} \subset \mathcal{H}(I\!\!R^2)$ kon-struieren. Nach dem IFS-Satz konvergiert diese Folge in der Hausdorff-Metrik gegen

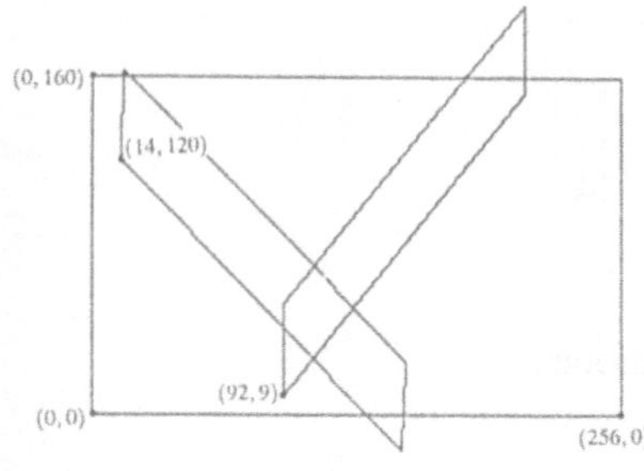

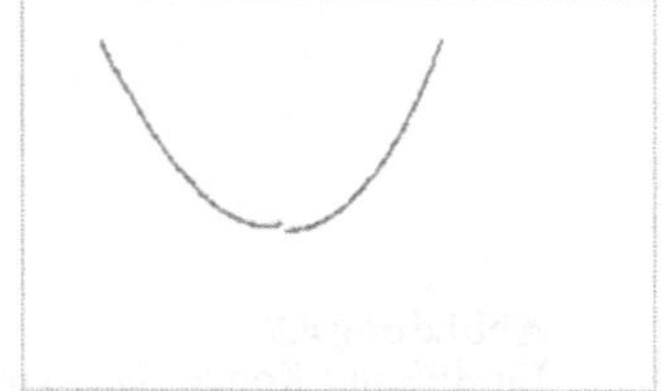

Abbildung 4.7
Attraktor eines IFS, der mit Hilfe des Zufalls-Iterations-Algorithmus berechnet wurde. Der IFS-Code lautet

a	b	c	d	e	f
0.53	0.01	−.54	0.27	14	120
−.46	0.00	−.56	0.92	92	9

Kondensationsmenge   IFS aus affinen Transformationen

Attraktor

Abbildung 4.8
Ein IFS mit Kondensation und sein Attraktor

den Attraktor des IFS. Dies liefert ein Verfahren, wie man schrittweise Annäherungen für den Attraktor des IFS berechnen kann.

Eine Art, diese Methode in dem Fall, daß die w_n Ähnlichkeitsabbildungen sind, in die Praxis umzusetzen, ist die folgende: Abbildung 4.12(a) zeigt ein rechteckiges Blatt Papier, auf dem drei Rechtecke eingezeichnet sind; jedes dieser Rechtecke ist eine um den Faktor 0,4096 verkleinerte Kopie des Randes des Blattes. Acht identische Kopien des Blattes werden hergestellt, die wir als Urblätter bezeichnen. Als nächstes werden drei Kopien der in Abbildung 4.12(b) gezeigten Textseite erzeugt, die ebenfalls um den Faktor 0,4096 verkleinert worden sind, und auf eines der Urblätter geklebt, wobei

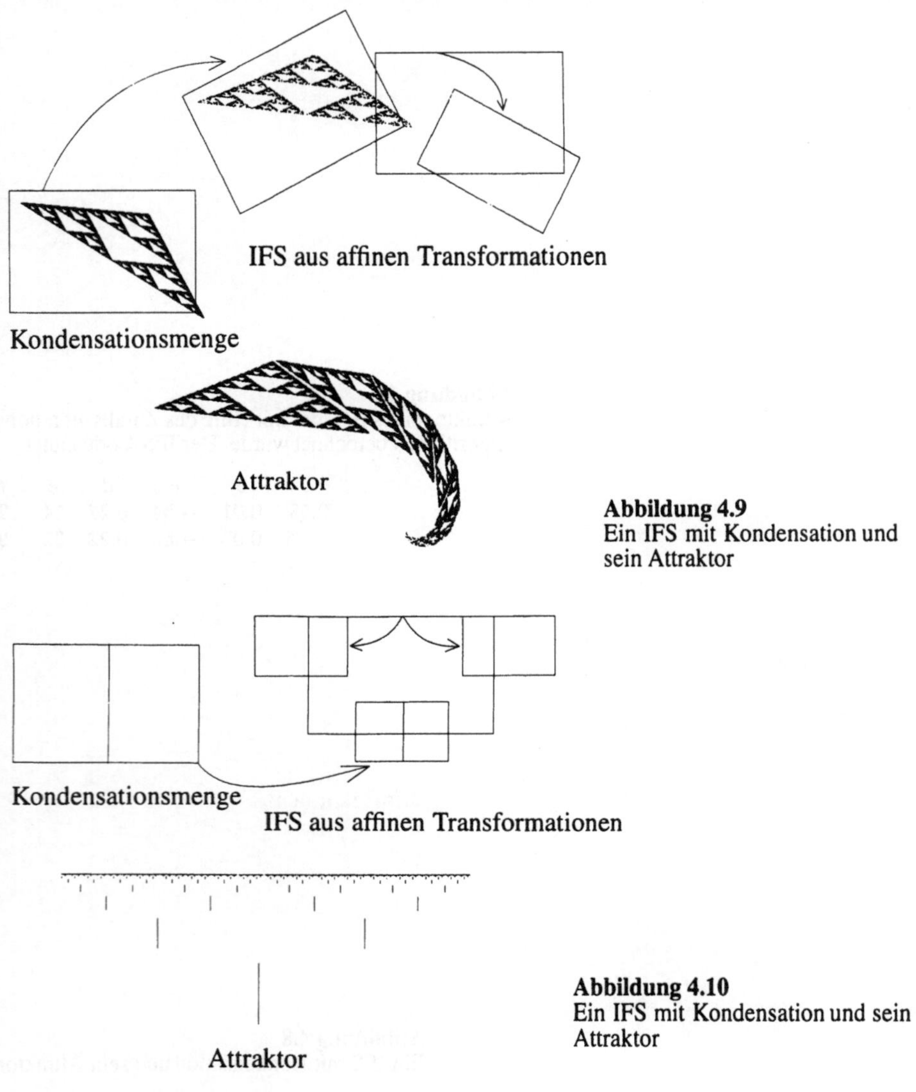

Abbildung 4.9
Ein IFS mit Kondensation und
sein Attraktor

Abbildung 4.10
Ein IFS mit Kondensation und sein
Attraktor

je eine verkleinerte Textseite in jedes der Rechtecke kommt, wie in Abbildung 4.12(c) gezeigt. Von dem entstandenen Bild werden drei Kopien hergestellt, die wiederum um den Faktor 0,4096 verkleinert worden sind, und in die Rechtecke auf dem zweiten Urblatt geklebt, wie in Abbildung 4.12(d) dargestellt. Dieser Vorgang wird mehrfach wiederholt und ergibt schließlich die in Abbildung 4.12(c)-(i) gezeigte Bildfolge. Das Bild ändert sich von Schritt zu Schritt immer weniger – das heißt, der Vorgang scheint tatsächlich eine konvergente Folge von Bildern zu ergeben, was mit der Vorhersage unserer Theorie übereinstimmt. Das *endgültige* Bild bleibt im wesentlichen unverändert, wenn man den Vorgang erneut darauf anwendet – es stellt ein *festes Bild*, den Attraktor, für den Umformungsvorgang dar. Es handelt sich hier um das durch die drei affinen

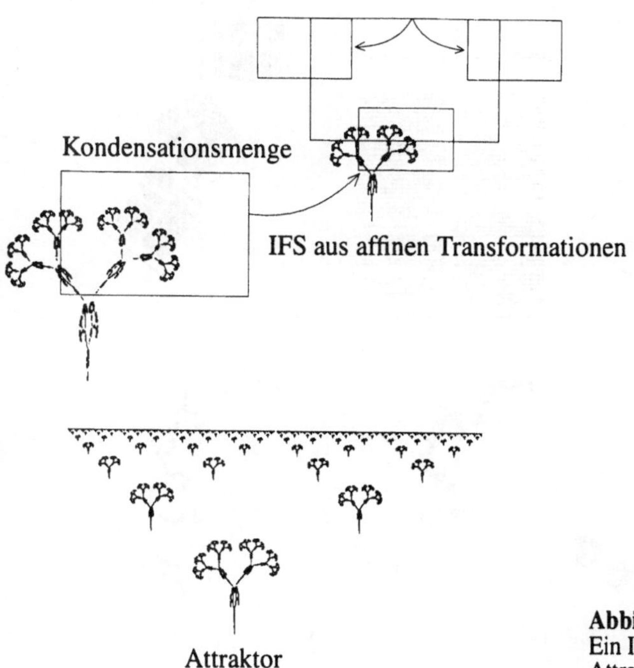

Abbildung 4.11
Ein IFS mit Kondensation und sein
Attraktor

Transformationen auf dem Urblatt definierte *Fraktal*. Ein weiteres Beispiel für den Fotokopier-Algorithmus findet sich in Abbildung 4.13(a)-(l). Hier ist das endgültige Bild näherungsweise eine gerade Linie. In Abbildung 4.14 auf Seite 90 sind mehrere Bilder zu sehen, die bei ungenauer Ausführung des Fotokopier-Algorithmus entstehen, wobei das Bild eines echten Farns den Anfang bildet. Die Abbildungen 4.15 und 4.16 zeigen das Ergebnis der Anwendung des Fotokopier-Algorithmus auf einem Kopierer der Marke Canon PC-11, hier jedoch unter Verwendung einer Kondensationsmenge: In beiden Fällen wird das vorangegangene Bild bei jedem Erzeugungsschritt an seinem Platz belassen.

Wir verallgemeinern den Fotokopier-Algorithmus begrifflich in mehrfacher Hinsicht. Zunächst stellen wir uns vor, daß alle Transformationen von dem Kopierer gleichzeitig vorgenommen werden; d. h., man muß nicht im Laufe jeder einzelnen Iteration den mühsamen Vorgang durchlaufen, eine Anzahl verkleinerter Kopien zu erzeugen und diese dann in ein einziges Bild zu kleben. Zum zweiten erlauben wir dem Kopierer die Durchführung beliebiger Transformationen, insbesondere beliebiger affiner Transformationen. Zum dritten erlauben wir dem Kopierer, wie in Unterkapitel 4.10 erörtert wird, Graustufen- statt nur Schwarzweiß-Bilder zu bearbeiten.

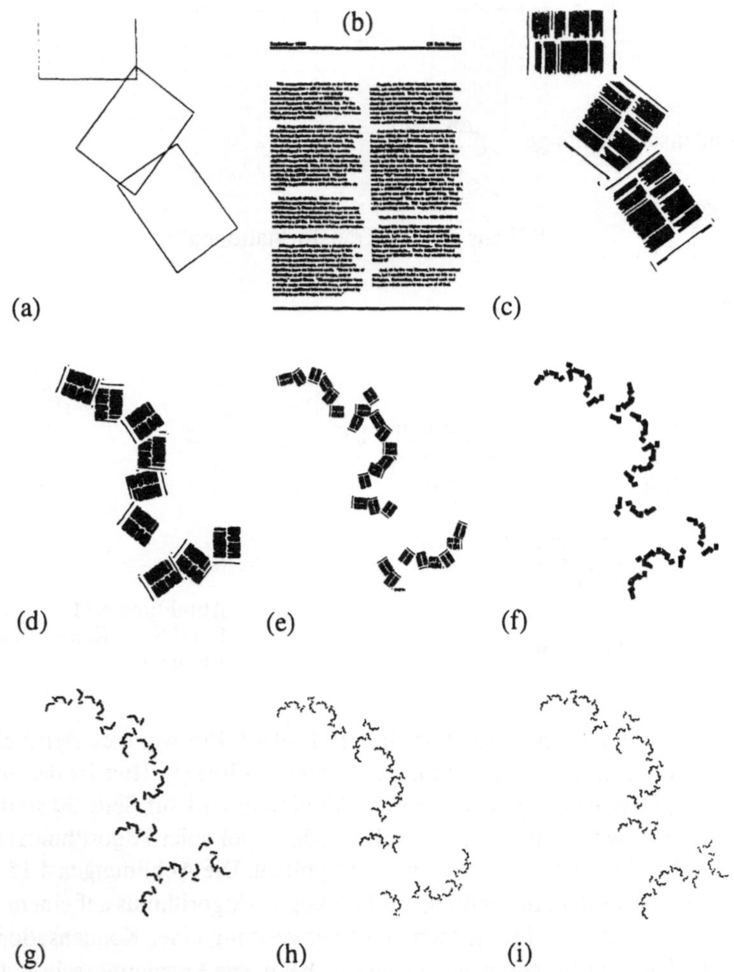

Abbildung 4.12   Der Fotokopier-Algorithmus wird auf eine Textseite angewendet, um ein Fraktal zu erzeugen.

4.7   Ein C-Programm zur Berechnung des Attraktors eines IFS

Der Fotokopier-Algorithmus läßt sich auf einem Personal-Computer leicht praktisch realisieren. Das in Anhang B.2 auf Seite 185 aufgelistete C-Programm berechnet und plottet nacheinander die Mengen A_{n+1} für ein gegebenes A_0 – in diesem Fall ein Viereck – unter Benutzung des IFS-Codes in Tabelle 4.1 auf Seite 82. Kompilier- und Ablauf-Hinweise finden sich in Anhang B.1 sowie unmittelbar vor dem Quelltext.

Als Beispiel für die Ausgabe des Programms sind in Abbildung 4.17 auf Seite 91 einige von dem Programm erzeugte Bildschirm-Ausgaben abgedruckt.

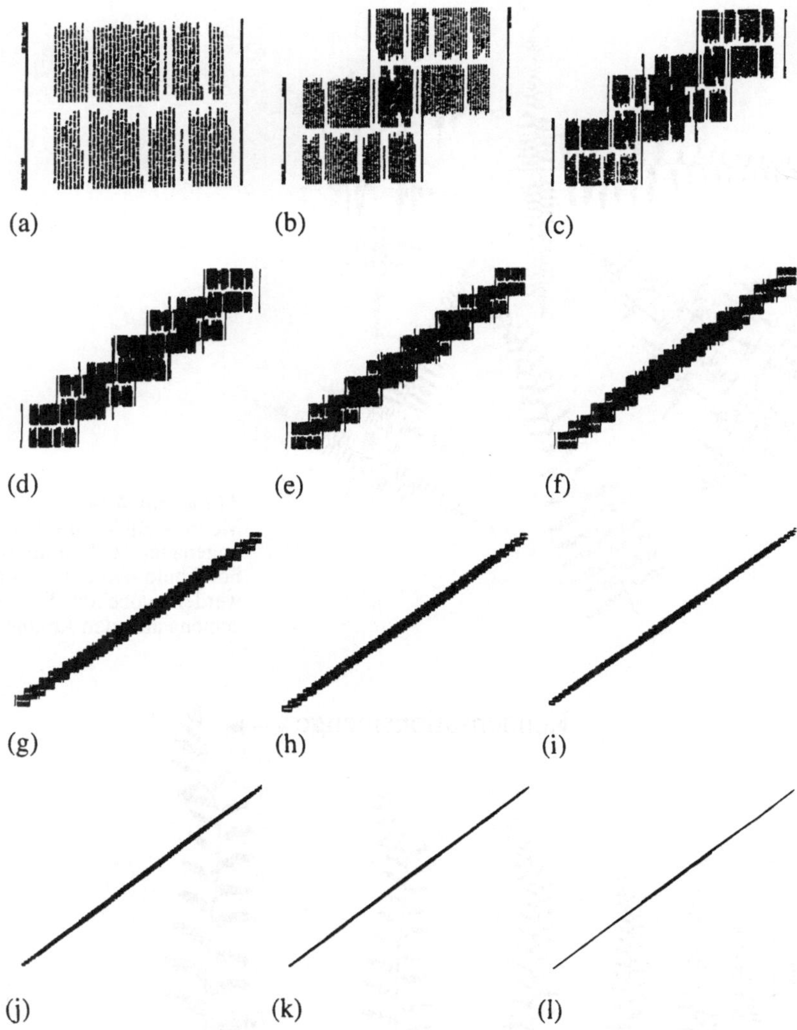

Abbildung 4.13 Ein weiteres Beispiel für den Fotokopier-Algorithmus. Hier ist das *endgültige Bild* näherungsweise eine gerade Linie.

Tabelle 4.2 IFS-Code für ein Quadrat

w	a	b	c	d	e	f	p
1	0.5	0	0	0.5	1	1	0.25
2	0.5	0	0	0.5	50	1	0.25
3	0.5	0	0	0.5	1	50	0.25
4	0.5	0	0	0.5	50	50	0.25

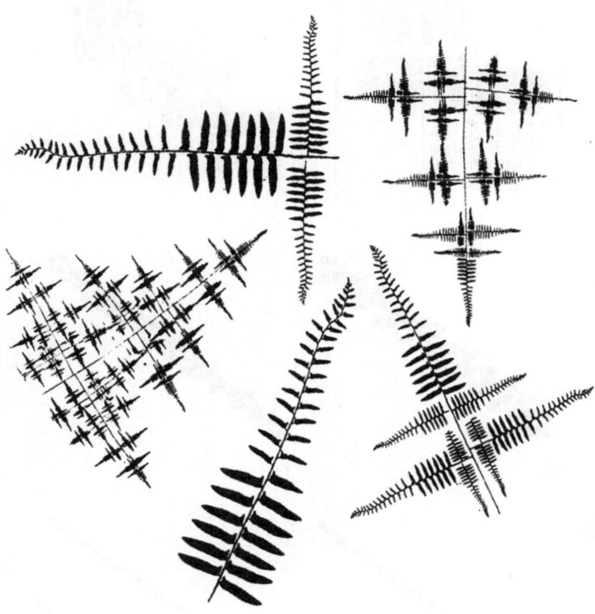

Abbildung 4.14
Mehrere Bilder, die bei
ungenauer Ausführung des
Fotokopier-Algorithmus erzeugt
werden, wobei das Bild eines
echten Farns den Anfang bildet.

Abbildung 4.15 Das Ergebnis der Anwendung des Fotokopier-Algorithmus auf einem Kopierer der Marke Canon PC-11 unter Verwendung einer Kondensationsmenge: Das vorangegangene Bild wird bei jeder Iteration an seinem Platz belassen.

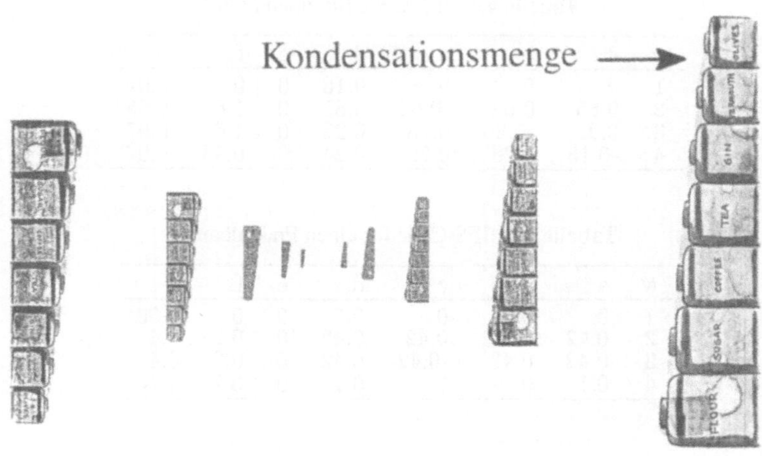

Abbildung 4.16 Ein weiteres Beispiel für den Fotokopier-Algorithmus mit einer Kondensationsmenge

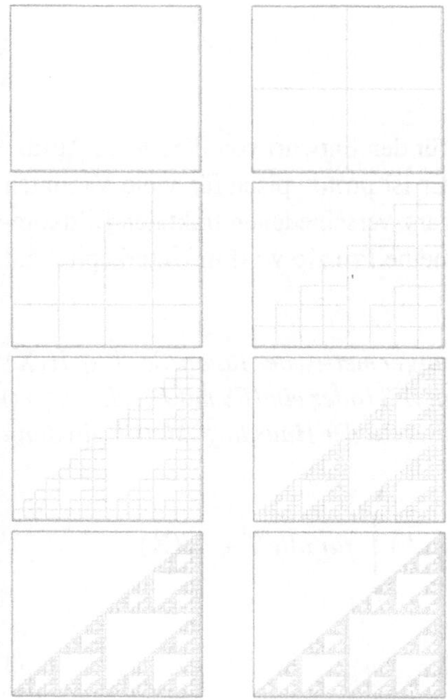

Abbildung 4.17
Abdruck der Bildschirm-Ausgaben des Programms
IFS.EXE

Tabelle 4.3   IFS-Code für einen Farn

w	a	b	c	d	e	f	p
1	0	0	0	0.16	0	0	0.01
2	0.85	0.04	-0.04	0.85	0	1.6	0.85
3	0.2	-0.26	0.23	0.22	0	1.6	0.07
4	-0.15	0.28	0.26	0.24	0	0.44	0.07

Tabelle 4.4   IFS-Code für einen Fraktalbaum

w	a	b	c	d	e	f	p
1	0	0	0	0.5	0	0	0.05
2	0.42	-0.42	0.42	0.42	0	0.2	0.4
3	0.42	0.42	-0.42	0.42	0	0.2	0.4
4	0.1	0	0	0.1	0	0.2	0.15

Das Programm läßt sich durch Edieren der Datei `IFS.H` leicht so ändern, daß beispielsweise die Daten aus den Tabellen 4.2, 4.3 oder 4.4 statt derer aus Tabelle 4.1 verwendet werden.

In Abbildung 4.18 sind mehrere Bildgenerationen abgebildet, die durch Anwendung des Fotokopier-Algorithmus unter Verwendung allgemeiner affiner Transformationen auf einem PC erzeugt wurden. Das Anfangsbild ist hier ein schwarzes Quadrat.

4.8   Der Collage-Satz

Der folgende Satz hat eine zentrale Bedeutung für den Entwurf von IFS, deren Attraktor nahe an einer vorgegebenen Menge liegt. Er ist prototypisch für viele Varianten eines einzigen grundlegenden Prinzips, das in ganz verschiedenen fraktalen Bildkompressionssystemen verwendet wird. Das allgemeine Prinzip wird in Unterkapitel 6.2 weiter erläutert.

Satz 4.4 (Collage-Satz) *Sei* $(\mathbf{X}, d)$ *ein vollständiger metrischer Raum. Sei* $T \in \mathcal{H}(\mathbf{X})$ *gegeben, und sei* $\{\mathbf{X}; (w_0,) w_1, w_2, \ldots, w_N\}$ *ein IFS (oder ein IFS mit Kondensation) mit Kontraktionsfaktor* $0 \leq s < 1$ *und Attraktor A. In der Hausdorff-Metrik gilt dann*

$$h(T, A) \leq (1 - s)^{-1} h \left(T, \bigcup_{\substack{n=1 \\ (n=0)}}^{N} w_n(T) \right) \text{ für alle } T \in \mathcal{H}(\mathbf{X}).$$

Beweis   Siehe [FE].   □

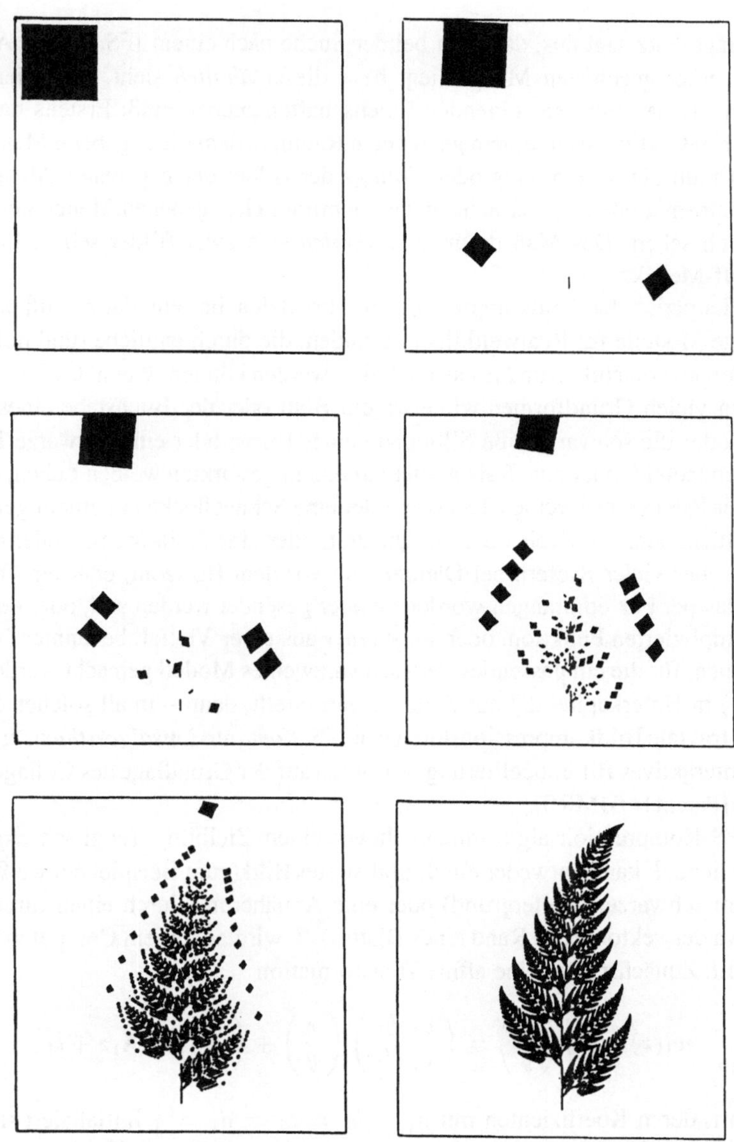

Abbildung 4.18 Mehrere Bildgenerationen, die durch Anwendung des Fotokopier-Algorithmus unter Verwendung allgemeiner affiner Transformationen digital erzeugt wurden. Das Anfangsbild ist hier ein schwarzes Quadrat.

4.9 Fraktale Bildkompression mit IFS-Fraktalen

Der Collage-Satz sagt aus, daß man bei der Suche nach einem IFS, dessen Attraktor *nahe an* einer gegebenen Menge liegt bzw. dieser *ähnlich* sieht, eine Menge von Transformationen mit den folgenden Eigenschaften suchen muß: Erstens handelt es sich um Kontraktionen auf einem geeigneten Raum, in dem die gegebene Menge liegt; zweitens muß die Vereinigung oder *Collage* der Bilder der gegebenen Menge unter den Transformationen wieder nahe an der ursprünglich gegebenen Menge liegen bzw. ihr ähnlich sehen. Das Maß dafür, wie *ähnlich* sich zwei Bilder sehen, liefert die Hausdorff-Metrik.

Das Hauptziel der Bildkompression mit Fraktalen besteht darin, auflösungsunabhängige Modelle für Realweltbilder zu finden, die durch endliche (und hoffentlich kurze) Folgen von Nullen und Einsen definiert werden können. Wenn das Realweltbild eines von vielen Grundformen wie etwa ein Blatt oder der Buchstabe eines Alphabets ist, oder die schwarzweiße Silhouette eines Farns, oder eine schwarze Katze in einem Schneefeld, oder eine Rabenfeder auf einem gestärkten weißen Laken, oder ein schwarzer Riß in einer weißen Teetasse, oder eine Schneeflocke auf einem gefrorenen Kohlenstück, oder ein Kreis oder ein Quadrat, oder eine Julia-Menge, oder der Umriß einer oder vieler Kiefern bei Dämmerung vor dem Horizont, oder ein Teil eines Bildes, das per Fax empfangen worden ist oder gesendet werden soll, oder der Graph einer komplizierten Funktion, oder sonst einer aus einer Vielfalt bekannter Gestalten und Formen, für die ein passendes, rein schwarzweißes Modell gemacht werden kann, wie in (i) in Unterkapitel 2.3 auf Seite 24 dargestellt; dann – in all solchen Fällen – läßt sich fraktale Bildkompression durch den *IFS-Kompressionsalgorithmus* erreichen, der ein interaktives Bildmodellierungsverfahren auf der Grundlage des Collage-Satzes darstellt [Patent1, BJMRS].

Der IFS-Kompressionsalgorithmus geht von einem Zielbild T (englisch *target*) aus, das in $\square$ liegt. T kann entweder ein digitalisiertes Bild (zum Beispiel ein weißes Blatt auf einem schwarzen Hintergrund) oder eine Annäherung durch einen Streckenzug sein (etwa der vektorisierte Rand eines Blattes). T wird auf einem Computer-Monitor dargestellt. Zunächst wird eine affine Transformation

$$
w_1(z) = w_1 \begin{pmatrix} x \\ y \end{pmatrix} = \begin{pmatrix} a_1 & b_1 \\ c_1 & d_1 \end{pmatrix} \begin{pmatrix} x \\ y \end{pmatrix} + \begin{pmatrix} e_1 \\ f_1 \end{pmatrix} = \mathbf{A}_1 z + t_1
$$

eingeführt, deren Koeffizienten mit $a_1 = b_1 = c_1 = d_1 = \frac{1}{4}$ initialisiert sind. Das Bild $w_1(T)$ wird auf dem Bildschirm in einer anderen Farbe als T selbst dargestellt. $w_1(T)$ ist eine Kopie von T mit einem Viertel der Größe und liegt näher am Punkt $(0, 0)$. In der Anwendung werden die Koeffizienten nun interaktiv mit Hilfe einer Maus oder einer anderen Interaktionstechnik verändert, indem das Bild $w_1(T)$ auf dem Bildschirm verschoben, gedreht und geschert wird. Das Ziel ist dabei, $w_1(T)$ so zu transformieren, daß es über einem Teil von T zu liegen kommt. Dabei ist es wichtig, daß die Abmessungen von $w_1(T)$ kleiner als die von T sind, damit sichergestellt ist,

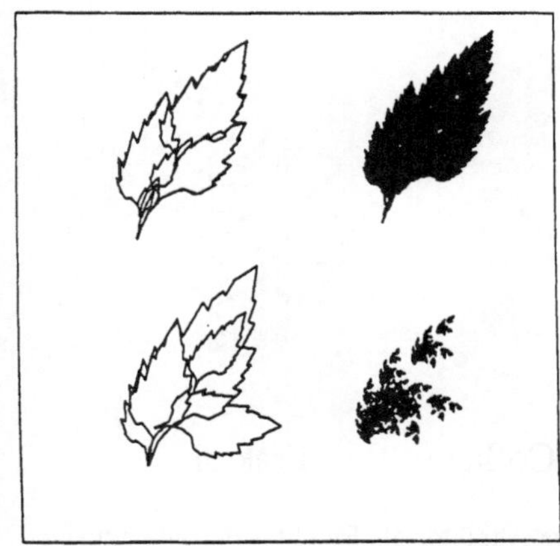

Abbildung 4.19
Veranschaulichung einer guten und einer schlechten
Collage eines durch einen Streckenzug dargestellten
Blattes als Ziel; rechts die zugehörigen Attraktoren

daß w_1 kontrahiert. Nachdem $w_1(T)$ geeignet positioniert ist, wird die Lage fixiert,
die Koeffizienten werden aufgezeichnet, und eine neue affine Transformation $w_2(z)$
und eine neue Unterkopie $w_2(T)$ werden eingeführt. Das Bild $w_2(T)$ wird interaktiv
so eingepaßt, daß es möglichst eine Untermenge der Pixel überdeckt, die in T, nicht
jedoch in $w_1(T)$ liegen. (Wir nehmen hier an, daß wir mit einer Bilddarstellung auf
Pixel-Basis arbeiten.) Überlappungen zwischen $w_1(T)$ und $w_2(T)$ sind erlaubt, sollten
aber im allgemeinen so gering wie möglich gehalten werden.

Auf diese Weise wird eine Menge kontrahierender affiner Transformationen $\{w_1,$
$w_2, w_3, \ldots, w_n\}$ mit der folgenden Eigenschaft bestimmt: Das ursprüngliche Zielbild
T und die Menge

$$\tilde{T} := \bigcup_{n=1}^{N} w_n(T)$$

liegen visuell nahe beieinander, wobei N so klein wie möglich ist. Der mathematische
Indikator für die Nähe von T und $\tilde{T}$ ist der Hausdorff-Abstand $h(T, \tilde{T})$ zwischen ihnen;
mit „visuell nahe beieinander" meinen wir „$h(T, \tilde{T})$ ist klein". Die so bestimmten
Koeffizienten der Transformationen $\{w_1, w_2, w_3, \ldots, w_N\}$ werden gespeichert. Der
Collage-Satz teilt uns mit, daß der Attraktor A dieses IFS visuell ebenfalls nahe bei T
liegt. Wenn darüber hinaus $T = \tilde{T}$ ist, ist auch $A = T$.

A ist aber nicht nur eine Annäherung an T, sondern liefert auch ein auflösungsun-
abhängiges Modell dafür, wobei nur eine endliche Folge von Nullen und Einsen für die
Darstellung benötigt wird. Der IFS-Kompressionsalgorithmus wird in Abbildung 4.19
veranschaulicht, der oben und unten links jeweils ein als Streckenzug dargestelltes Blatt
als Ziel T zeigt. In beiden Fällen ist T näherungsweise durch vier affine Transformationen seiner selbst überdeckt worden. Diese Aufgabe ist im unteren Bild schlecht,
im oberen hingegen gut ausgeführt worden. Die zugehörigen Attraktoren sind auf der
rechten Seite gezeigt: Der obere ist erheblich besser, weil die Collage besser ist.

Abbildung 4.20 Eine Collage und der zugehörige Attraktor als Ergebnis der interaktiven Anwendung des Collage-Satzes, um eine fraktale Bildkompression für einen *Schwarzen Streifenfarn* zu erhalten

Tabelle 4.5 IFS-Code für einen *Schwarzen Streifenfarn*, ausgedrückt durch Skalierung und Rotation

	Verschiebungen		Rotationen		Skalierungen	
Abbildung h	h	k	ϑ	φ	r	s
1	0.0	0.0	0	0	0.0	0.16
2	0.0	1.6	-2.5	-2.5	0.85	0.85
3	0.0	1.6	49	49	0.3	0.34
4	0.0	0.44	120	-50	0.3	0.37

Eine Collage, die zu dem IFS gehört, das den *Schwarzen Streifenfarn (Asphenium adiantum nigrum)* erzeugt und in Abbildung 4.20 dargestellt ist, besteht aus vier affinen Abbildungen der Form

$$w_i \begin{pmatrix} x \\ y \end{pmatrix} = \begin{pmatrix} r_i \cos \vartheta_i & -s_i \sin \varphi_i \\ r_i \sin \vartheta_i & s_i \cos \varphi_i \end{pmatrix} \begin{pmatrix} x \\ y \end{pmatrix} + \begin{pmatrix} e_i \\ f_i \end{pmatrix} \text{ für } i = 1, 2, 3, 4.$$

Der IFS-Code für eine ähnliche Menge von Transformationen ist in Tabelle 4.5 angegeben.

Der Collage-Satz sagt auch aus, daß kleine Änderungen in den Transformationen w_n bei konstant bleibendem Kontraktionsfaktor derart, daß die Änderung von $w_n(T)$ gering ist, nur kleine Änderungen im Attraktor nach sich ziehen. Anders ausgedrückt, wenn jede Transformation w_n, die beispielsweise als Abbildung von $\mathcal{H}(\square)$ auf sich selbst aufgefaßt wird, bei festem Kontraktionsfaktor gleichmäßig stetig von einem Parameter von w_n abhängt, dann hängt auch der Attraktor des zugehörigen IFS stetig von diesem Parameter ab. Mit anderen Worten, kleine Änderungen in den Parametern führen zu kleinen Änderungen im Atrraktor, solange das System hyperbolisch bleibt. Daraus folgt, daß der Attraktor eines IFS stetig manipuliert werden kann, indem man Transformationsparameter anpaßt. Dies ist genau das, was in Bildkompressionsanwendungen geschieht.

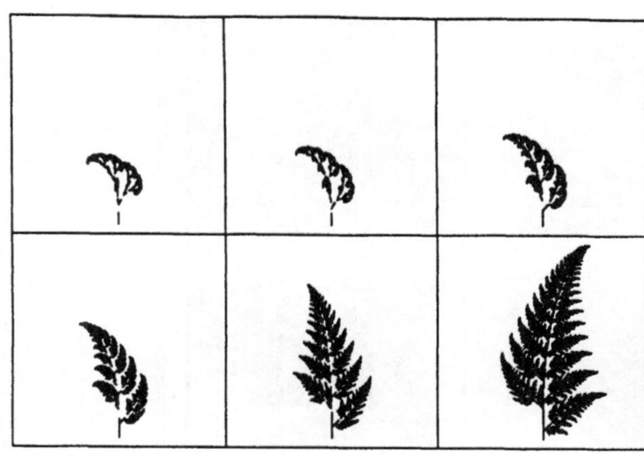

Abbildung 4.21
Diese Abbildung zeigt die stetige
Abhängigkeit des Attraktors
eines IFS von eingebetteten
Parametern.

Die stetige Abhängigkeit des Attraktors eines IFS von eingebetteten Parametern wird in der Abbildung 4.21 veranschaulicht, die die glatte Umformung eines fraktalen Farns zeigt, indem die Koeffizienten des zugehörigen IFS stetig verändert werden.

Komplexere Bilder können durch Benutzung vieler Segmente zusammengebaut werden, wobei jedes Segment durch ein IFS dargestellt wird. Zusätzlich gibt es verfeinerte Methoden, die alle Variationen über die ursprüngliche IFS-Idee sind, und die alle grundlegenden Gebrauch von den Themen der affinen Transformation und der stetigen Abhängigkeit machen, um fraktale Bildkompression zu erzielen. Beispielsweise läßt sich der IFS-Kompressionsalgorithmus auch auf IFS mit Kondensation anwenden. Nicht nur das – die Kondensationsmenge kann selbst ein Attraktor des IFS sein, was den Aufbau verfeinerter auflösungsunabhängiger Modelle für Realweltbilder ermöglicht. Beispiele hierfür sind in den Abbildungen 4.8 bis 4.11 auf Seite 85f. zu sehen. Die Theorie und ihre Anwendungen werden in [BJMRS] erörtert; eine Anwendung ist [DFDS2].

Weiter verfeinerte Konstruktionen können mit Hilfe der Theorie der rekurrierenden iterierten Funktionensysteme (RIFS, *recurrent IFS*) erreicht werden, für die eine erweiterte Fassung des Collage-Satzes gilt [BEH]. Eine Folge von Vergrößerungen eines mit einem RIFS erzeugten Farns ist in Abbildung 4.22 dargestellt. Diese Variante des IFS-Kompressionsalgorithmus wird in [VRIFS] (vektorisiertes rekurrierendes iteriertes Funktionensystem) benutzt, einem interaktiven fraktalen Bildkompressionssystem, das auf Sun-Workstations läuft.

Wird jeder Koeffizient in den affinen Transformationen, die ein IFS beschreiben, mit einem Byte dargestellt, werden für ein IFS aus vier Transformationen 24 Byte Daten zur Darstellung benötigt. In dem Maße, wie die Anzahl der zur Angabe des fraktalen Modells für ein Bild benutzten Koeffizienten wächst, wächst auch die Größe der digitalen Dateien zur Speicherung der Koeffizienten. Man überlegt sich daher verlustfreie Datenkompressionsmethoden zur Speicherung dieser Koeffizienten. Das nächste Kapitel beschäftigt sich mit diesem Thema. Eine überraschende und aufregende Vereinheitlichung ergibt sich aus der Entdeckung, daß gerade die IFS-Theorie

Abbildung 4.22 Eine Folge von Vergrößerungen eines mit einem RIFS erzeugten Farns

bei Anwendung auf die IFS-Codes die gewünschte verlustfreie Datenkompression auf optimale Weise liefert.

4.10 Maße und IFS mit Wahrscheinlichkeiten für Graustufen-Bilder

Das Material in diesem Unterkapitel ist zum Nachschlagen gedacht, weil es im folgenden mehrfach gebraucht wird. Es ist eine Zusammenfassung aus [FE] und setzt eine gewisse Vertrautheit mit der Maßtheorie voraus, die in diesem Buch nicht behandelt wird. Zur Einführung geeigneter Stoff und Literatur zu diesem Thema sind ebenfalls in [FE] zu finden. Eine intuitiv eingängigere Beschreibung von dem, was hier geschieht, findet sich am Anfang des nächsten Unterkapitels, wo die Ideen in Bezug auf fraktale Bildkompression im Zusammenhang des Graustufen-Fotokopier-Algorithmus erneut formuliert werden.

Definition Ein iteriertes Funktionensystem *mit Wahrscheinlichkeiten* besteht aus einem IFS $\{\mathbf{X}; w_1, w_2, \ldots, w_N\}$ zusammen mit einer geordneten Menge von Zahlen $\{p_1, p_2, \ldots, p_N\}$ derart, daß

$$p_1 + p_2 + \cdots + p_N = 1 \text{ und } p_i > 0 \text{ für } i = 1, 2, \ldots, N.$$

Die Wahrscheinlichkeit p_i ist mit der Transformation w_i verknüpft.

In diesem Unterkapitel beschränken wir uns auf den Fall, daß $\mathbf{X} = \square \subset I\!R^2$ ist.

Definition Sei μ ein Borel-Maß auf $\square \subset \mathbb{R}^2$. Wenn $\mu(\square) = 1$, dann heißt μ *normalisiert*.

Definition Sei $\mathcal{P}$ die Menge der normalisierten Borel-Maße auf $\square$. Die *Hutchinson-Metrik* d_H auf $\mathcal{P}$ ist durch

$$d_H(\mu, \nu) := \sup\left\{ \int_\square f \, d\mu - \int_\square f \, d\nu \mid f : \square \to \mathbb{R} \text{ ist stetig und erfüllt} \right.$$

$$\left. |f(x) - f(y)| \leq d(x, y) \, \forall x, y \in \square \right\}$$

für alle $\mu, \nu \in \mathcal{P}$ definiert.

Satz 4.5 *Sei $\mathcal{P}$ die Menge der normalisierten Borel-Maße auf $\square$ und d_H die Hutchinson-Metrik. Dann ist $(\mathcal{P}, d_H)$ ein kompakter metrischer Raum.*

Beweis Siehe [FE]. $\square$

Sei $\mathcal{B}$ die Menge der Borel-Untermengen von $\square$. Sei $w : \square \to \square$ stetig. Dann läßt sich zeigen, daß $w^{-1} : \mathcal{B} \to \mathcal{B}$. Daraus folgt, daß für ein normalisiertes Borel-Maß ν auf $\square$ auch $\nu \circ w^{-1}$ eines ist. Dies wiederum impliziert, daß der als nächstes definierte Operator $\mathcal{P}$ auf sich selbst abbildet.

Definition Sei $\{\square; w_1, w_2, \ldots, w_N; p_1, p_2, \ldots, p_N\}$ ein hyperbolisches IFS mit Wahrscheinlichkeiten. Der zu dem IFS gehörende *Markov-Operator* ist die durch

$$M : \mathcal{P} \to \mathcal{P}$$
$$\nu \mapsto p_1 \nu \circ w_1^{-1} + p_2 \nu \circ w_2^{-1} + \cdots + p_N \nu \circ w_N^{-1}$$

definierte Funktion.

Lemma 4.8 *M bezeichne den zu einem hyperbolischen IFS gehörenden Markov-Operator. Sei $f : \square \to \mathbb{R}$ entweder eine einfache oder eine stetige Funktion, und sei $\nu \in \mathcal{P}$. Dann gilt*

$$\int_\square f \, d(M(\nu)) = \sum_{i=1}^{N} p_i \int_\square f \circ w_i \, d\nu,$$

Beweis Siehe [FE]. $\square$

Satz 4.6 (Satz von Hutchinson) *Sei* $M : \mathcal{P} \to \mathcal{P}$ *der zu einem IFS mit Wahrscheinlichkeiten gehörende Markov-Operator, wobei für jede Transformation der Kontraktionsfaktor* $0 \leq s < 1$ *gilt. Dann ist* M *eine kontrahierende Abbildung mit Kontraktionsfaktor* s *bezüglich der Hutchinson-Metrik auf* $\mathcal{P}$*; d. h.,*

$$d_H(M(\nu), M(\mu)) \leq s \cdot d_H(\nu, \mu) \text{ für alle } \nu, \mu \in \mathcal{P}.$$

Insbesondere gibt es ein eindeutig bestimmtes Maß $\mu \in \mathcal{P}$*, für das* $M\mu = \mu$*. Wenn außerdem* $\nu \in \mathcal{P}$ *beliebig gewählt wird, gilt*

$$\lim_{n \to \infty} M^n(\nu) = \mu,$$

wobei die Konvergenz bezüglich der Hutchinson-Metrik auf $\mathcal{P}$ *gilt.*

Definition Der Fixpunkt des Markov-Operators, dessen Existenz aus dem Satz von Hutchinson folgt, wird das *invariante Maß* des IFS mit Wahrscheinlichkeiten genannt.

Satz 4.7 *Sei* $\{\square; w_1, w_2, \ldots, w_N; p_1, p_2, \ldots, p_N\}$ *ein hyperbolisches IFS mit Wahrscheinlichkeiten und* μ *das dazugehörige invariante Maß. Dann ist der Träger von* μ *der Attraktor des IFS* $\{\square; w_1, w_2, \ldots, w_N\}$*.*

Beweis   Siehe [FE]. $\square$

Satz 4.8 (Collage-Satz für Maße) *Sei* $\{\square; w_1, w_2, \ldots, w_N; p_1, p_2, \ldots, p_N\}$ *ein hyperbolisches IFS mit Wahrscheinlichkeiten,* $M : \mathcal{P} \to \mathcal{P}$ *der dazugehörende Markov-Operator und* μ *das dazugehörende invariante Maß. Sei* $0 < s < 1$ *ein uniformer Kontraktionsfaktor für das IFS. Sei weiterhin* $\nu \in \mathcal{P}$*. Dann gilt*

$$d_H(\nu, \mu) \leq \frac{d_H(\nu, M(\nu))}{1 - s}$$

Beweis   Siehe [FE]. $\square$

Satz 4.9 (Satz von Elton) *Sei* $\{\square; w_1, w_2, \ldots, w_N; p_1, p_2, \ldots, p_N\}$ *ein hyperbolisches IFS mit Wahrscheinlichkeiten. Für* $x_0 \in \square$ *sei* $\{x_n\}_{n=0}^{\infty}$ *ein vom Zufalls-Iterations-Algorithmus produzierter Orbit des IFS mit Anfang in* x_0*, d. h.,*

$$x_n := w_{\sigma_n} \circ w_{\sigma_{n-1}} \circ \cdots \circ w_{\sigma_1}(x_0),$$

wobei die Abbildungen unabhängig voneinander mit den Wahrscheinlichkeiten p_1, p_2, $\ldots, p_N$ für $n = 1, 2, 3, \ldots$ gewählt werden. Sei μ das eindeutig bestimmte invariante Maß für das IFS. Dann gilt mit Wahrscheinlichkeit 1 (d. h. für alle Codefolgen $\sigma_1, \sigma_2, \ldots$ außer für eine Codefolgen-Menge, die mit Wahrscheinlichkeit 0 auftritt),

$$\lim_{n \to \infty} \frac{1}{n+1} \sum_{k=0}^{n} f(x_k) = \int_\square f(x)\, d\mu(x)$$

für alle stetigen Funktionen $f : \square \to \mathbb{R}$ und alle $x_0 \in \square$.

Beweis Siehe [FE]. $\square$

Die Theorie der IFS mit Wahrscheinlichkeiten läßt sich so erweitern, daß auch *Kondensationsmaße* zugelassen sind. Ein Kondensationsmaß ist ein Borel-Maß μ_0 mit Träger in $\square$ mit der Eigenschaft

$$|\mu_0| = \int_\square d\mu_0(x) < 1.$$

Ein IFS mit Wahrscheinlichkeiten und Kondensationsmaß hat die Gestalt

$$\{\square; \mu_0, w_1, w_2, \ldots, w_N; p_1, p_2, \ldots, p_N\}$$

mit

$$|\mu_0| + p_1 + p_2 + \cdots + p_N = 1 \text{ und } p_i > 0 \text{ für } i = 1, 2, 3, \ldots, N.$$

Der dazu gehörende Markov-Operator ist dann definiert durch

$$M(\nu) := \mu_0 + p_1 \nu \circ w_1^{-1} + p_2 \nu \circ w_2^{-1} + \cdots + p_N \nu \circ w_N^{-1}.$$

Es läßt sich zeigen, daß M bezüglich der Hutchinson-Metrik mit einem Kontraktionsfaktor $0 < s < 1$ kontrahiert, vorausgesetzt, daß die w_i ebenfalls mit demselben Faktor kontrahieren. Daher bleiben sowohl der Satz von Hutchinson als auch der Collage-Satz für Maße wahr, wenn ein Kondensationsmaß zum Markov-Operator hinzugenommen wird.

4.11 Der Graustufen-Fotokopier-Algorithmus

Wir beginnen hier mit einer intuitiven Beschreibung dafür, was Borel-Maße auf $\square$ sind, indem wir über Bilder sprechen. Unser Ziel besteht in diesem Unterkapitel darin, den Graustufen-Fotokopier-Algorithmus zu erläutern. Er ist eine Vorschrift dafür, wie man das invariante Maß $\mu \in \mathcal{P}$ berechnet, das die eindeutig bestimmte Lösung der Gleichung $M\mu = \mu$ ist. Die Vorschrift benutzt ein faszinierendes Fotokopiergerät, das weitgehend wie unser Standard-Fotokopiergerät im Zusammenhang mit dem Standard-Fotokopier-Algorithmus verwendet wird, arbeitet jedoch mit *Graustufen-* statt mit Schwarzweiß-Bildern.

Betrachten wir eine Graustufen-Fotografie mit Träger in $\square$. Während einer Sekunde reflektiert das Bild eine bestimmte Gesamtmenge an Licht. Wir können uns vorstellen, daß die Lichtquelle für die Fotografie so eingestellt wird, daß es je Sekunde eine gewisse Einheitsmenge von Photonen reflektiert. Die Photonen werden von verschiedenen Teilen des Bildes mit unterschiedlichen Raten reflektiert, die davon abhängen, wie hell bzw. dunkel die jeweilige Reflexionsstelle ist: Dunkle Stellen werfen vergleichsweise wenige Photonen je Zeiteinheit zurück, helle hingegen vergleichsweise viele.

Weißer Farbstoff in der Oberfläche der Fotografie führt dazu, daß mehr oder weniger Licht reflektiert wird. Um die Fotografie zu beschreiben, führen wir eine Funktion μ ein, die die Menge weißen Farbstoffs in unterschiedlichen Gebieten der Fotografie mißt. Das Besondere an μ – und der Grund, warum wir Maße überhaupt einführen – liegt darin, daß μ Untermengen des Bildes Werte zuweist, nicht einfach den Bildpunkten. Wenn S eine Untermenge von $\square$ ist, dann ist $\mu(S)$ gleich der gesamten *Menge* weißen Farbstoffs in S, oder anders ausgedrückt, gleich der Gesamtzahl der von S je Sekunde reflektierten Photonen.

Wir bemerken, daß man die *Dichte* des Farbstoffs an einem einzelnen Punkt verändern kann, ohne die Lichtmenge, die von einer beliebigen kleinen (aber endlich großen) Umgebung des Punktes reflektiert wird, zu ändern. Maße weisen daher Mengen Werte zu. Aus logischen Gründen sind die Mengen, denen sie Werte zuweisen, zum Beispiel auf Borel-Untermengen beschränkt – nicht jede Untermenge von $\square$ ist zugelassen. Jede abgeschlossene Untermenge von $\square$ ist eine Borel-Untermenge, und jede offene Untermenge von $\square$ ist ebenfalls eine Borel-Untermenge.

Unsere Fotografie wird durch ein $\mu \in \mathcal{P}$ dargestellt, wobei $\mathcal{P}$ die Menge aller normalisierten Borel-Maße auf $\square$ bezeichnet. Das Maß ist auf 1 normalisiert, weil wir verlangt haben, daß die Gesamtmenge der von $\square$ je Sekunde reflektierten Photonen gleich einer gewissen Einheitsmenge ist; mit anderen Worten, $\mu(\square) = 1$. Normalisierte Borel-Maße liefern Modelle für Realweltbilder, wie in Unterkapitel 2.3 beschrieben. Ein normalisiertes Borel-Maß kann auch als Wahrscheinlichkeitsdichte aufgefaßt werden: In lockerer Sprechweise kann man sagen, daß ein zufällig herausgegriffenes Photon, das von dem Bild ausgeht, mit der Wahrscheinlichkeit $\mu(S)$ von der Untermenge S von $\square$ ausging. Die Aussage $\mu(\square) = 1$ besagt, daß das Photon irgendwo aus dem Bild kam.

Einige Illustrationen zu Maßen $\mu \in \mathcal{P}$ werden in den Abbildungen 4.23 bis 4.26 gezeigt. Die Abbildungen 4.23 und 4.24 veranschaulichen den Helligkeitsbegriff, während die Abbildungen 4.25 und 4.26 Maße darstellen, die Fixpunkte des zu einem IFS von affinen Abbildungen gehörenden Markov-Operators sind. Die letzteren wurden mit dem Zufalls-Iterations-Algorithmus, wie er in [BJMRS] und [FE] beschrieben ist, berechnet. Sie hätten stattdessen auch mit einer digitalen Implementierung des

Abbildung 4.23
Diese Abbildung veranschaulicht den Helligkeitsbegriff für ein Maß $\mu \in \mathcal{P}$. Photonen prallen von der Lichtspur des Mondes auf der Wasseroberfläche ab.

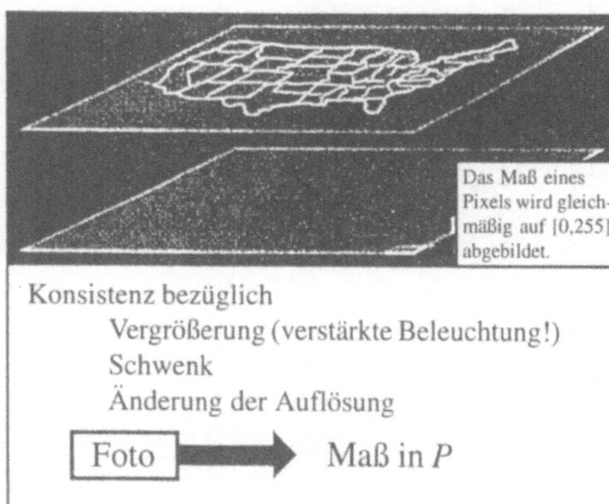

Abbildung 4.24
Diese Abbildung veranschaulicht die Vorstellung, daß ein Maß $\mu \in \mathcal{P}$ ein Modell für eine Graustufen-Fotografie darstellt.

Abbildung 4.25
Darstellung eines Maßes $\mu \in \mathcal{P}$, das Fixpunkt eines zu einem IFS von affinen Abbildungen gehörenden Markov-Operators ist. Siehe auch Farbtafel 6.

Abbildung 4.26
Darstellung eines Maßes $\mu \in \mathcal{P}$,
das Fixpunkt eines zu einem IFS
von affinen Abbildungen gehörenden
Markov-Operators ist. Siehe auch
Farbtafel 7.

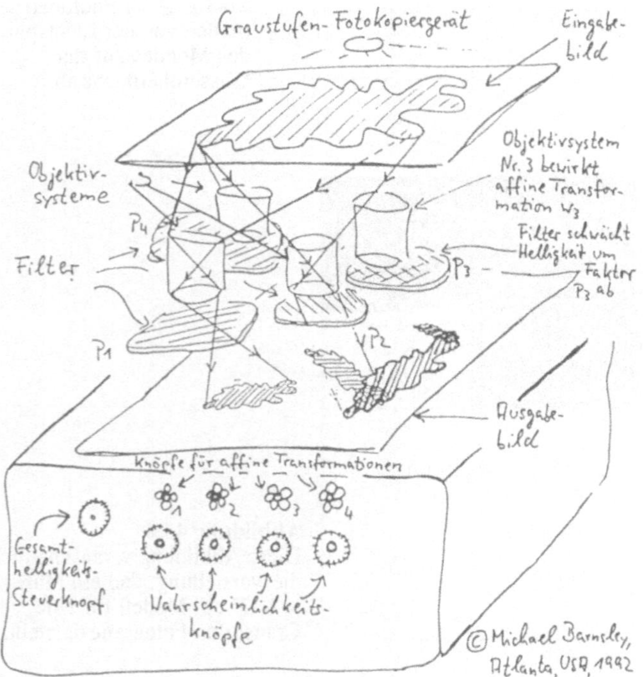

Abbildung 4.27   Ein Graustufen-Fotokopiergerät mit vier Objektiven und vier Filtern.
Möchten Sie vielleicht eins kaufen?

Graustufen-Fotokopier-Algorithmus berechnet werden können, der im folgenden beschrieben wird.

Abbildung 4.27 zeigt ein Graustufen-Fotokopiergerät mit vier Objektiven und vier Filtern. Es entspricht einem iterierten Funktionensystem mit Wahrscheinlichkeiten $\{\Box; w_1, w_2, w_3, w_4; p_1, p_2, p_3, p_4\}$.

Ein Graustufen-Bild wird eingelegt und beleuchtet; dieses Bild entspricht einem Maß $\nu \in \mathcal{P}$. Die Helligkeit b der Beleuchtungseinrichtung kann gesteuert werden.

Licht wird von verschiedenen Teilen des Graustufen-Bildes im Verhältnis zu ihrer Weißheit ausgesendet. Dieses ausgesendete Licht wird von vier Objektivsystemen gesammelt, die die vier affinen Transformationen w_i für $i = 1, 2, 3, 4$ anwenden; diese vier affinen Transformationen des Eingabebildes werden auf das besondere Fotopapier fokussiert, das später ausgegeben wird. Die affinen Transformationen werden mit Hilfe von vier Steuerknöpfen für affine Abbildungen reguliert. Auf dem Weg von dem Objektivsystem zur fotografischen Ausgabe passiert das Licht ein Filter, das seine Helligkeit abschwächt. Jedes Objektivsystem hat sein eigenes Filter p_i für $i = 1, 2, 3, 4$. Das Filter p_i schwächt das hindurchgehende Licht um einen zu der Zahl p_i proportionalen Faktor ab. Die Bilder, die auf das Fotopapier fallen, werden dort so aufgezeichnet (*fotografiert*), daß sich in den Gebieten, in denen mehrere Bilder sich überlappen, ihre Helligkeiten addieren. Die Gesamthelligkeit b wird so eingestellt, daß die Gesamtzahl der von dem Ausgabebild je Sekunde ausgesendeten Photonen gleich der für das Gesamtbild ist. Das sich ergebende Ausgabebild ist $M(\nu)$.

Auf diese Weise erhalten wir eine materielle Implementierung des Markov-Operators M, der im vorigen Unterkapitel beschrieben wurde. Wir sind in der vorliegenden Realisierung auf vier affine Transformationen beschränkt. Der Graustufen-Fotokopier-Algorithmus geht so vor: Nachdem der Fotokopierer einmal so eingestellt worden ist, wie es den Angaben des gegebenen IFS mit Wahrscheinlichkeiten entspricht, wird die Maschine auf ein beliebiges Eingabebild $\nu \in \mathcal{P}$ angewendet und produziert $M(\nu)$. Nun wird das entstandene Ausgabebild genommen und davon eine Graustufen-Kopie erstellt, so daß sich ein Graustufen-Bild $M^2(\nu)$ ergibt. Von diesem Ausgabebild wird erneut eine Fotokopie erstellt, was $M^3(\nu)$ ergibt. In dieser Weise wird fortgefahren. Da M eine Kontraktion auf dem vollständigen metrischen Raum $\mathcal{P}$ ist, konvergiert die Bildfolge

$$M^1(\nu), M^2(\nu), M^3(\nu), \ldots$$

gegen ein eindeutig bestimmtes Graustufen-Bild bzw. ein Maß μ mit $M(\mu) = \mu$, dem Fixpunkt des Markov-Operators, dem invarianten Maß des IFS mit Wahrscheinlichkeiten.

In der Praxis würde sich eine Folge von Bildern ergeben, die sich immer weniger voneinander unterscheiden, während die Iterationen voranschreiten; die Bildfolge nähert sich immer weiter einem Bild an, das sich nicht mehr ändert, d. h. einem, das im wesentlichen gleich bleibt, wenn man eine Fotokopie davon anfertigt. Dieses Graustufen-Bild ist invariant unter dem Fotokopierer (d. h., unter dem Markov-Operator M). Wir bemerken, daß das invariante Graustufen-Bild μ nicht von dem Anfangsbild ν abhängt; das invariante Maß μ ist tatsächlich der Attraktor des Markov-Operators M.

Der Fotokopier-Algorithmus kann so erweitert werden, daß er den Fall eines Kondensationsmaßes μ_0 einschließt. Dazu muß ein „Bild" von μ_0 zusätzlich zu den Bildern des affin transformierten Originals auf jedes Ausgabebild projiziert werden, abgeschwächt um die Summe ihrer Wahrscheinlichkeitsfaktoren.

Der Fotokopier-Algorithmus kann innerhalb eines Digitalrechners angewendet werden; man kann Computer-Algorithmen entwerfen, die sowohl die Schritte bei der

Anwendung des Markov-Operators M nachahmen als auch Folgen von digitalen Graustufen-Bildern hervorbringen, die die Folge von Maßen $M^1(\nu)$, $M^2(\nu)$, $M^3(\nu)$, ... approximieren. Aus praktischen Gründen ist es notwendig, die Auflösung der digitalen Maße $M^n(\nu)$ zu beschränken; als Folge davon stellt das Ergebnis des Rechenvorgangs eine Annäherung endlicher Auflösung an das invariante Maß des IFS mit Wahrscheinlichkeiten dar. Der Collage-Satz für Maße garantiert uns, daß die durch die Diskretisierung eingeführten Fehler gegen null gehen, wenn die Auflösung gegen unendlich geht, d. h., der Diskretisierungsfehler läßt sich beschränken.

4.12 Fraktale Bildkompression mit dem Collage-Satz für Maße

Der Collage-Satz für Maße sagt aus, daß man bei der Suche nach einem IFS mit Wahrscheinlichkeiten, dessen Attraktor einem gegebenen Maß $\tau \in \mathcal{P}$ – im folgenden werden Graustufenbilder und normalisierte Borel-Maße als austauschbar angesehen – *nahekommt* oder *ähnlich sieht*, eine Menge kontrahierender affiner Transformationen und Wahrscheinlichkeiten suchen muß, für die $M(\tau)$ dem Zielbild $\tau \in \mathcal{P}$ nahekommt oder ähnlich sieht. Das Ausmaß, in dem zwei Bilder einander *ähnlich sehen*, wird beispielsweise mit der Hutchinson-Metrik gemessen. Wenn man darauf achtet, daß die Kontraktionseigenschaft erhalten bleibt, läßt sich der Attraktor eines IFS mit Wahrscheinlichkeiten stetig verändern, indem man die Parameter der Transformationen und Wahrscheinlichkeiten anpaßt. Ein systematisches Vorgehen für die Suche nach M ist in [Patent1] beschrieben.

Der grundlegende Gedanke sieht wie folgt aus. Stellen wir uns vor, wir hätten einen Graustufen-Fotokopierer mit so vielen Objektivsystemen und Filtern, wie benötigt werden. Alle Wahrscheinlichkeiten außer p_1 werden auf null gesetzt. Die Transformation w_1 und die Wahrscheinlichkeit p_1 werden so eingestellt, daß das Ausgabebild so gut wie nur möglich eine Annäherung an einen Teil des Zielbildes τ darstellt. Dies sollte *von unten her* geschehen, d. h. derart, daß $p_1\tau \circ w_1^{-1}(B) < \tau(B)$ für alle Borel-Untermengen B von $\square$. Diese letztere Bedingung dient dazu, sicherzustellen, daß $\tau - p_1\tau \circ w_1^{-1}(B)$ ebenfalls ein Borel-Maß ist, was wiederum die Verwendung eines Kondensationsmaßes nahelegt; siehe unten. Der nächste Schritt besteht darin, $p_2 > 0$ zuzulassen und sowohl p_2 als auch die Koefizienten von w_2 so einzustellen, daß $p_1\tau \circ w_1^{-1} + p_2\tau \circ w_2^{-1}$ so gut wie nur möglich eine Annäherung an einen größeren Teil von τ darstellt. Wiederum ist zu wünschen, daß die Annäherung von unten her stattfindet. Neue Wahrscheinlichkeiten und Transformationen, die aktiviert werden, indem ihre Wahrscheinlichkeiten ungleich null gesetzt werden, werden nach und nach dem IFS mit Wahrscheinlichkeiten hinzugefügt, um die Annäherung von $M(\tau)$ an τ zu verbessern. Auf jeder Stufe wird der Kontraktionsfaktor s mit $0 < s < 1$ für den Markov-Operator dadurch sichergestellt, daß die affine Abbildung jeweils einen Kontraktionsfaktor von maximal s hat. Wenn das Ausgabebild dem Eingabebild hinreichend ähnlich sieht, werden entweder alle Wahrscheinlichkeiten mit dem Faktor

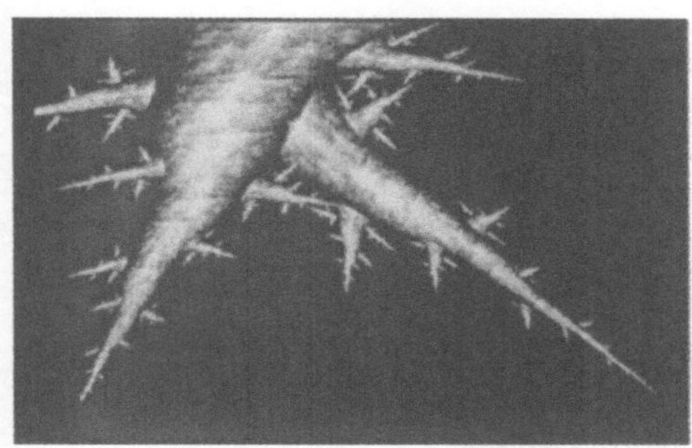

Abbildung 4.28
Das Bild einer Pflanzenwurzel als Fixpunkt eines Markov-Operators mit Kondensation. Das Bild wurde unter Benutzung des Collage-Satzes für Maße konstruiert; die benutzte Software war [VRIFS]. Siehe auch Farbtafel 8.

$(p_1 + p_2 + \cdots + p_N)^{-1}$ multipliziert, um zu erreichen, daß $M(\tau) \in \mathcal{P}$; oder man entschließt sich zur Benutzung eines Kondensationsmaßes μ_0 und hat die Parameter so eingeschränkt, daß $p_1\tau \circ w_1^{-1} + p_2\tau \circ w_2^{-1} + \cdots + p_N\tau \circ w_N^{-1} < \tau$, und setzt nun $\mu_0 := \tau - (p_1\tau \circ w_1^{-1} + p_2\tau \circ w_2^{-1} + \cdots + p_N\tau \circ w_N^{-1})$. In jedem Fall ist das Ergebnis eine hinreichend genaue *Collage* $M(\tau)$ von τ. Das Ausgabebild des Graustufen-Fotokopierers sieht dem Eingabebild hinreichend ähnlich.

In dem Fall, daß es kein Kondensationsmaß gibt, besteht die endgültige komprimierte Darstellung des Eingabebildes τ aus den Koeffizienten der affinen Abbildung, aus denen das IFS besteht, zusammen mit ihren Wahrscheinlichkeiten. Indem man nur diese Informationen benutzt, läß sich $\mathcal{A}$ konstruieren, der Attraktor des IFS mit Wahrscheinlichkeiten. $\mathcal{A}$ ist unsere Annäherung an τ. Aus dem Collage-Satz weiß man, daß der Fehler $d_H(\mathcal{A}, \tau)$ kleiner als $(1-s)^{-1}d_H(M(\tau), \tau)$ ist.

Im Fall der Benutzung von Kondensation wird das Maß μ_0 selbst wieder durch ein IFS mit Wahrscheinlichkeiten dargestellt. Wiederum muß der Fehler in Grenzen gehalten werden. Eine Veranschaulichung enthält Abbildung 4.28, die das Bild einer Pflanzenwurzel zeigt; dies ist das invariante Maß eines IFS mit Wahrscheinlichkeiten mit einem Kondensationsmaß. Abbildung 4.29 zeigt die Struktur des IFS, das zur Erzeugung des Bildes verwendet wurde. Kleine Änderungen in irgendeiner der hier benutzten affinen Transformationen haben nur eine kleine Auswirkung auf den Anblick des Bildes.

Kompliziertere Konstruktionen können mit der Theorie der rekurrierenden iterierten Funktionensysteme (RIFS) mit Wahrscheinlichkeiten durchgeführt werden, für die eine Verallgemeinerung des Collage-Satzes gilt [BEH]. Diese Variante von IFS-Kompression wird in [VRIFS] benutzt. Ein Beispiel für ein mit [VRIFS] berechnetes Bild ist in Farbtafel 8 gezeigt; es besteht aus einer Anzahl von Segmenten, deren jedes mit Hilfe eines rekurrierenden IFS mit Wahrscheinlichkeiten konstruiert wurde. Die Graustufenwerte werden für jedes Segment mit Hilfe einer Nachschlage-Tabelle auf Farbwerte abgebildet, die am Ende des Vorgangs interaktiv so eingestellt wird, daß sich ein dem Original möglichst ähnliches Endbild ergibt.

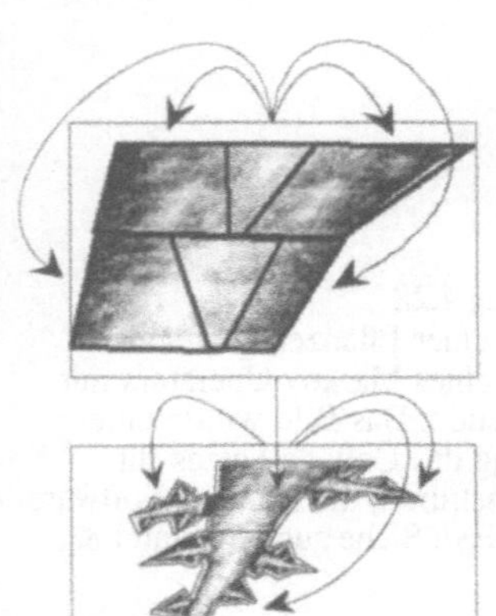

Der Wurzelkopf besteht aus
vier Exemplaren seiner selbst.

Die Collage einer einfachen
Wurzel besteht aus dem Wurzelkopf
zusammen mit drei Abbildungen.

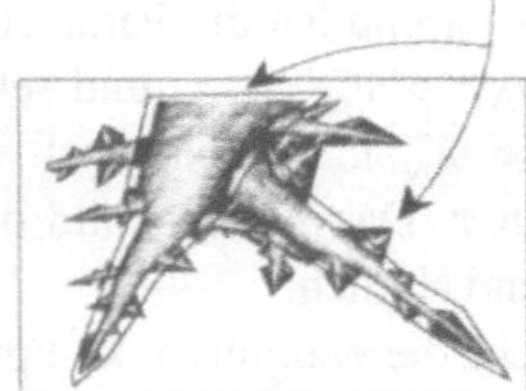

Die Collage mehrerer Wurzeln
besteht aus zwei einfachen
Wurzeln.

Abbildung 4.29
Die Struktur der zwei IFS, die zur Erzeugung des
Bildes in Abbildung 4.28 benutzt wurden

Abbildung 4.30
Die Überdeckung von $\square$ durch den Wertebereich
von vier Transformationen $w_i : \square \to \square$, die in
DUDBRIDGES Schema zur fraktalen Bildkompression
verwendet wird

4.13   Die Dudbridge-Methode zur fraktalen Bildkompression

D. M. MONROE und F. DUDBRIDGE [D1, D2, D3] haben eine einfache und effiziente
Methode zur Bildkompression auf der Grundlage von IFS mit Wahrscheinlichkeiten implementiert. Die Methode konzentriert sich auf die Darstellung kleiner Bildblöcke, wobei jeder Block als eigenes Bild behandelt wird. So wird etwa ein digitales
Graustufen-Bild von 256×256 Pixeln in 256 quadratische Blöcke eingeteilt, deren

jeder acht Pixel breit und acht Pixel hoch ist. Der Graustufenwert eines jeden Pixels ist als ein einzelnes Byte dargestellt, so daß 256 Grauabstufungen dargestellt werden können. Jeder 8×8-Block wird durch ein IFS mit Wahrscheinlichkeiten dargestellt. In diesem Fall bezeichnet $\Box$ einen einzigen Bildblock, und das zugehörige kleine Bild wird durch das IFS

$$\{\Box; w_1, w_2, w_3, w_4; p_1, p_2, p_3, p_4\}$$

dargestellt. Die Wertebereiche der affinen Transformationen w_1, w_2, w_3 und w_4 überdecken den Block $\Box$, wie in Abbildung 4.30 dargestellt.

Seien die Grauwerte über dem Bildblock durch ein Maß μ dargestellt. Mt Hilfe der ursprünglichen Bilddaten lassen sich dann die Momente

$$\mathcal{M}(m, n) := \int_\Box x^m y^n \, d\mu(x, y)$$

für alle natürlichen Zahlen $m, n \in \{0, 1, 2, 3, \ldots\}$ berechnen. $\tilde{\mu}$ bezeichne das invariante Maß des IFS. Dann lassen sich explizite Formeln für die Momente von $\tilde{\mu}$ in Abhängigkeit von den Koeffizienten und Wahrscheinlichkeiten des IFS angeben. Tatsächlich ist jede der Zahlen

$$\tilde{\mathcal{M}}(m, n) = \int_\Box x^m y^n \, d\tilde{\mu}(x, y)$$

linear in den Wahrscheinlichkeiten. Es stellt sich heraus, daß sich die Menge der Gleichungen

$$\frac{\mathcal{M}(m, n)}{\mathcal{M}(0, 0)} = \tilde{\mathcal{M}}(m, n)$$

für eine passend gewählte Menge von Indizes m und n lösen läßt, so daß sich explizite Werte für die Koeffizienten von w_1, w_2, w_3 und w_4 sowie die vier Wahrscheinlichkeiten p_1, p_2, p_3, p_4 ergeben. Dies ergibt eine explizite fraktale Annäherung an jeden Bildblock. Dudbridge beschreibt auch noch Erweiterungen der Methode; siehe auch [Be].

4.14 Literaturverzeichnis

[AH] A. Horn, "IFSs and the Interactive Design of Tiling Structures", in [CEJ].

[B] M. Barnsley, (1) *Fractals* and (2) *Chaos*, BCS Conference Documentation Displays Group, State of the Art Seminar, Fractals and Chaos, 6th-7th December 1989, London (The British Computer Society, 13 Mansfield Street, London W1M 0BP). Lectures by the author on the photocopy machine algorithm were presented at the Max Planck Institute in the Spring of 1988, an account of which can be found in H.O. Peitgen et al., *Scientific American*, 60-70 (August 1990).

[BAS] M. Barnsley and A. Sloan, "A Better Way to Compress Images", *Byte*, January 1988.

[BD] M. Barnsley and S. Demko, "Iterated Function Systems ans the Global Construction of Fractals", *Proceedings of the Royal Society of London*, A399, 243-275 (1985).

[Be] J.M. Beaumont, "Image Data Compression Using Fractal Techniques", *B.T. Journal*, Volume 9, Number 4, 93-108 (1991).

[BEH] M. Barnsley, J. Elton and D. Hardin, "Recurrent Iterated Function Systems", *Constructive Approximation* 5: 3-31 (1989).

[BEHL] M. Barnsley, V. Ervin, D. Hardin and J. Lancaster, "Solution of an Inverse Problem for Fractals and other Sets", *Proceedings of the National Academy of Science* 83, 1975-1977, (1986).

[BJMRS] M. Barnsley, A. Jacquin, F. Malassenet, L. Reuter and A.D. Sloan, "Harnessing Chaos for Image Synthesis", *Siggraph Proceedings* 1988.

[BS1] P. C. Bressloff and J. Stark, "Neutral Networks, Learning Automata, and Iterated Funktion Systems", in [CEJ].

[CEJ] A.J. Crilly, R.A. Earnshaw and H. Jones, *Fractals and Chaos*, Springer-Verlag, London (1991).

[D1] D. M. Monroe and F. Dudbridge, "Fractal Block Coding of Images", *Electronics Letters*, Volume 28, No. 11, 1053 (1992).

[D2] F. Dudbridge, *Image Approximation by Self Affine Fractals*, Ph.D. Thesis, Department of Computing, Imperial College of Science, Technology, and Medicine, London.

[D3] D. M. Monroe and F. Dudbridge, "Fractal Approximation of Image Blocks", ICASSP-92, Volume 3, *Multidimensional Signal Processing* (1992).

[DFDS1] M. Barnsley, *Desktop Fractal Design System*, Academic Press, Boston (1989).

[DFDS2] M. Barnsley, *Desktop Fractal Design System Version 2.0*, Academic Press, Boston (1992).

[DS] P. M. Diaconis, M. Shashahani, "Products of Random Matrices and Computer Image Generation", *Contemporary Mathematics*, 50:173-182 (1986).

[FE] M. Barnsley, *Fractals Everywhere*, Academic Press, Boston (1988).

[GE] Gerald A. Edgar, *Measure, Topology, and Fractal Geometry*, Springer-Verlag, Berlin (1990).

[H] J. Hutchinson, "Fractal and Self-Similarity", *Indiana University of Journal of Mathematics*, 30, 713-747 (1981).

[HD] John C. Hart and Thomas A. DeFanti, "Efficient Antialiased Rendering of 3-D Linear Fractals", *Computer Graphics*, 25, 91-100 (1991).

[K1] T. Kaijser, "On a New Contraction Condition for Random Systems with Complete Connections, *Rev Roum Math Pure Appl*, Volume 24, 383-412 (1981).

[K2] T. Kaijser, "A Limit Theorem for Markov Chains in Compact Metric Spaces with Applications to Products of Random Matrices", *Duke Math Journal*, Volume 45, 311-349, (1978).

[M1] B.B. Mandelbrot, *Fractal Geometry of Natur*, W.H. Freeman and Co., New York (1982).

[M2] B.B. Mandelbrot, *Form, Chance, and Dinension*, W.H. Freeman and Co., New York (1982).

[MMC] Manuel Moran Cabre, "Fractal Seris and Infinite Products", Preprint, Documento de Trabajo 9021, Facultad de Ciencias Economicas Y Empresariales, Universidad Computense Campus de Somosaguas, Madrid.

[MW] R. D. Maudlin and S. C. Williams, " Hausdorff Dimension in Graph Directed Constructions", *Trans. Amer. Math. Soc.* 309, 811-829 (1988).

[Patent 1] M. Barnsley, and A. Sloan, United States Patent # 5065447, "Method and Apparatus for Image Compression" (1991).

[PJS] H.-O. Peitgen, H. Jürgens and D. Saupe, *Fractals and Chaos*, Springer-Verlag, Berlin (1992).

[VRIFS] M. Barnsley and A. Sloan, "Vector Recurrent Iterated Function System, Interactiv Fractal Image Compression on a Sun Workstation, "Iterated Systems, Inc., Norcross, Georgia (1988).

5 Mathematische Grundlagen der fraktalen Bildkompression II

5.1 Ziel dieses Kapitels

Wir haben bereits gesehen, wie ein fraktales Modell für ein Realweltbild durch eine endliche Folge von Nullen und Einsen beschrieben werden kann. Ist diese Folge nun die effizienteste Darstellung des fraktalen Modells? Offensichtlich nicht. Wir benötigen weitere Hilfsmittel.

Bisher haben wir einen Weg untersucht, wie man von einem unendlich erweiterbaren Bild zu einer endlichen diskreten Menge von Daten gelangt – dies ist in folgendem Diagramm veranschaulicht.

$$\boxed{\text{UNENDLICH ERWEITERBARES BILD}} \quad \xrightarrow{\text{IFS-THEORIE}} \quad \boxed{\text{ENDLICHE DISKRETE DATEN}}$$

In diesem Kapitel betrachten wir den Zusammenhang zwischen endlichen diskreten Daten und komprimierten endlichen diskreten Daten. Die Verbindung zwischen diesen bildet die Informationstheorie, d. h.

$$\boxed{\text{ENDLICHE DISKRETE DATEN}} \quad \xrightarrow{\text{INFORMATIONSTHEORIE}} \quad \boxed{\text{KOMPRIMIERTE ENDLICHE DISKRETE DATEN}}$$

Wir werden entdecken, daß die arithmetische Kompression die bestmögliche Komprimierung erreicht, wenn die endlichen diskreten Daten zufällig verteilt sind. Das Kapitel schließt mit der aufregenden Beobachtung, daß die arithmetische Kompression gut verstanden und effizient implementiert werden kann, indem wir die IFS-Theorie anwenden; d. h.

$$\boxed{\text{ENDLICHE DISKRETE DATEN}} \quad \xrightarrow{\text{IFS-THEORIE}} \quad \boxed{\text{BESTMÖGLICH KOMPRIMIERTE ENDLICHE DISKRETE DATEN}}$$

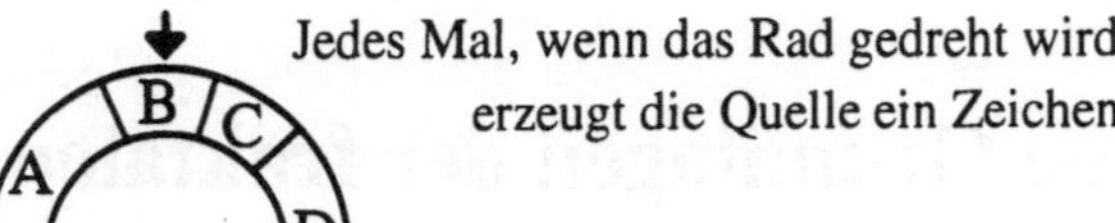

Jedes Mal, wenn das Rad gedreht wird,
erzeugt die Quelle ein Zeichen.

Abbildung 5.1
Eine Markov-Quelle nullter Ordnung wird durch ein
Glücksrad veranschaulicht.

5.2 Informationsquellen und Markov-Quellen nullter Ordnung

Während des gesamten Kapitels wird unser Interesse der Datenkompression gelten. Dabei wollen wir große, endlich lange, digitale Dateien verlustfrei in möglichst wenigen Bits codieren. Doch wieviele Bits benötigen wir mindestens, um eine gegebene Datei zu beschreiben?

Wir betrachten die Menge aller digitalen Dateien, die N Bits lang sind, wobei $N \in I\!N$ ist. Es gibt 2^N solcher Dateien, und jede von ihnen muß durch eine komprimierte Datei dargestellt werden. Wenn manche komprimierten Dateien kürzer als das unkomprimierte Original sind, müssen nach dem Schubfach-Prinzip andere länger als die Ausgangsdatei sein. Daher kann kein Kompressionsverfahren sicherstellen, daß alle komprimierten Dateien kürzer als die ursprüngliche sind. Jedes Verfahren, das einige Dateien verkürzt, muß andere verlängern.

Wir wollen allerdings keine beliebigen Dateien komprimieren, sondern lediglich eine Teilmenge aller möglichen, die aus den für uns interessanten Dateien besteht. Wir könnten uns beispielsweise ausschließlich für solche Dateien interessieren, die binäre Bilder darstellen oder Comic-Bilder, Zeichnungen, Bilder von Wolken, Dateien, die gesprochene Sprache darstellen, oder Kontoauszüge. Wir möchten für eine gegebene Datei angeben können, wie wahrscheinlich es ist, daß wir sie komprimieren wollen; dabei wollen wir eine Kompression der häufig zu erwartenden Dateien auf Kosten einer Vergrößerung der selten zu erwartenden Dateien erreichen. Ein grundlegender Ansatz besteht darin, die Asymmetrien der Eingabe so auszunutzen, daß eine durchschnittliche Datei gut komprimiert wird.

Die Informationstheorie diente ursprünglich dazu, mit über die Zeit veränderlichen Signalen umzugehen. Einer ihrer Zweige beschäftigt sich mit sich stetig verändernden Signalen. Wir werden uns dagegen auf digitale Signale konzentrieren, bei denen die Zeit in diskrete Schritte aufgeteilt ist und die Funktionswerte quantisiert sind. Grob gesagt ist eine *digitale Informationsquelle* eine *black box*, die in jeder Zeiteinheit genau ein Zeichen eines festen, endlichen Alphabets ausgibt. Häufig wird angenommen, die Quelle sei auf irgendeine Art zufällig.

Ein Beispiel einer Informationsquelle erhalten wir mit Hilfe eines gezinkten Würfels. Um das nächste Zeichen zu erhalten, würfeln wir; dabei erscheinen verschiedene Zeichen mit unterschiedlichen Wahrscheinlichkeiten. Eine andere Möglichkeit, eine solche Quelle zu konstruieren, ist die Unterteilung eines Glücksrades in unterschiedlich große Abschnitte wie in Abbildung 5.1 . Derartige Modelle werden Markov-Quellen nullter Ordnung genannt.

Definition Eine *Markov-Quelle nullter Ordnung* (oder *Markov-Kette*) besteht aus einem Alphabet $S = \{s_1, \ldots, s_n\}$ und einer Wahrscheinlichkeit p_i für jedes Zeichen $s_i \in S$, wobei $p_1 + \cdots + p_n = 1$ und $0 \leq p_i \leq 1$ für $i = 1, \ldots, n$.

Die Wahrscheinlichkeiten in einer Markov-Quelle nullter Ordnung sind fest; sie hängen weder von der Position des Zeichens in der Zeichenkette noch von den vorher aufgetretenen Zeichen ab. Eine Quelle mit diesen Eigenschaften heißt *unabhängig*. Für realistische Quellen ist keine dieser Annahmen erfüllt. Andererseits können wir allein aufgrund der Wahrscheinlichkeiten der Zeichen die mögliche Kompression untersuchen.

Markov-Quellen nullter Ordnung spielen im folgenden eine wichtige Rolle, so daß wir sie hier genauer betrachten wollen. Je schiefer die Wahrscheinlichkeiten sind, desto besser können die Daten komprimiert werden. Eine Zahl, die wir *Entropie* nennen, wird mit den Daten verknüpft; sie beschreibt die mittlere Anzahl von Bits pro Zeichen, die benötigt werden, um die Daten bestmöglich zu komprimieren.

Übung:

> Welches der folgenden Beispiele kann als Markov-Quelle nullter Ordnung modelliert werden:
>
> **(a)** das mehrmalige Werfen einer Münze,
>
> **(b)** das mehrmalige Werfen eines fairen Würfels,
>
> **(c)** das mehrmalige Werfen eines gezinkten Würfels,
>
> **(d)** die Position eines Teilchens, das der Brownschen Molekularbewegung unterliegt,
>
> **(e)** die Helligkeitswerte von zufällig gewählten Punkten in einem Bild,
>
> **(f)** die Helligkeitswerte von Punkten, die in einem Bild nach einem fest vorgegebenen Muster eingelesen werden.

5.3 Codes

Wir führen die Begriffe der *Information* und der *Entropie* vor dem Hintergrund der Datenkompression ein, indem wir das Problem untersuchen, wie man zu einer Markov-Quelle nullter Ordnung einen effizienten komprimierten Code konstruieren kann. Wir wollen dabei die von einer Quelle ausgehenden Zeichen so kompakt wie möglich beschreiben, um die in ihnen enthaltene Redundanz zu beseitigen. Die kleinstmögliche durch Komprimierung erreichbare Größe ist ein Maß für den Informationsgehalt der Quelle. Die hier benutzten Methoden erlauben uns einen Einblick in die zugrundeliegende Theorie.

Definition Ein beliebiger Übersetzer von Zeichenketten eines Eingabe-Alphabets S_I in Zeichenketten eines Ausgabe-Alphabets S_O heißt *Code*. Ein Code erhält eine Folge von Zeichen als Eingabe und erzeugt eine andere Folge von Zeichen als Ausgabe.

Die einfachste Form eines Codes ist ein *Block-Code*. Ein Block-Code überträgt einen Block fester Länge, der aus Zeichen eines Alphabets besteht, in einen anderen Block fester Länge, der aus Zeichen eines anderen Alphabets besteht. Dies geschieht beispielsweise bei der Umwandlung einer binären 8-Bit-Zahl in eine zweistellige Hexadezimal-Zahl oder umgekehrt. Eine nützliche Eigenschaft von Block-Codes ist, daß die Aufteilung der Ausgabe in Codewörter sehr einfach ist. Der Nachteil von Block-Codes besteht darin, daß sie keine Kompression erreichen können, da die Zeichenketten der Eingabe auf Zeichenfolgen fester Länge abgebildet werden.

Definition Ein *(one-to-many)*-Code eines Eingabe-Alphabets S_I auf ein Ausgabe-Alphabet S_O besteht aus einer Funktion C, die jedem Zeichen $s_i \in S_I$ ein Codewort in S_O zuweist. Ein *Codewort* eines Alphabets ist eine nichtleere endliche Folge von Zeichen dieses Alphabets; die Menge der Codewörter bezeichnen wir mit A. Wir schreiben einen (one-to-many)-Code ausführlich in der folgenden Form:

$$C = \{s_1 \rightarrow \text{Codewort}_1, \ldots, s_n \rightarrow \text{Codewort}_n\},$$

wobei n die Anzahl der Zeichen in S_I ist. Offenbar gilt $|S_I| = |A|$.

Wie effizient ist ein solcher Code? Wieviele Zeichen aus S_O benötigen wir im Mittel, um ein Zeichen aus S_I zu codieren? Die Rechtfertigung für die Wahl unterschiedlich langer Codewörter ergibt sich, wenn manche Zeichen des Eingabe-Alphabets wahrscheinlicher sind als andere. Es ist dann von Vorteil, häufig benutzte Zeichen mit kurzen Codewörtern zu codieren und längere Codewörter für selten benutzte Zeichen in Kauf zu nehmen.

Definition Die *mittlere Codewortlänge* eines Codes C ist die nach Wahrscheinlichkeiten gewichtete Summe der Codewortlängen

$$l_{\text{av}} := \sum_{i=1}^{n} p_i l_i,$$

wobei l_i die Länge des Codeworts $C(s_i)$ für $s_i \in S_I$, p_i die Wahrscheinlichkeit des Auftretens von s_i und n die Anzahl der Zeichen in S_I ist.

Wenn Codewörter unterschiedlich lang sein dürfen, müssen wir eine Möglichkeit haben, den Anfang und das Ende eines Codeworts zu bestimmen. Wir nehmen dabei an, daß Codewörter in einem kontinuierlichen Strom ausgesandt werden, so daß es keine Pause zwischen den einzelnen Codewörtern gibt, wie das beispielsweise bei der Übertragung eines Morse-Codes der Fall ist, einem der ersten Beispiele eines Codes variabler Länge. Da Codewörter kein offensichtliches Ende besitzen, müssen wir verlangen, daß die Zeichenkette in der Ausgabe nur eine Interpretation als Folge von Codewörtern erlaubt.

Definition   Ein Code $\{s_1 \to \text{Codewort}_1, \ldots, s_n \to \text{Codewort}_n\}$, ist *eindeutig entschlüsselbar*, wenn aus

$$a = \text{Codewort}_{v_1} \ldots \text{Codewort}_{v_k}$$

und

$$a = \text{Codewort}_{w_1} \ldots \text{Codewort}_{w_m}$$

folgt, daß $k = m$ und $v_i = w_i$ für $1 \leq i \leq k$. Dabei sind $v_i, w_i \in \{1, \ldots, n\}$, n ist die Anzahl der möglichen Codewörter.

Beispiele:

(i)   Der Code $\{A \to 00, B \to 000\}$ ist nicht eindeutig entschlüsselbar. Die Zeichenfolge „000000" könnte sowohl von der Eingabe „AAA" als auch von der Eingabe „BB" erzeugt worden sein.

(ii)   Alle Block-Codes sind eindeutig entschlüsselbar.

(iii)   Der Code $\{A \to 0, B \to 11\}$ ist eindeutig entschlüsselbar.

(iv)   Der Code $\{A \to 01, B \to 011\}$ ist eindeutig entschlüsselbar. Wenn die Zeichen einzeln nacheinander gesendet werden, müssen wir bei Empfang der Teilfolge 01 allerdings auf das nächste Zeichen warten, bevor wir entscheiden können, ob es sich um das Codewort „A" oder den Anfang eines „B" handelt.

(v)   Der Code $\{A \to 0, B \to 01, C \to 11\}$ ist eindeutig entschlüsselbar. Wenn wir allerdings das Zeichen 0 empfangen, müssen wir warten, ob die folgende Zeichenkette aus Einsen gerade oder ungerade Länge hat. Es gibt keine feste obere Grenze dafür, wie lange wir warten müssen, um eindeutig entscheiden zu können, welches Zeichen wir empfangen haben. In Anwendungen muß daher u. U. eine beliebig große Zahl von Zeichen zwischengespeichert werden.

Um diese Art von unbestimmbarer Verzögerung wie in Beispiel (v) umgehen zu können, beschränken wir unsere Betrachtungen auf eine speziellere Art von Code.

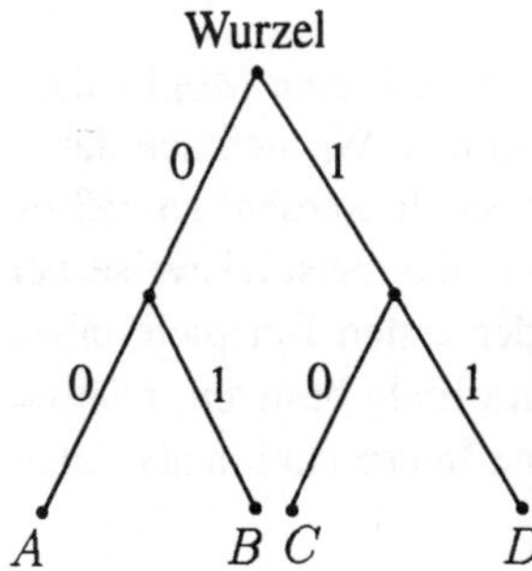

Abbildung 5.2
Ein Präfix-Code kann als Durchlauf durch einen solchen Baum
veranschaulicht werden. Die Markierungen an den Blättern sind
die Eingabezeichen, während die an den Kanten auf dem Weg
von der Wurzel zu den Blättern die Zeichen des entsprechenden
auszugebenden Codeworts ergeben.

Tabelle 5.1 Codewörter für den Code-Baum in Abbildung 5.2

$$
\begin{array}{ccc}
A & \to & 00 \\
B & \to & 01 \\
C & \to & 10 \\
D & \to & 11
\end{array}
$$

Definition Ein *Präfix-Code* ist ein Code, in dem kein Codewort als Präfix eines anderen auftritt.

In einem Präfix-Code kann man Codewörter erkennen, sobald sie empfangen worden sind. Einen Präfix-Code kann man sich als Durchlauf durch einen logischen Baum vorstellen. Um das Codewort zu einem gegebenen Eingabezeichen zu bestimmen, suchen wir zunächst das Eingabezeichen unter den Blättern des Baumes. Das Codewort, das die Ausgabe zu diesem Zeichen darstellt, wird durch die Markierungen beschrieben, die auf dem Weg von der Wurzel zu dem Eingabezeichen liegen.

Präfix-Codes haben offensichtliche Vorzüge. Können wir aber eine bessere Komprimierung erreichen, wenn wir auch Codes benutzen, die eindeutig entschlüsselbar, aber keine Präfix-Codes sind? Nein, denn man kann zeigen, daß jede Menge von Codewortlängen, die von eindeutig entschlüsselbaren Codes erreicht wird, bereits mit Präfix-Codes erreicht werden kann. Die Begründung dieser Aussage erhalten wir, wenn wir uns die Ungleichung von Kraft-McMillan im nächsten Unterkapitel ansehen.

Beispiele:

(i) Wir betrachten eine Quelle mit vier Zeichen, $\{A, B, C, D\}$ und Wahrscheinlichkeiten p_A, p_B, p_C, p_D. Es sei $p_A = p_B = p_C = p_D = \frac{1}{4}$. Der Code-Baum in Abbildung 5.2 zeigt einen möglichen Code. Jedes Eingabezeichen entspricht einem Codewort der Länge 2 Bit; s. Tabelle 5.1. Die mittlere Codewortlänge in diesem Code beträgt, in Bit gemessen:

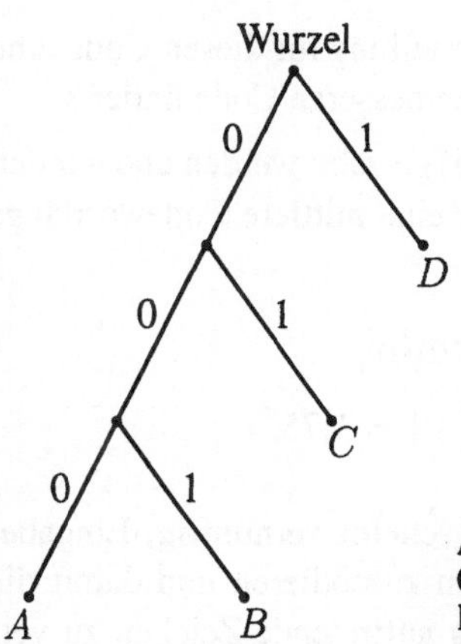

Abbildung 5.3
Obwohl dieser Baum von denselben Eingabezeichen ausgeht, liefert er einen anderen Code.

Tabelle 5.2 Codewörter für den Code-Baum in Abbildung 5.3

$$
\begin{array}{ccc}
A & \to & 000 \\
B & \to & 001 \\
C & \to & 01 \\
D & \to & 1
\end{array}
$$

$$
\begin{aligned}
l_{\text{av}} &= p_A l_A + p_B l_B + p_C l_C + p_D l_D \\
&= \frac{1}{4} \cdot 2 + \frac{1}{4} \cdot 2 + \frac{1}{4} \cdot 2 + \frac{1}{4} \cdot 2 = 2.
\end{aligned}
$$

Hier und im folgenden sind l_A, l_B, l_C, l_D jeweils die Längen der vier möglichen Codewörter.

(ii) Ein anderer Code für die Quelle aus Beispiel (i) wird in Abbildung 5.3 gezeigt, der dazu gehörige Code in Tabelle 5.2. Obwohl die Codewörter unterschiedliche Länge haben, handelt es sich nach wie vor um einen Präfix-Code, bei dem alle Zeichen entschlüsselt werden können, sobald sie empfangen wurden. Dieser neue Code besitzt eine mittlere Codewortlänge von

$$
\begin{aligned}
l_{\text{av}} &= p_A l_A + p_B l_B + p_C l_C + p_D l_D \\
&= \frac{1}{4} \cdot 3 + \frac{1}{4} \cdot 3 + \frac{1}{4} \cdot 2 + \frac{1}{4} \cdot 1 = 2{,}25.
\end{aligned}
$$

(iii) Sei $p_A = p_B = \frac{1}{8}, p_C = \frac{1}{4}, p_D = \frac{1}{2}$. Dann beträgt die mittlere Codewortlänge in Bit für den Code-Baum aus Abbildung 5.2

$$
\begin{aligned}
l_{\text{av}} &= p_A l_A + p_B l_B + p_C l_C + p_D l_D \\
&= \frac{1}{8} \cdot 2 + \frac{1}{8} \cdot 2 + \frac{1}{4} \cdot 2 + \frac{1}{2} \cdot 2 = 2.
\end{aligned}
$$

Es scheint, als ergäbe jede Wahrscheinlichkeitsverteilung für diesen Code eine mittlere Codewortlänge von 2 Bit. Kann man einen besseren Code finden?

(iv) Wenn die Wahrscheinlichkeiten wie in Beispiel (iii) gewählt werden und wir den Code aus Abbildung 5.3 verwenden, erhalten wir eine mittlere Codewortlänge von 1,75 Bit:

$$l_{\mathrm{av}} = p_A l_A + p_B l_B + p_C l_C + p_D l_D$$
$$= \frac{1}{8} \cdot 3 + \frac{1}{8} \cdot 3 + \frac{1}{4} \cdot 2 + \frac{1}{2} \cdot 1 = 1{,}75.$$

Hier sind wir offenbar auf dem richtigen Weg. Es scheint vernünftig, Eingabezeichen, die selten auftreten, mit längeren Codewörtern zu codieren und damit die Möglichkeit zu erhalten, kürzere Codewörter für häufig auftretende Zeichen zu verwenden.

Kein Code ist dabei in jedem Fall ideal; die mittlere Codewortlänge hängt von den jeweiligen Wahrscheinlichkeiten ab. Die Beispiele stellen uns vor die folgenden Fragen:

(a) Wie groß ist die kleinste mittlere Codewortlänge, die wir zu einem gegebenen Eingabe-Alphabet $S_I = \{s_1, \ldots, s_n\}$ mit dazu gehörigen Wahrscheinlichkeiten $(p_1, \ldots, p_n)$ und einem Ausgabe-Alphabet $S_O = \{a_1, \ldots, a_r\}$ erreichen können?

(b) Wie erreichen wir diese kleinste mittlere Länge?

Die folgenden Unterkapitel werden diese beiden Fragen beantworten und diese Antwort auf eine größere Klasse von Quellen verallgemeinern.

Übungen:

(1) Welche der folgenden Codes sind eindeutig entschlüsselbar, bei welchen handelt es sich um Präfix-Codes?

  (a) $\{A \to 0, B \to 10, C \to 110\}$

  (b) $\{A \to 00, B \to 01, C \to 010\}$

(2) Zeige, daß jede Menge von Codewörtern zu einem Präfix-Code erweitert werden kann, indem ein Begrenzungszeichen an das Ende jedes Codeworts angehängt wird.

5.4   Die Ungleichung von Kraft-McMillan

Um die mittlere Codewortlänge klein zu halten, sollten alle Codewörter so kurz wie möglich sein. Andererseits beraubt uns jedes kurze Codewort aller anderen Codewörter, die dieses als Präfix enthalten, wenn wir einen Präfix-Code verwenden wollen. Um die kleinste mittlere Codewortlänge zu erhalten, müssen wir diese beiden Faktoren berücksichtigen. Unter welchen Voraussetzungen können wir einen Code mit gegebenen Längen $l_1, \ldots, l_n$ angeben, wenn das Eingabe-Alphabet aus n Zeichen und das Ausgabe-Alphabet aus r Zeichen besteht?

Für Präfix-Codes gibt der folgende Satz die Antwort [RH].

Satz 5.1 (Satz von Kraft) *Ein Eingabe-Alphabet aus n Zeichen kann genau dann durch einen Präfix-Code mit Codewörtern der Längen $l_1, \ldots, l_n$ eines Ausgabe-Alphabets aus r Zeichen beschrieben werden, wenn*

$$\sum_{i=1}^{n} \frac{1}{r^{l_i}} \leq 1.$$

Beispiele:

(i) Wenn alle Codewörter die gleiche Länge l haben, gibt es einen Präfix-Code, wenn $n \leq r^l$, da

$$\sum_{i=1}^{n} \frac{1}{r^l} \leq 1.$$

(ii) Indem wir den Code aus Beispiel (i) zurückschneiden, können wir ein Codewort der Länge $l - 1$ hinzufügen, wenn wir r Codewörter der Länge l entfernen. In der Ungleichung in Beispiel (i) wird dadurch in der Summe $\frac{1}{r^{l-1}}$ addiert und $\frac{r}{r^l}$ subtrahiert. Die Längen der Codewörter haben sich also geändert, die Ungleichung gilt aber nach wie vor:

$$\sum_{i=1}^{n} \frac{1}{r^{l_i}} \leq 1.$$

(iii) Die Ungleichung bleibt wahr, wenn aus einem Code, der diese Ungleichung erfüllt, Codewörter gestrichen werden. Jeder Code kann durch eine Kombination der in den letzten beiden Beispielen beschriebenen Verfahren erzeugt werden.

Beweis   **(Satz von Kraft)** Wir zeigen zunächst, daß jeder Präfix-Code die Ungleichung erfüllen muß. Der Beweis erfolgt per vollständiger Induktion über die maximale Codewortlänge. Wenn die maximale Codewortlänge 1 ist, beträgt die Anzahl der Zweige höchstens r. Daraus folgt, daß $n \leq r$ und damit

$$\sum_{i=1}^{n} \frac{1}{r} = \frac{n}{r} \leq 1.$$

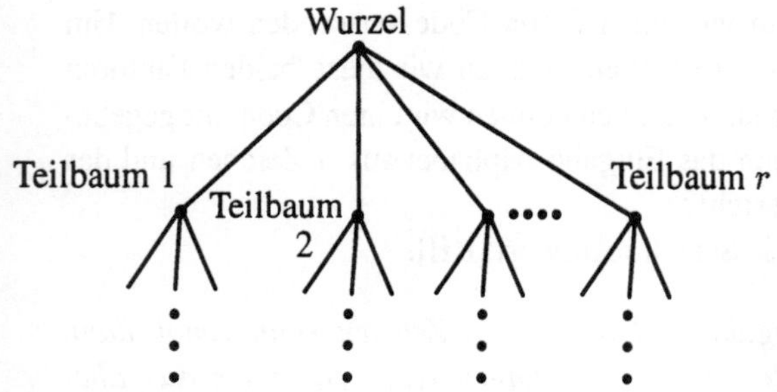

Abbildung 5.4
Der Beweis der Ungleichung von Kraft erfolgt durch vollständige Induktion über die möglicherweise existierenden Teilbäume, für die die Ungleichung nach der Induktionsannahme gilt.

Nehmen wir nun an, daß die Ungleichung für alle Codewörter der Länge k oder kleiner gilt. Dann zeigen wir, daß sie auch für alle Präfix-Codes der Länge $k + 1$ gilt. Zunächst stellen wir fest, daß die Bäume, die von den Kindern der Wurzel ausgehen, Präfix-Codes mit den folgenden Eigenschaften bilden.

(a) Die Länge der Codewörter beträgt höchstens k – damit ist für sie die Induktionsvoraussetzung erfüllt.

(b) Die Länge der Codewörter ist um Eins geringer als die Länge des ursprünglichen Codes.

Daher gilt für jeden Teilbaum

$$\sum_{i=1}^{m} \frac{1}{r^{l_i-1}} \leq 1,$$

wobei m die Anzahl der Codewörter in diesem Teilbaum ist. Also ist

$$\sum_{i=1}^{m} \frac{1}{r^{l_i}} \leq \frac{1}{r}.$$

Da der ursprüngliche Baum höchstens r solcher Teilbäume enthält, gilt die Ungleichung auch für den ursprünglichen Code. Dies beendet die Induktion und damit den ersten Teil des Beweises; s. Abbildung 5.4.

Die Rückrichtung des Beweises besteht darin, daß wir zu gegebenem Eingabe-Alphabet, Ausgabe-Alphabet und einer Menge von Codewortlängen, die die Ungleichung erfüllt, einen Präfix-Code konstruieren, der die entsprechenden Längen besitzt. Dies geschieht konstruktiv durch das Programmstück KRAFT.C, das in Anhang B.3 auf Seite 189 aufgelistet ist. Der Algorithmus besteht aus den folgenden Schritten: Zunächst werden die Codewortlängen aufsteigend sortiert. Dann werden die Codewörter nacheinander ausgewählt, wobei wir jeweils das lexikographisch nächste Codewort wählen, das kein bereits gewähltes Wort als Präfix enthält. Wenn dies nicht mehr möglich ist, hält das Programm, indem es die mit /* ESCAPE */ markierte Programmzeile ausführt. Der Rest des Beweises besteht darin, zu zeigen, daß diese

Wenn die Wahrscheinlichkeiten nicht alle identisch sind, verändert sich die Fragestellung ein wenig, da wir nun an einer gewichteten Summe der Codewortlängen interessiert sind, wobei jedes Codewort entsprechend seiner Wahrscheinlichkeit gewichtet wird. Der soeben geführte Beweis kann fast ohne Veränderung für diesen Fall übernommen werden. Der folgende Satz liefert eine untere Schranke für die mittlere Codewortlänge eines beliebigen Präfix-Codes (oder eindeutig entschlüsselbaren Codes).

Satz 5.4 *Ein Präfix-Code zu einer Markov-Quelle nullter Ordnung $S = \{s_1, \ldots, s_n\}$ mit Wahrscheinlichkeiten $(p_1, \ldots, p_n)$ und einem Ausgabe-Alphabet $S_O = \{a_1, \ldots, a_r\}$ erfüllt die Ungleichung*

$$l_{\mathrm{av}} = \sum_{i=1}^{n} p_i l_i \geq \sum_{i=1}^{n} p_i \log_r \frac{1}{p_i}.$$

Beweis   In diesem Fall gilt

$$L(l_1, \ldots, l_n) = \sum_{i=1}^{n} p_i l_i$$

und damit

$$\nabla L = (p_1, \ldots, p_n)$$

sowie

$$\nabla K = \left(\frac{\ln r}{r^{l_1}}, \ldots, \frac{\ln r}{r^{l_n}} \right).$$

Setzen wir $\nabla L = \lambda \nabla K$, so ergibt sich

$$l_i = \log_r \left(\frac{\lambda \ln r}{p_i} \right) \text{ für } i = 1, \ldots, n.$$

Setzen wir dies in die Gleichung für ∇K ein und lösen diese nach λ auf, so erhalten wir $\lambda = \dfrac{1}{\ln r}$. Die minimale mittlere Codewortlänge erreichen wir also, wenn

$$l_i = \log_r \frac{1}{p_i} \text{ für } i = 1, \ldots, n.$$

$\square$

Die letztgenannte Gleichung liefert uns einen Wert, den wir den Informationsgehalt des Zeichens s_i nennen. Diese Definition von Information hat die folgenden Eigenschaften.

Eigenschaft (i) Die Information, die ein Zeichen vermittelt, verhält sich umgekehrt proportional zur Wahrscheinlichkeit seines Auftretens. Selten vorkommende Zeichen enthalten mehr Überraschungen und daher mehr Information. Im Extremfall, wenn ein Zeichen mit Wahrscheinlichkeit Eins auftritt, enthält es überhaupt keine Information.

Eigenschaft (ii) Wenn zwei Zeichen unabhängig voneinander auftreten, ist die Wahrscheinlichkeit, daß das eine dem anderen folgt, $p_i \cdot p_j$. Die Information, die durch dieses Paar vermittelt wird, ist $\log_r \dfrac{1}{p_i p_j}$, also die Summe aus $\log_r \dfrac{1}{p_i}$ und $\log_r \dfrac{1}{p_j}$. Die Wahrscheinlichkeiten sind also multiplikativ, die Information dagegen ist additiv.

Definition Die *Entropie (zur Basis r)* einer Markov-Quelle nullter Ordnung S mit Wahrscheinlichkeiten $(p_1, \ldots, p_n)$ ist definiert als

$$H_r(S) := \sum_{i=1}^{n} p_i \log_r \frac{1}{p_i} = -\sum_{i=1}^{n} p_i \log_r p_i.$$

Die meist gebräuchliche Basis ist 2, und $H_2(S)$ wird einfach mit $H(S)$ bezeichnet. Wenn eines der p_i gleich Null ist, so ist dieser Ausdruck undefiniert, aber diese Singularität ist insofern behebbar, als es nur eine Möglichkeit gibt, sie stetig zu ergänzen. Wir definieren daher

$$0 \log \frac{1}{0} := 0.$$

Beispiele:

(i) Wir betrachten einen fairen n-seitigen Würfel mit identischen Wahrscheinlichkeiten $p_i = \frac{1}{n}$. Dann ergibt sich aus der Formel die Entropie $H_r(S) = \log_r n$.

(ii) Eine gezinkte Münze zeigt Wappen mit einer Wahrscheinlichkeit von p und Zahl mit einer Wahrscheinlichkeit von $1 - p$. Die Entropie dieser Quelle beträgt

$$H_r(S) = -p \log_r p - (1 - p) \log_r (1 - p).$$

Bilden wir die Ableitung dieser Funktion nach p, so zeigt sich, daß diese einen einzigen kritischen Punkt in $p = \frac{1}{2}$ besitzt. Dieser ist ein Maximum, wie in Abbildung 5.5 gezeigt. Die Entropie der Münze muß also die Ungleichung

$$H_r(S) \leq \log_r 2$$

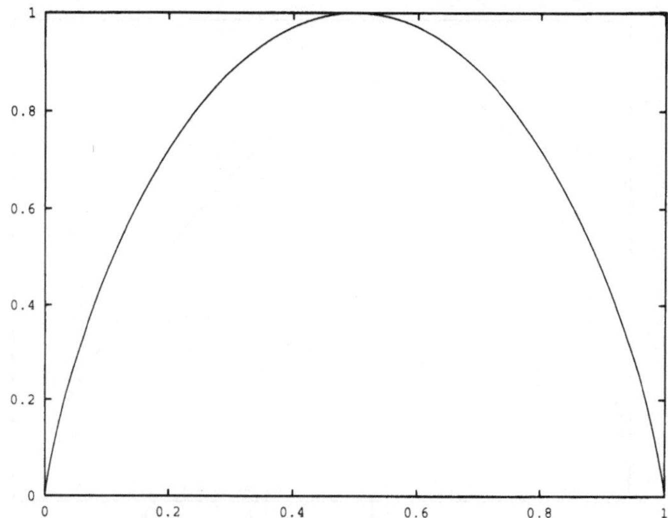

Abbildung 5.5 Der Graph der Funktion $H_r(S) = -p \log_r p - (1 - p) \log_r(1 - p)$.

erfüllen. Man kann zeigen, daß für jede Markov-Quelle nullter Ordnung mit n Zeichen

$$H_r(S) \leq \log_r n$$

gilt. Diese Formel besagt, daß eine Quelle jedes Zeichen mit gleicher Wahrscheinlichkeit erzeugen muß, wenn sie nicht komprimierbar sein soll.

(iii) Nehmen wir an, daß ein binäres digitales Bild etwa neunmal so viele weiße wie schwarze Pixel enthält. Dann beträgt seine Entropie

$$H(S) = -\frac{9}{10} \log_2 \frac{9}{10} - \frac{1}{10} \log_2 \frac{1}{10} \approx 0{,}47,$$

d. h., die Datei kann um 53 % komprimiert werden, wenn wir sie als Markov-Quelle nullter Ordnung betrachten.

Übungen:

(1) Abbildung 5.6 zeigt den Graphen der Funktion $-p \log_2 p$. Zeige, daß er eine senkrechte Tangente in $p = 0$ besitzt und sein Maximum in $p = \frac{1}{e}$ annimmt.

(2) Zeige, daß die Entropie jeder Markov-Quelle nullter Ordnung mit n Symbolen und Wahrscheinlichkeiten $(p_1, \ldots, p_n)$ die Ungleichung $H_r(S) \leq \log_r n$ erfüllt. Ein möglicher Ansatz besteht darin, zu zeigen, daß für $p_i \neq p_j$ eine neue Quelle mit höherer Entropie gefunden werden kann, indem p_i und p_j jeweils durch ihren Mittelwert ersetzt werden.

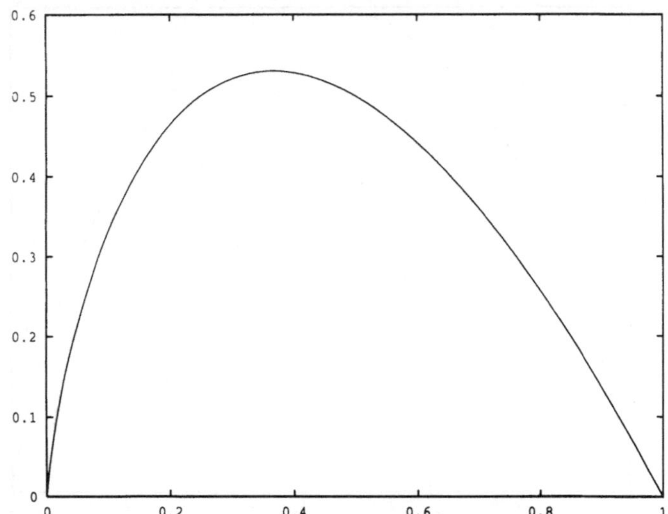

Abbildung 5.6 Diese Abbildung zeigt den Graphen der Funktion $-p \log_2 p$. Er besitzt eine senkrechte Tangente in $p = 0$ und nimmt sein Maximum in $p = \frac{1}{e}$ an.

5.6 Shannon-Fano-Codes

Shannon-Fano-Codes wurden unabhängig von Shannon und Weaver [CS1, CS2] und Fano [RF] entdeckt. Diese Codes zeigen einen Weg auf, wie man einen Präfix-Code zu einer Menge von Wahrscheinlichkeiten konstruiert. Auch wenn Shannon-Fano-Codes von Huffman-Codes [MN, JS] übertroffen werden, kann man zeigen, daß ihre Komprimierung nicht weit vom Optimum entfernt ist. Mit ihrer Hilfe kann man relativ leicht zeigen, daß die Entropie einer Quelle beliebig genau angenähert werden kann, wenn man hinreichend aufwendige Codes verwendet. Wir werden den Fall $r = 2$ untersuchen; die Ergebnisse können aber für beliebige Ausgabe-Alphabete verallgemeinert werden. Ein Präfix-Code wird durch einen Baum dargestellt, dessen Blätter mit Zeichen markiert sind. In einem Shannon-Fano-Code beginnen wir mit einem Baum, der nur einen einzigen mit dem gesamten Eingabe-Alphabet markierten Knoten besitzt. Wir teilen nun die Knoten und bilden neue; wenn jeder genau einem einzigen Zeichen entspricht, hält der Algorithmus.

Schritt 1. Teile die Zeichen in S so in zwei Teilmengen S_0 und S_1 auf, daß die Summe der Wahrscheinlichkeiten in jeder der beiden Teilmengen möglichst nahe bei $\frac{1}{2}$ liegt.

Schritt 2. Bilde zwei neue Knoten, von denen einer – der der Menge S_0 entspricht – durch eine Kante mit Markierung 0, der andere – der Menge S_1 entsprechende – durch eine Kante mit Markierung 1 an den momentan betrachteten Knoten angehängt wird.

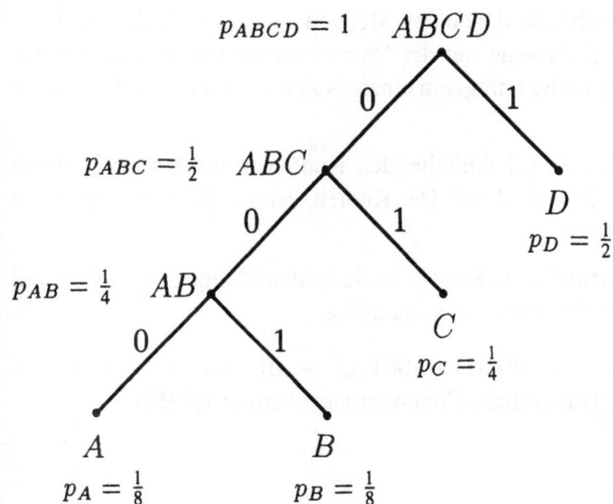

Abbildung 5.7
Diese Abbildung veranschaulicht einen Shannon-Fano-Code.

Schritt 3. Wenn die Teilmenge an einem Knoten nur ein einziges Element enthält, nennen wir diesen ein *Blatt* oder einen *terminalen Knoten* und bearbeiten ihn nicht weiter. Anderenfalls führen wir die Schritte 1 und 2 für die Zeichen in dieser Teilmenge durch.

Man kann zeigen, daß für die Codewortlängen des so erzeugten Codes

$$\log_2 \frac{1}{p_i} \le l_i \le \log_2 \frac{1}{p_i} + 1$$

gilt; d. h., die Codewortlängen sind nie um mehr als Eins größer als das theoretische Optimum. Bilden wir den Mittelwert, so erhalten wir

$$\sum_{i=1}^{n} p_i \log_2 \frac{1}{p_i} \le \sum_{i=1}^{n} p_i l_i \le \sum_{i=1}^{n} p_i \log_2 \frac{1}{p_i} + 1.$$

Also gilt für die mittlere Codewortlänge eines Shannon-Fano-Codes

$$H(S) \le l_{\text{av}} \le H(S) + 1. \tag{5.1}$$

Beispiele:

(i) Sei $S_I = \{A, B, C, D\}$ ein Eingabe-Alphabet mit 4 Zeichen, die die Wahrscheinlichkeiten $p_A = \frac{1}{8}, p_B = \frac{1}{8}, p_C = \frac{1}{4}, p_D = \frac{1}{2}$ besitzen. Die Schritte, die dann zum Aufbau eines Shannon-Fano-Codes ausgeführt werden, sind nun:

Schritt 1. Bilde die Wurzel mit allen vier Zeichen.

Schritt 2. Teile die Zeichen in die beiden Mengen $S_0 = \{A, B, C\}$ und $S_1 = \{D\}$ auf, die nun zwei neue mit der Wurzel verbundene Knoten bilden. Der Knoten, der S_1 enthält, trägt ein einziges Zeichen und wird daher nicht weiter zerlegt.

Schritt 3. Teile den $\{A, B, C\}$ enthaltenden Knoten in die beiden Mengen $S_0 = \{A, B\}$ und $S_1 = \{C\}$ auf. Der Knoten, der das Zeichen C trägt, ist ein terminaler Knoten.

Schritt 4. Teile den verbliebenen Knoten in die beiden Mengen $S_0 = \{A\}$ und $S_1 = \{B\}$ auf. Der Code ist nun vollständig.

Die Codewörter sind $A \rightarrow 000, B \rightarrow 001, C \rightarrow 01$ und $D \rightarrow 1$, wie in Abbildung 5.7 gezeigt. Die mittlere Codewortlänge beträgt 1,5 Bits.

Übungen:

(1) Konstruiere einen Shannon-Fano-Code für eine Quelle mit vier Zeichen und den Wahrscheinlichkeiten $p_A = \frac{2}{5}, p_B = \frac{2}{5}, p_C = \frac{1}{10}, p_D = \frac{1}{10}$. Läßt sich ein anderer Code-Baum mit geringerer mittlerer Codewortlänge finden, ohne daß der Algorithmus von Shannon-Fano benutzt wird?

(2) Zeige, daß für Shannon-Fano-Codes die folgende Ungleichung gilt:

$$\log_2 \frac{1}{p_i} \leq l_i \leq \log_2 \frac{1}{p_i} + 1.$$

Obwohl der Algorithmus von Shannon-Fano von der Theorie her sehr elegant ist, ist es sehr mühselig, ihn zu implementieren. Der Vorgang des Aufteilens in zwei Teilmengen annähernd gleicher Wahrscheinlichkeit ist aufwendig in der Durchführung. Ein anderes Verfahren, einen Präfix-Code zu erzeugen, führt zu sogenannten Huffman-Codes und hat den Vorteil, daß die erzeugten Codes nachweislich ebenso gut, oft sogar besser sind. Eine Erörterung der Huffman-Codes folgt in Unterkapitel 5.9 auf Seite 138.

5.7 Erweiterung von Quellen

Die Zuweisung eines Codeworts zu jedem Zeichen zwingt dem Code eine gewisse Körnigkeit auf. Obwohl die Berechnung der Entropie, die wir vorgestellt haben, eine reelle Zahl für die optimale Codewortlänge ergibt, enthält jeder gegebene Code nur Codewörter ganzzahliger Länge. Eine Möglichkeit, die Komprimierung zu erhöhen, besteht darin, daß eine Folge von Ausgabezeichen jeweils eine Folge von Eingabezeichen darstellt; dies werden wir später in diesem Kapitel ausnutzen, wenn wir die arithmetische Codierung betrachten.

Wenn wir die Entropie einer Quelle erreichen wollen, benötigen wir kompliziertere Codes.

Definition Die *k-te Erweiterung* einer Quelle S mit n Zeichen ist eine neue Quelle S^k, die wir erhalten, wenn wir die Zeichen in Blöcken zu jeweils k Zeichen senden. Die neue Quelle besitzt n^k Zeichen, deren Wahrscheinlichkeiten wir durch Multiplikation der jeweils beteiligten Zeichen erhalten.

Besitzt eine Quelle beispielsweise das Alphabet $\{0, 1\}$ mit dem Wahrscheinlichkeitsvektor (p_0, p_1), so besitzt ihre dritte Erweiterung das Alphabet

$$\{000, 001, 010, 011, 100, 101, 110, 111\}$$

mit dem Wahrscheinlichkeitsvektor

$$(p_0^3, p_0^2 p_1, p_0^2 p_1, p_0 p_1^2, p_0^2 p_1, p_0 p_1^2, p_0 p_1^2, p_1^3).$$

Die Erweiterung einer Markov-Quelle nullter Ordnung ist ebenfalls eine Markov-Quelle nullter Ordnung, und man kann als Übung zeigen, daß für die Entropie der Quelle S^k gilt:

$$H_r(S^k) = k H_r(S). \tag{5.2}$$

Aus Gleichung 5.1 auf Seite 127 leiten wir ab, daß der Shannon-Fano-Code für die k-te Erweiterung einer Quelle die Ungleichung

$$H(S^k) \leq l_{\text{av}} \leq H(S^k) + 1$$

erfüllt; nach Gleichung 5.2 gilt dann

$$H(S) \leq \frac{l_{\text{av}}}{k} \leq H(S) + \frac{1}{k}.$$

Also gilt der folgende Satz.

Satz 5.5 (Shannon) *Wenn S eine Markov-Quelle nullter Ordnung ist, gilt für die mittlere Länge jedes Präfix-Codes, dessen Ausgabe-Alphabet r Zeichen enthält,*

$$H_r(S) \leq l_{\text{av}}.$$

Durch Übergang zur k-ten Erweiterung können wir einen Code finden, dessen mittlere Länge pro Eingabezeichen die Ungleichung

$$l_{\text{av}} \leq H_r(S) + \frac{1}{k}$$

erfüllt.

Dieser Satz besagt, daß durch Übergang zu entsprechend hohen Erweiterungen Shannon-Fano-Codes konstruiert werden können, die die theoretisch optimale Entropie einer Markov-Quelle nullter Ordnung beliebig gut annähern können.

Übungen:

(1) Das Alphabet S enthalte drei Zeichen gleicher Wahrscheinlichkeit $p_A = p_B = p_C = \frac{1}{3}$.

    (a) Wie groß ist die Entropie – zur Basis 2 – dieser Quelle?

    (b) Konstruiere einen Shannon-Fano-Code zu dieser Quelle und berechne dessen mittlere Codewortlänge.

    (c) Konstruiere einen Shannon-Fano-Code zu der Quelle S^2, die aus neun Zeichen besteht, und berechne dessen mittlere Codewortlänge.

(2) Beweise Gleichung 5.2 .

(3) Warum würde der Übergang zu einer Erweiterung helfen, wenn wir das schwarz-weiße Abbild eines Textes komprimieren wollen?

5.8 Markov-Quellen höherer Ordnung

Markov-Quellen nullter Ordnung sind zur Beschreibung der meisten real existierenden Informationsquellen nicht geeignet. Textdateien sehen genauso wenig zufällig aus wie Bilddateien. Wir benötigen daher eine Verallgemeinerung der Quellen nullter Ordnung. Häufig hängt die Wahrscheinlichkeit, daß ein bestimmtes Zeichen auftritt, vom Kontext ab, in dem es steht. In einer Markov-Quelle nullter Ordnung ist die Wahrscheinlichkeit des Auftretens eines bestimmten Zeichens fest vorgegeben und unabhängig von den vorhergehenden Zeichen; in Modellen höherer Ordnung dagegen darf die Auftrittswahrscheinlichkeit von diesen abhängen.

Ein Beispiel einer Markov-Quelle nullter Ordnung ist ein manipuliertes Roulette-Rad. Unterschiedliche Zeichen erscheinen mit unterschiedlichen Wahrscheinlichkeiten; ein Spiel hat keinerlei Einfluß auf das nächste.

Ein Beispiel einer Markov-Quelle erster Ordnung ist ein klebriges Roulette-Rad. Dies stellen wir uns so vor, daß in der Hälfte aller Spiele die Kugel bei dem Zeichen liegenbleibt, wo sie sich vorher befindet – sie bleibt kleben. In der anderen Hälfte der Spiele erscheint zufällig eins der anderen möglichen Zeichen. Das Rad hat somit eine Art Gedächtnis. Ein anderes Beispiel ist eine Reihe von Glücksrädern, von denen jedes die Zeichen des Alphabets mit einer Wahrscheinlichkeit liefert, die von dem jeweiligen Rad abhängt. Jedes Rad entspricht genau einem Zeichen des Alphabets, und das Rad, das dem jeweils letzten von der Quelle erzeugten Zeichen entspricht, wird zur Erzeugung des nächsten Ausgabezeichens gedreht.

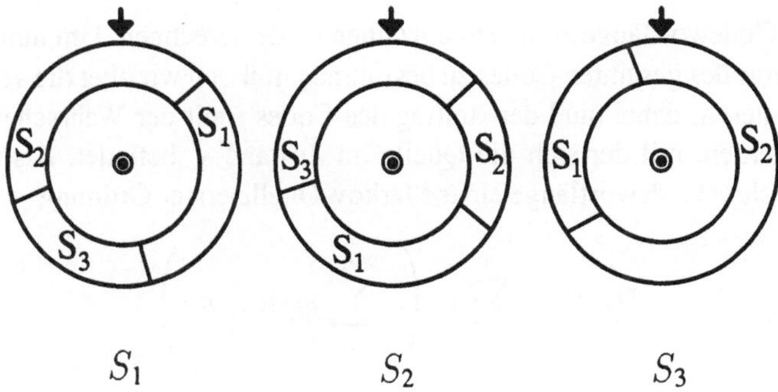

Abbildung 5.8 Diese Abbildung veranschaulicht eine Markov-Quelle erster Ordnung.

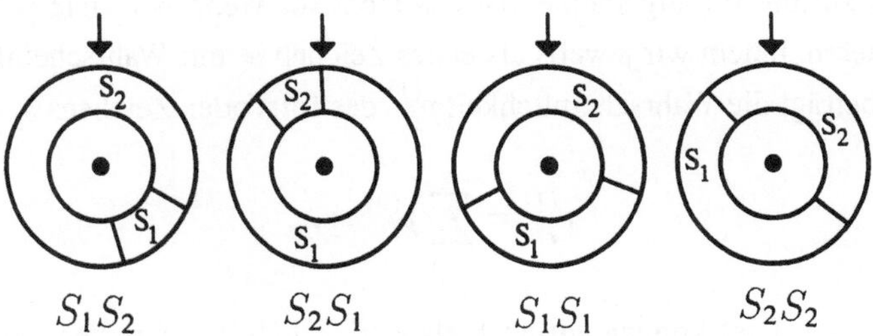

Abbildung 5.9 Diese Abbildung veranschaulicht eine Markov-Quelle zweiter Ordnung.

Definition Eine *Markov-Quelle erster Ordnung* ist definiert als ein Alphabet $S = \{s_1, \ldots, s_n\}$, ein Wahrscheinlichkeitsvektor $p = (p_1, \ldots, p_n)$ und eine Übergangsmatrix $M = (p_{ij})_{1 \leq i,j \leq n}$, in der p_{ij} die Wahrscheinlichkeit angibt, daß das Zeichen s_j auftreten wird, wenn zuletzt das Zeichen s_i aufgetreten ist. p_i ist die Wahrscheinlichkeit, daß das Zeichen s_i auftritt. Die Matrix M heißt auch *Markov-Matrix*.

Abbildung 5.8 zeigt eine Markov-Quelle erster Ordnung, Abbildung 5.9 eine Markov-Quelle zweiter Ordnung. Die Konstruktion eines Codes für eine Markov-Quelle erster Ordnung muß jedem Zustand einen Code zuweisen: Wenn sich die Quelle im Zustand s_i befindet und das nächste Zeichen s_j ist, erhalten wir das Ausgabezeichen, indem wir s_j in den zu s_i gehörenden Code eingeben. Das bedeutet, daß wir alle Übergangswahrscheinlichkeiten p_{ij} kennen müssen, um einen optimalen Code zu bestimmen.

Die kleinstmögliche mittlere Codewortlänge für den Code i ist gegeben durch

$$-\sum_{j=1}^{n} p_{ij} \log_r p_{ij}.$$

Zu gegegenen Übergangswahrscheinlichkeiten p_{ij} können wir mit Hilfe dieser Formel die mittlere Codewortlänge zu jedem einzelnen Code berechnen. Um nun die mittlere Codewortlänge des gesamten Codes zu bestimmen, müssen wir über die verschiedenen Codes summieren; dabei muß der Beitrag des Codes i mit der Wahrscheinlichkeit p_i gewichtet werden, mit der sich die Quelle im Zustand s_i befindet. Also beträgt die optimale mittlere Codewortlänge einer Markov-Quelle erster Ordnung

$$H_r(S) = \sum_{i=1}^{n} p_i \left(- \sum_{j=1}^{n} p_{ij} \log_r p_{ij} \right) .$$

Unsere obige Definition umfaßt die Wahrscheinlichkeiten p_i und die Übergangswahrscheinlichkeiten p_{ij}; bisher haben wir diese so betrachtet, als hätten sie nichts miteinander zu tun. Im allgemeinen ist das nicht so: Wenn wir viele solcher Systeme initialisieren, indem wir jeweils als erstes Zeichen s_i mit Wahrscheinlichkeit $p_i^{(0)}$ wählen, so beträgt die Wahrscheinlichkeit $p_j^{(1)}$ des folgenden Zeichens s_j

$$p_j^{(1)} = \sum_{i=1}^{n} p_i^{(0)} \cdot p_{ij}$$

für $j = 1, \ldots, n$. Dies können wir auch als $p^{(1)} = M^t p^{(0)}$ schreiben, wobei M^t die Transponierte der Markov-Matrix, also

$$M^t = \begin{pmatrix} p_{11} & p_{21} & \cdots & p_{n1} \\ p_{12} & p_{22} & \cdots & p_{n2} \\ \vdots & \vdots & \vdots & \vdots \\ p_{1n} & p_{2n} & \cdots & p_{nn} \end{pmatrix},$$

und $p^{(0)}$ der Spaltenvektor ist, dessen i-tes Element $p_i^{(0)}$ ist. Damit gelangen wir zu der folgenden Definition für den Fall, daß die Wahrscheinlichkeiten über die Zeit unverändert bleiben.

Definition Eine Markov-Quelle heißt *stationär*, wenn ihre Wahrscheinlichkeiten über die Zeit unverändert bleiben, d. h. $p = M^t p$, wobei p der Spaltenvektor ist, dessen i-tes Element p_i ist. M^t bezeichnet die Transponierte der Matrix M.

Übungen:

(1) Wie sieht die Markov-Matrix für eine Quelle mit drei Zeichen $\{A, B, C\}$ unter den folgenden Randbedingungen aus:

(a) Das Zeichen „A" folgt nie auf „B".

(b) Auf das Zeichen „C" folgt stets ein „A".

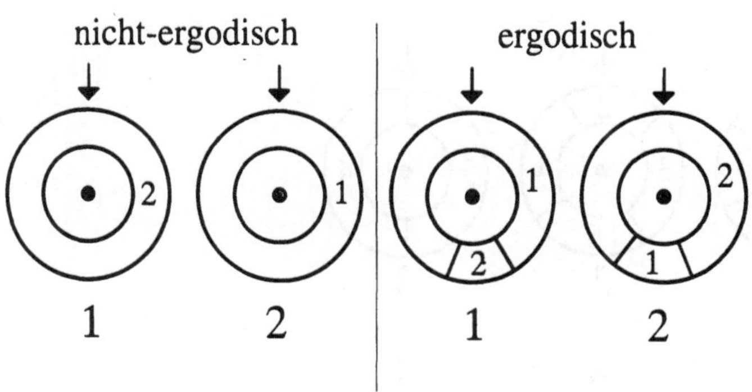

Abbildung 5.10 Diese Abbildung veranschaulicht zwei Markov-Quellen erster Ordnung, die beide aus einem Glücksrad konstruiert werden. Nur eine von beiden ist ergodisch.

(c) Alle gültigen Zustandsübergänge erfolgen mit gleicher Wahrscheinlichkeit.

Bestimme Wahrscheinlichkeiten p, so daß die zugehörige Markov-Quelle stationär ist.

(2) Konstruiere ein Beispiel einer Markov-Matrix für zwei Zeichen, so daß es zwei unterschiedliche Mengen von Wahrscheinlichkeiten gibt, die jeweils eine stationäre Markov-Quelle erzeugen.

Aussagen darüber, wie man zu einer Markov-Quelle höherer Ordnung einen effizienten Code finden kann, setzen oft voraus, daß diese *ergodisch* ist. Eine ergodische Quelle besitzt die Eigenschaft, daß die *meisten* langen Zeichenketten, die sie produziert, sich gleichartig verhalten. Um den Mittelwert über alle möglichen Anfangsbedingungen zu bestimmen, reicht es demnach aus, eine einzelne von der Quelle erzeugte Zeichenkette zu betrachten – sofern diese nur lang genug ist. Das Verhalten des Systems kann nicht in verschiedene Verhaltensweisen aufgeteilt werden, die jeweils verschiedenen Anfangsverteilungen der Wahrscheinlichkeiten $p^{(0)}$ entsprechen.

Wir erläutern den Begriff der ergodischen Quelle mit Hilfe eines speziellen Roulettes, dessen Kugel so klebrig ist, daß sie immer auf dem Zeichen liegen bleibt, auf das sie beim allerersten Mal gefallen ist. Die einzigen Zeichenketten, die von dieser Quelle erzeugt werden können, sind:

$$s_1 s_1 s_1 s_1 s_1 s_1 s_1 s_1 s_1 s_1 s_1 s_1 s_1 s_1 s_1 s_1 s_1 s_1 s_1 s_1 s_1 s_1 s_1 s_1 s_1 s_1 s_1 \cdots$$

$$s_2 s_2 s_2 s_2 s_2 s_2 s_2 s_2 s_2 s_2 s_2 s_2 s_2 s_2 s_2 s_2 s_2 s_2 s_2 s_2 s_2 s_2 s_2 s_2 s_2 s_2 s_2 \cdots$$

$$\vdots$$

$$s_n s_n s_n s_n s_n s_n s_n s_n s_n s_n s_n s_n s_n s_n s_n s_n s_n s_n s_n s_n s_n s_n s_n \cdots$$

Das Verhalten der Quelle ist in jedem Fall vollkommen anders, die Quelle also nicht ergodisch. Wenn wir die Aussage dahingehend abschwächen, daß die Kugel nicht zu

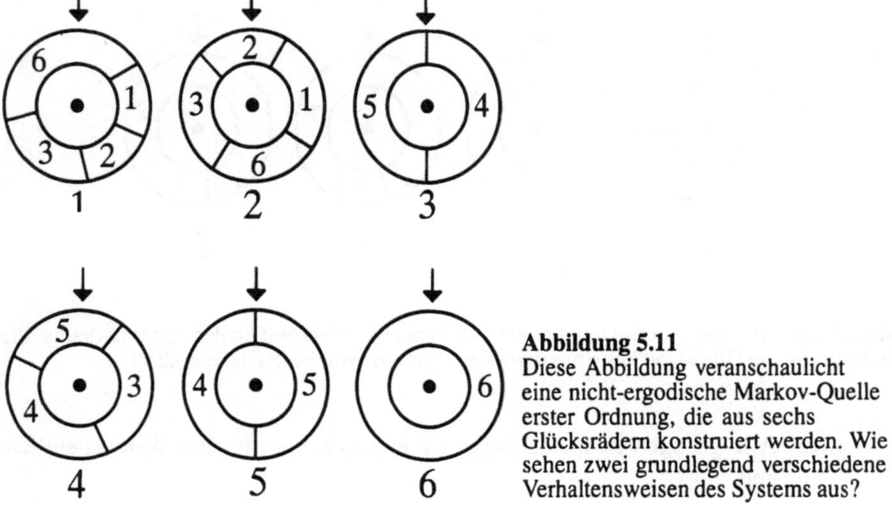

Abbildung 5.11
Diese Abbildung veranschaulicht
eine nicht-ergodische Markov-Quelle
erster Ordnung, die aus sechs
Glücksrädern konstruiert werden. Wie
sehen zwei grundlegend verschiedene
Verhaltensweisen des Systems aus?

100%, sondern nur zu 99,999% an ihrem Platz kleben bleibt, und so bei jedem Spiel
mit einer winzigen Wahrscheinlichkeit zulassen, daß die Kugel zu einem anderen Zeichen wechselt, ändert sich die Situation vollständig. Die Wahrscheinlichkeit, daß das
System in einer der beschriebenen Verhaltensweisen stecken bleibt, geht gegen Null,
wenn die Länge der produzierten Zeichenketten wächst. Das Verhalten der *meisten*
Zeichenketten ist im wesentlichen dasselbe und kann als typisch beschrieben werden;
die Quelle wird ergodisch – s. Abbildung 5.10 .

Ein anderes Beispiel einer nicht-ergodischen Markov-Quelle ist in Abbildung 5.11
zu sehen. Dort wird eine Quelle aus sechs Glücksrädern konstruiert, die die Zahlen
Eins, Zwei und Drei nur dann ausgeben kann, wenn sie noch nie eine Sechs erzeugt
hat. Es gibt also Paare von Zuständen, die nicht ineinander übergehen können.

Wir hätten gerne eine eindeutige Antwort auf die Frage, mit welcher Wahrscheinlichkeit wir uns in einem bestimmten Zustand befinden. Wenn die Quelle nicht ergodisch
ist, ergeben unterschiedliche Häufigkeiten unterschiedliche Werte; einige Bereiche
wären stärker komprimierbar als andere.

Die Wahrscheinlichkeit, in zwei Schritten vom Zustand s_i in den Zustand s_j überzugehen, ist eine Summe über alle möglichen Zwischenzustände:

$$\sum_{k=1}^{n} p_{ik}p_{kj}.$$

Dies ist genau der Eintrag (i, j) der Matrix M^2. Ein entsprechender Zusammenhang gilt
für den Übergang von Zustand s_i in den Zustand s_j in r Schritten: Die Wahrscheinlichkeiten sind die entsprechenden Einträge in M^r. Damit für eine Markov-Quelle erster
Ordnung nie ausgeschlossen ist, daß ein bestimmter Zustand angenommen werden

kann, und sie somit in einem nichttypischen Verhalten verharrt, verlangen wir, daß für irgendein r alle diese Wahrscheinlichkeiten positiv sind. Wir wollen Verhaltensweisen wie die folgende verhindern: Wir betrachten ein System mit zwei Zuständen A und B und der Übergangswahrscheinlichkeit von Eins zwischen diesen beiden; dann gibt es Übergänge von jedem Zustand in den anderen, aber dennoch nur zwei mögliche Orbits $ABABABABA\ldots$ und $BABABABAB\ldots$, die unendlich fortlaufen – sich nie treffend wie zwei weiße Läufer auf einem Schachbrett. Um ein solches Verhalten auszuschließen, verlangen wir von M die folgende Eigenschaft.

Definition Die Markov-Matrix M heißt *irreduzibel*, wenn es ein $r \in I\!N$ gibt, so daß für $M^r = (a_{ij})_{1 \leq i,j \leq n}$ alle Einträge $a_{ij} > 0$ sind.

Satz 5.6 *Wenn die Matrix M irreduzibel ist, dann gibt es einen eindeutigen Wahrscheinlichkeitsvektor p, so daß $M^t p = p$.*

Beweis   Siehe beispielsweise [WF]. $\qquad\qquad\square$

Anders ausgedrückt: Wenn eine Markov-Quelle erster Ordnung irreduzibel ist, gibt es einen eindeutigen Vektor p, so daß die Quelle stationär ist.

Definition Eine Markov-Quelle erster Ordnung heißt *ergodisch*, wenn sie irreduzibel und stationär ist.

Fügen wir diese beiden Definitionen und die vorangegangene Berechnung der Entropie zusammen, erhalten wir den folgenden Satz.

Satz 5.7 *Wenn eine Markov-Quelle erster Ordnung ergodisch ist, beträgt die bestmögliche mittlere Codewortlänge für ein binäres Ausgabe-Alphabet*

$$H(S) = -\sum_{i=1}^{n} p_i \left(\sum_{j=1}^{n} p_{ij} \log_2 p_{ij} \right). \tag{5.3}$$

Beispiele:

(i) Man kann überprüfen, daß für die Markov-Quelle erster Ordnung mit der Übergangsmatrix

$$M = \begin{pmatrix} 0 & 1 \\ 1 & 0 \end{pmatrix}$$

$M^r = M$ ist, wenn r ungerade, und

$$M^r = \begin{pmatrix} 1 & 0 \\ 0 & 1 \end{pmatrix},$$

wenn r gerade ist. Die Einträge von M sind nie alle positiv; die Matrix ist also nicht irreduzibel, und die Quelle kann nicht ergodisch sein.

(ii) Für die Markov-Quelle erster Ordnung, deren Übergangsmatrix

$$M = \begin{pmatrix} \frac{1}{2} & \frac{1}{2} \\ 0 & 1 \end{pmatrix}$$

ist, gilt

$$M^r = \begin{pmatrix} \frac{1}{2^r} & 1 - \frac{1}{2^r} \\ 0 & 1 \end{pmatrix}.$$

Da der linke untere Eintrag nie positiv ist, kann die Quelle nicht ergodisch sein.

(iii) Die Markov-Quelle erster Ordnung mit Übergangsmatrix

$$M = \begin{pmatrix} \frac{1}{2} & \frac{1}{2} \\ \frac{1}{3} & \frac{2}{3} \end{pmatrix}$$

ist ergodisch, da alle Übergangswahrscheinlichkeiten positiv sind. Die Wahrscheinlichkeiten p_1 und p_2 können bestimmt werden, indem man die Eigenwertgleichung $M^t p = p$ unter der Randbedingung $p_1 + p_2 = 1$ löst. Wir erhalten $p_1 = \frac{2}{5}$ und $p_2 = \frac{3}{5}$ als Ergebnis. Die Entropie der Quelle, gemessen in Bit, beträgt dann nach Gleichung 5.3

$$H(S) = \sum_{i=1}^{n} p_i \left(-\sum_{j=1}^{n} p_{ij} \log_2 p_{ij} \right)$$

$$= \frac{2}{5} \left(\frac{1}{2} \log_2 2 + \frac{1}{2} \log_2 2 \right) + \frac{3}{5} \left(\frac{1}{3} \log_2 3 + \frac{2}{3} \log_2 \frac{3}{2} \right) \approx 0{,}95.$$

Anders als bei den formalen Modellen, wie wir sie hier definieren, bezieht sich Information in der Realität nicht notwendigerweise auf ein einzelnes Zeichen. Wir können die wirkliche Information jedoch durch die geeignete Wahl eines Modells annähern. Als Beispiel können wir versuchen, eine Quelle erster Ordnung durch eine Quelle nullter Ordnung zu modellieren, indem wir die Übergangswahrscheinlichkeiten vernachlässigen.

Was passiert, wenn wir dieses Beispiel als Quelle nullter Ordnung modellieren? Die beste Näherung wäre durch die Wahl $p_1 = \frac{2}{5}, p_2 = \frac{3}{5}$ und Vernachlässigen der Terme höherer Ordnung gegeben. Berechnen wir die Entropie auf diese Weise, so erhalten wir

$$H(S) = \frac{2}{5} \log_2 \frac{5}{2} + \frac{3}{5} \log_2 \frac{5}{3} \approx 0{,}97.$$

Die Entropie ist also gestiegen, die Komprimierbarkeit gesunken.

In der Praxis sind wir mitunter nicht in der Lage zu zeigen, daß eine bestimmte Quelle ergodisch ist. Glücklicherweise benötigt unsere Codierung einer Markov-Quelle jedoch nicht die Ergodizität. Die Bedingung, daß eine Quelle ergodisch sein muß, ergibt sich nur, wenn wir die Effizienz einer Codierung vorhersagen wollen.

Zu einer allgemeinen Markov-Quelle gibt es auch einen entsprechenden Begriff der Erweiterung. Markov-Quellen höherer Ordnung gründen die Wahrscheinlichkeit, daß ein bestimmtes Zeichen auftritt, auf eine Anzahl von Vorgängern. So ist beispielsweise die Wahrscheinlichkeit eines „d" in einem deutschen Text erheblich größer, wenn die vorangegangenen Buchstaben „un" waren, als aus der Tatsache vorhergesagt werden könnte, daß der letzte Buchstabe ein „n" war. Durch Recodierung können zum Glück Quellen höherer Ordnung auf ein bereits gelöstes Problem zurückgeführt werden: Sie entsprechen Quellen erster Ordnung mit größeren Alphabeten.

Der Trick besteht darin, daß wir die Folge $s_1 s_2 s_3 s_4 \ldots$ als neue Folge des Alphabets S^2 in der Form $(s_1 s_2)(s_2 s_3)(s_3 s_4) \ldots$ recodieren. Die Übergangswahrscheinlichkeit des Paars $(s_i s_j)$ zu $(s_k s_l)$ ist Null, außer wenn $s_j = s_k$. In diesem Fall ist die Wahrscheinlichkeit die, daß s_l auftritt, wenn die vorangegangenen Zeichen s_i und s_j waren. Die Verallgemeinerung für längere Korrelationen ist offensichtlich. Indem wir zu Erweiterungen übergehen, können wir die optimale Komprimierung beliebig gut annähern. Die Ergebnisse sind in dem folgenden Satz zusammengefaßt.

Satz 5.8 (Satz von Shannon über störungsfreie Codierung) *Wenn S eine ergodische Markov-Quelle ist, gilt für die mittlere Codewortlänge jedes Präfix-Codes mit einem Ausgabe-Alphabet aus r Zeichen $l_{av} \geq H_r(S)$. Indem wir zur k-ten Erweiterung übergehen, können wir einen Präfix-Code finden, dessen mittlere Länge pro Eingabezeichen die Ungleichung $l_{av} \leq H_r(S) + \frac{1}{k}$ erfüllt.*

Beweis   Siehe [RH].   □

Übungen:

(1) Es gebe eine Zahl $r \in I\!N$, so daß für $M^r = (a_{ij})_{1 \leq i,j \leq n}$ alle Einträge $a_{ij} > 0$ sind. Zeige, daß es dann auch ein $r' < n$ mit dieser Eigenschaft gibt.

(2) Wenn wir die Ordnung einer Markov-Quelle erhöhen, verbessern wir die asymptotische Komprimierung und nehmen ein komplizierteres Modell in Kauf. Wir betrachten ein Bild, das als Folge von Pixel-Werten mit je 8 Bit, z. B. 256 Graustufen, gespeichert ist. Wieviel Speicherplatz wird benötigt, um die Bildwahrscheinlichkeiten als Markov-Quelle erster Ordnung auszudrücken?

5.9 Kompression mit Huffman-Codes

Eine Möglichkeit, Codes für eine ergodische Markov-Quelle zu erzeugen, besteht in der Definition eines Shannon-Fano-Codes für jeden Zustand. Besser ist es jedoch, jedem Zustand einen Huffman-Code zuzuweisen, wie er in diesem Unterkapitel beschrieben wird. Diese Codierung kann auch angewandt werden, wenn die Markov-Quelle nicht ergodisch ist; die mittlere Länge der Codierung kann dann allerdings nicht mehr durch den obigen Satz abgeschätzt werden.

Während die Shannon-Fano-Codierung auf einem Teilungsprozeß beruht, werden Huffman-Codes durch einen Verschmelzungs-Algorithmus bestimmt. Bei einem Shannon-Fano-Code beginnen wir mit einem einzelnen Knoten und fügen an diesen Kinder an; bei einem Huffman-Code werden viele kleine Bäume nach und nach zu einem einzigen großen Baum zusammengefügt. Wie schon bei den Shannon-Fano-Codes werden wir uns wieder auf ein binäres Ausgabe-Alphabet für die Codierung beschränken. Der Algorithmus besteht aus folgenden Schritten:

Schritt 1. Ordne die Zeichen nach der Wahrscheinlichkeit ihres Auftretens.

Schritt 2. Bilde aus den beiden Zeichen mit kleinstem Gewicht einen Baum, dessen Kinder mit Null bzw. Eins markiert werden.

Schritt 3. Entferne diese beiden Zeichen aus der Liste und füge stattdessen ein neues Zeichen für den soeben konstruierten Baum hinzu. Das Gewicht dieses Zeichens ist die Summe der Gewichte der beiden Kinder.

Schritt 4. Bilde aus den beiden Zeichen mit kleinstem Gewicht in der aktualisierten Liste einen Baum, dessen Kinder mit Null bzw. Eins markiert werden. Dieser Baum kann zwei andere Zeichen oder auch ein Zeichen und den soeben konstruierten Baum enthalten.

Schritt 5. Wiederhole diese Prozedur, bis ein einziger großer Baum gebildet ist.

In jedem Verschmelzungsschritt müssen wir entscheiden, welches Kind wir mit Null und welches mit Eins markieren. Diese Entscheidung ist willkürlich, so daß der Huffman-Baum nicht eindeutig bestimmt ist. Wenn zwei Knoten oder Teilbäume dasselbe Gewicht haben, tritt ein wichtigerer Fall von Nicht-Eindeutigkeit auf. Dann ist nicht nur zwischen Zeichen, sondern auch zwischen Teilbäumen, die von dem Algorithmus ja wie einzelne Zeichen behandelt werden, unentschieden, welche aufgrund ihrer Auftretens-Wahrscheinlichkeit ausgewählt werden. Eine gute Heuristik besteht in diesem Fall darin, den kleineren von zwei wählbaren Teilbäumen zuerst zu behandeln. Dazu werden die neu gebildeten Bäume jeweils an das Ende der Liste angefügt, und diese wird von ihrem Anfang her nach zu verknüpfenden Paaren durchsucht. Die Begründung für diese Heuristik wird in den Übungen näher untersucht.

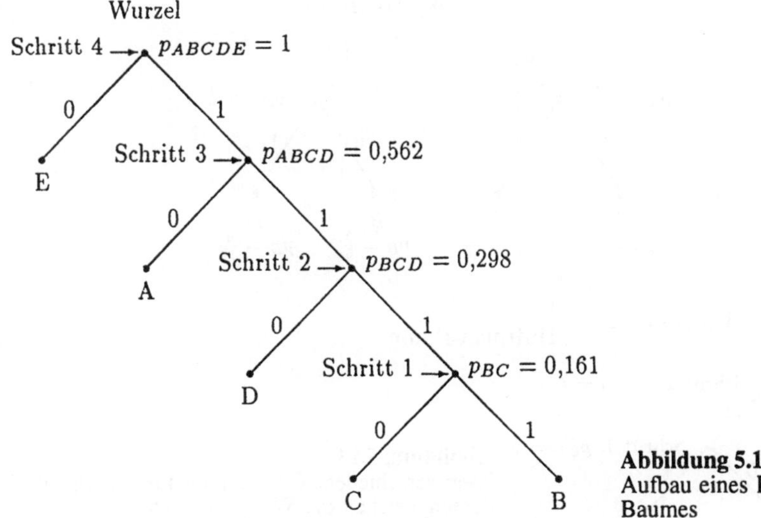

Abbildung 5.12
Aufbau eines Huffman-Baumes

Beispiele:

(i) Wir betrachten die fünf Zeichen $\{A, B, C, D, E\}$ mit den Wahrscheinlichkeiten

$$p_A = 0{,}264, \quad p_B = 0{,}053, \quad p_C = 0{,}108, \quad p_D = 0{,}137, \quad p_E = 0{,}438.$$

Dies sind nach [RL] die (renormierten) Wahrscheinlichkeiten für die ersten fünf Buchstaben des Alphabets in englischen Texten (s. auch Tabelle 5.3 auf Seite 142). Die Schritte zum Aufbau eines Huffman-Baums für diese Wahrscheinlichkeiten sind in Abbildung 5.12 veranschaulicht.

Schritt 1. Bilde aus $\{B, C\}$ einen Baum mit Gewicht $p_{BC} = 0{,}161$. Dabei ist p_{BC} die Wahrscheinlichkeit, daß entweder das Zeichen B oder das Zeichen C auftritt.

Schritt 2. Bilde aus BC und D einen Baum mit Gewicht $p_{BCD} = 0{,}298$.

Schritt 3. Bilde aus A und BCD einen Baum mit Gewicht $p_{ABCD} = 0{,}562$.

Schritt 4. Bilde den vollständigen Baum aus $ABCD$ und E.

Die Codierung lautet dann:

$$A \rightarrow 10, \quad B \rightarrow 1111, \quad C \rightarrow 1110, \quad D \rightarrow 110, \quad E \rightarrow 0.$$

(ii) Welche Vorteile hat ein Huffman-Code gegenüber einem Shannon-Fano-Code?

(a) Der Vereinigungsprozeß ist einfach und schnell. Die beiden Knoten mit kleinstem Gewicht können in linearer Zeit bestimmt werden, während für den Shannon-Fano-Code eine Aufteilung der Zeichen in zwei Mengen möglichst gleicher Wahrscheinlichkeit benötigt wird.

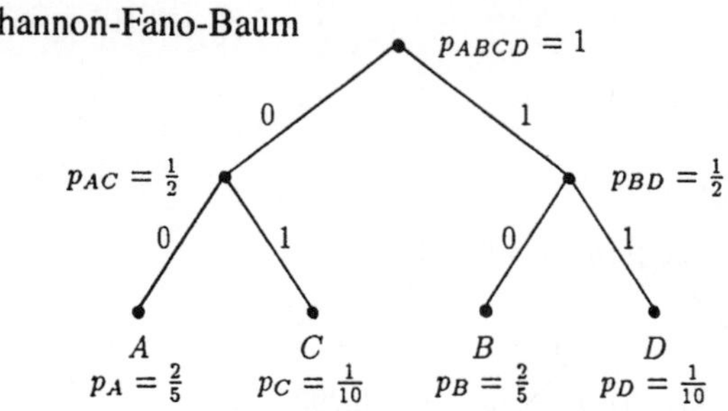

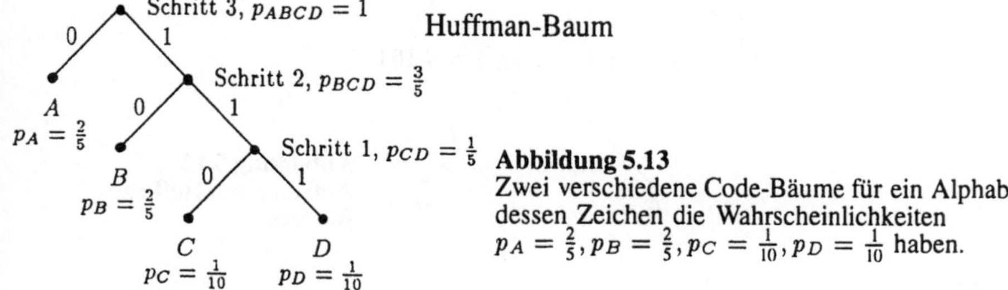

Abbildung 5.13
Zwei verschiedene Code-Bäume für ein Alphabet,
dessen Zeichen die Wahrscheinlichkeiten
$p_A = \frac{2}{5}, p_B = \frac{2}{5}, p_C = \frac{1}{10}, p_D = \frac{1}{10}$ haben.

(b) Huffman-Codes sind für eine gegebene Menge von Wahrscheinlichkeiten meist kürzer als Shannon-Fano-Codes.

In Abbildung 5.13 sind zwei verschiedene Code-Bäume für ein Alphabet zu sehen, dessen Zeichen die Wahrscheinlichkeiten $p_A = \frac{2}{5}, p_B = \frac{2}{5}, p_C = \frac{1}{10}, p_D = \frac{1}{10}$ haben. Der erste Baum stellt die Codierung dar, die mittels des Shannon-Fano-Algorithmus erzeugt wird. Die mittlere Länge eines Codewortes, in Bit gemessen, beträgt hier

$$l_{av} = 2\left(\frac{2}{5}\right) + 2\left(\frac{2}{5}\right) + 2\left(\frac{1}{10}\right) + 2\left(\frac{1}{10}\right) = 2.$$

Um aus demselben Alphabet mit dem Huffman-Algorithmus einen Baum aufzubauen, führen wir die folgenden Schritte aus:

Schritt 1. Bilde aus C und D einen Teilbaum mit Gewicht $p_{CD} = \frac{1}{5}$.

Schritt 2. Bilde aus CD und B einen Teilbaum mit Gewicht $p_{BCD} = \frac{3}{5}$.

Schritt 3. Bilde den vollständigen Baum aus BCD und A.

Der Huffman-Code liefert so eine mittlere Länge der Codewörter von nur 1,8 Bit:

$$l_{av} = \frac{2}{5} + 2\left(\frac{2}{5}\right) + 3\left(\frac{1}{10}\right) + 3\left(\frac{1}{10}\right) = 1{,}8.$$

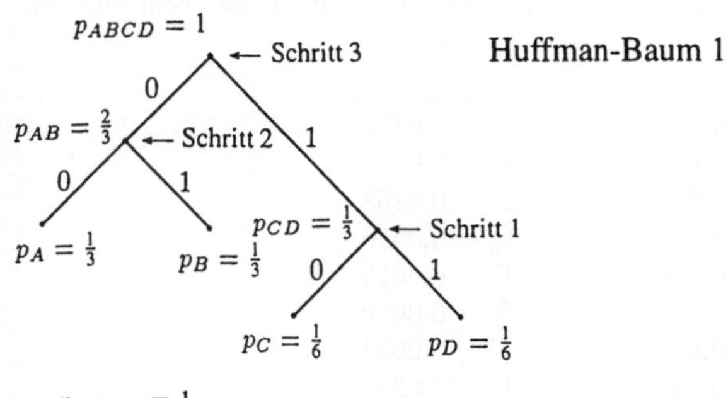

Huffman-Baum 1

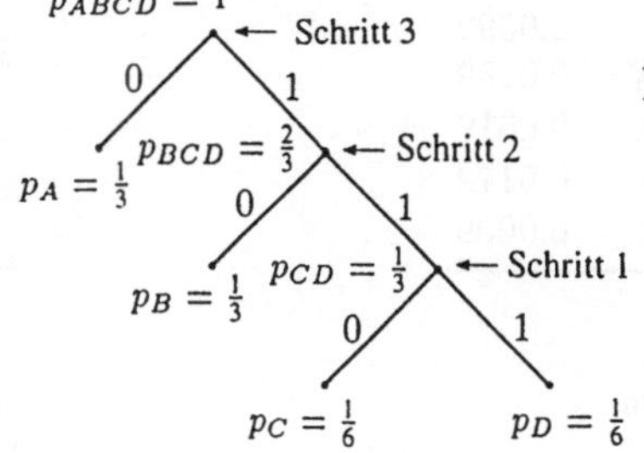

Huffman-Baum 2

Abbildung 5.14
Diese Abbildung zeigt zwei gültige
Huffman-Codes für die Wahrscheinlichkeiten
$p_A = p_B = \frac{1}{3}, p_C = p_D = \frac{1}{6}$.

Übungen:

(1) Der vorgestellte Huffman-Algorithmus läßt die Frage offen, was im Fall gleicher Knotengewichte geschieht; unterschiedliche Entscheidungen können unterschiedliche Codierungen ergeben. Das folgende Beispiel spricht für die bereits erwähnte Heuristik. Abbildung 5.14 zeigt zwei gültige Huffman-Codes für die Wahrscheinlichkeiten $p_A = p_B = \frac{1}{3}, p_C = p_D = \frac{1}{6}$.

(a) Berechne die mittlere Codewortlänge in beiden Codes.

(b) Berechne die Varianz der Codewortlängen für beide Codes. Die *Varianz* einer Folge von Zahlen $x_1, \ldots, x_n$ ist definiert als die mittlere quadratische Abweichung von ihrem Mittelwert, also

$$\frac{1}{n} \sum_{i=1}^{n} (x_i - \bar{x})^2.$$

(c) Interpretiere das Ergebnis.

(2) Bestimme mit Hilfe von Tabelle 5.3 einen Huffman-Code für englische Texte.

(a) Wie lang ist die mittlere Codewortlänge in dem so konstruierten Code?

(b) Wie groß ist die Entropie eines englischen Textes in der Beschreibung als Markov-Quelle nullter Ordnung?

(c) Was läßt sich über die Komprimierbarkeit englischer Texte sagen?

Tabelle 5.3 Die Auftretens-Wahrscheinlichkeiten der 26 Buchstaben in englischem Text. Wie sähe diese Tabelle für Deutsch aus?

A	0.0761	N	0.0711
B	0.0154	O	0.0765
C	0.0311	P	0.0203
D	0.0395	Q	0.0010
E	0.1262	R	0.0615
F	0.0234	S	0.0650
G	0.0195	T	0.0933
H	0.0551	U	0.0272
I	0.0734	V	0.0099
J	0.0015	W	0.0189
K	0.0065	X	0.0019
L	0.0411	Y	0.0172
M	0.0254	Z	0.0009

A → • −
B → − • • •
C → − • − •
D → − • •
E → •
F → • • − •
G → − − •
H → • • • •
I → • •
J → • − − −
K → − • −
L → • − • •
M → − −

N → − •
O → − − −
P → • − − •
Q → − − • −
R → • − •
S → • • •
T → −
U → • • −
V → • • • −
W → • − −
X → − • • −
Y → − • − −
Z → − − • •

Abbildung 5.15
Das Morsealphabet ist eines der ersten Beispiele einer Codierung, die Häufigkeiten berücksichtigt. Warnung: Die Pause zwischen Buchstaben ist Teil der Codierung! Die Länge eines Codewortes berechnet sich bei normaler Taktrate als $4 \times$ (Anzahl der $-$) $+ 2 \times$ (Anzahl der •) $+ 2$. Ein Strich dauert dreimal so lange wie ein Punkt, eine Pause von der Länge eines Punktes trennt Zeichen, und eine Pause von drei Punkten Länge trennt Buchstaben voneinander [HK92].

(3) Abbildung 5.15 zeigt das Morsealphabet. Eine genaue Umrechnung von Morsezeichenlängen in Bits ist schwierig, wir können jedoch relative Längen vergleichen. Vergleiche die Zeichenlängen im Morse-Code mit denen in einem idealen Code; benutze dazu die in der Bildunterschrift angegebene Formel für die Dauer eines Morsezeichens.

Der Algorithmus zur Erzeugung eines Huffman-Codes läßt sich auf einem Personal-Computer gut veranschaulichen. Ein entsprechendes C-Programm findet sich in Anhang B.4 auf Seite 191.

5.10 Adressen auf Fraktalen

Dieses Unterkapitel kann beim ersten Lesen übersprungen werden; wir haben es hier eingefügt, weil es für die arithmetische Kompressionsmethode aus der Sicht der IFS von Bedeutung ist. Unser Ziel ist hier, die Definition und Struktur des *Coderaumes* Σ über N Zeichen in Erinnerung zu bringen und den Zusammenhang zu Adressen auf Fraktalen zu beschreiben. Die Zeichen des Coderaumes sind die Zahlen $\{1, \ldots, N\}$. Ein typischer Punkt in Σ ist ein einseitig unendliches Wort, wie z. B.

$$\sigma = 2\ 17\ 0\ 0\ 1\ 21\ 15\ N\ 30 \ldots$$

Diese Folge enthält unendlich viele Zeichen. Allgemein kann man ein Element $\sigma \in \Sigma$ als

$$\sigma = \sigma_1 \sigma_2 \sigma_3 \sigma_4 \sigma_5 \sigma_6 \sigma_7 \sigma_8 \ldots$$

mit $\sigma_i \in \{1, \ldots, N\}$ für alle i schreiben.

Definition Sei $\{\mathbf{X}; w_1, \ldots, w_N\}$ ein hyperbolisches IFS. Der *zu diesem IFS gehörige Coderaum* (Σ, d_C) ist definiert als der Coderaum auf N Zeichen $\{1, \ldots, N\}$ mit der Metrik

$$d_C(\sigma, \omega) := \sum_{i=1}^{\infty} \frac{|\sigma_i - \omega_i|}{(N+1)^i} \quad \text{für alle } \sigma, \omega \in \Sigma.$$

Man kann zeigen, daß (Σ, d_C) tatsächlich ein metrischer Raum ist. Außerdem kann man nachweisen, daß d_C äquivalent zu der Metrik d_E auf Σ ist, die durch

$$d_E(\sigma, \omega) := \left| \sum_{i=1}^{\infty} \frac{\sigma_i - \omega_i}{(N+1)^i} \right| \quad \text{für alle } \sigma, \omega \in \Sigma$$

definiert ist.

Wir betrachten nun das IFS $\{\mathbf{X}; w_1, w_2\}$, dessen Attraktor A sei. Dann ist $A = w_1(A) \cup w_2(A)$ und daher

$$w_1(A) = w_1(w_1(A)) \cup w_1(w_2(A)) \text{ und } w_2(A) = w_2(w_1(A)) \cup w_2(w_2(A)).$$

Also gilt

$$A = w_1(w_1(A)) \cup w_1(w_2(A)) \cup w_2(w_1(A)) \cup w_2(w_2(A)).$$

Durch Induktion können wir dann herleiten, daß für alle $M \in I\!N$

$$A = \bigcup_{\sigma_1, \ldots, \sigma_M = 1}^{2} w_{\sigma_1}(w_{\sigma_2}(\ldots w_{\sigma_M}(A))) \tag{5.4}$$

gilt. Die Vereinigung wird hier über alle endlichen Folgen $\sigma_1 \ldots \sigma_M$ mit $\sigma_i \in \{1,2\}$ gebildet. Das bedeutet, daß für jedes $M \in I\!N$ jeder Punkt des Attraktors A zu mindestens einer der Mengen $w_{\sigma_1}(w_{\sigma_2}(\ldots w_{\sigma_M}(A)))$ gehört. Wenn wir nun ausnutzen, daß die beiden Transformationen w_1 und w_2 kontrahierend sind, kann man zeigen, daß die Größe der Menge $w_{\sigma_1}(w_{\sigma_2}(\ldots w_{\sigma_M}(A)))$ gegen Null geht, wenn M gegen unendlich geht, d. h.

$$\lim_{M \to \infty} \max_{x,y \in A} d_C(w_{\sigma_1}(w_{\sigma_2}(\ldots w_{\sigma_M}(x))), w_{\sigma_1}(w_{\sigma_2}(\ldots w_{\sigma_M}(y)))) = 0$$

für jeden Punkt $\sigma \in \Sigma, \sigma = \sigma_1 \ldots \sigma_M \sigma_{M+1} \ldots$ und $\sigma_i \in \{1,2\}$. Wir erhalten also

$$\lim_{M \to \infty} w_{\sigma_1}(w_{\sigma_2}(\ldots w_{\sigma_M}(A))) = a,$$

wobei $a \in A$ ein einzelner Punkt ist. Beachte, daß der Grenzwert hier über eine fallende Folge von Mengen gebildet wird: Jede der Mengen ist in der vorhergehenden enthalten. Die Konvergenz gegen einen einzigen Punkt $a \in A$, den einzigen Punkt, der zu allen Mengen gehört, ist sichergestellt, weil jede der Mengen kompakt ist. Wir können daher die Folge $\sigma_1 \ldots \sigma_M$ eine *Adresse* des Punktes $a \in A$ nennen. Die Gleichung 5.4 besagt, daß jeder Punkt in A mindestens eine Adresse besitzt. Wenn darüber hinaus die beiden Mengen disjunkt sind, d. h. $w_1(A) \cap w_2(A) = \emptyset$, kann man zeigen, daß jeder Punkt in A genau eine Adresse besitzt; s. [FE].

Diese Beobachtungen können leicht für den Fall hyperbolischer IFS $\{\mathbf{X}; w_1, \ldots, w_N\}$, die aus mehr als zwei Transformationen bestehen, verallgemeinert werden. Tatsächlich kann man recht allgemein eine stetige Transformation φ von dem zu einem IFS gehörigen Coderaum auf den Attraktor des IFS konstruieren, wie der folgende Satz besagt.

Satz 5.9 (Adreßsatz) *Seien* $(\mathbf{X}, d)$ *ein vollständiger metrischer Raum,* $\{\mathbf{X}; w_1, \ldots, w_N\}$ *ein hyperbolisches IFS und A dessen Attraktor. Sei weiter* (Σ, d_C) *der zu diesem IFS gehörige Coderaum. Für alle* $\sigma \in \Sigma, n \in I\!N$ *und* $x \in \mathbf{X}$ *sei*

$$\varphi(\sigma, n, x) := w_{\sigma_1}(w_{\sigma_2}(\ldots w_{\sigma_n}(x))).$$

Dann existiert

$$\varphi(\sigma) := \lim_{n \to \infty} \varphi(\sigma, n, x)$$

als Element von A unabhängig von der Wahl von $x \in \mathbf{X}$. *Wenn K eine kompakte Teilmenge von* $\mathbf{X}$ *ist, konvergiert die Folge gleichmäßig für alle* $x \in K$. *Die so definierte Funktion* $\varphi : \Sigma \to A$ *ist stetig und surjektiv.*

Beweis   Siehe [JH, FE].   □

Der Adreßsatz erlaubt es uns, die Definition der Adresse eines Punktes im Attraktor eines IFS wie folgt zu formalisieren.

Definition Seien $\{\mathbf{X}; w_1, \ldots, w_N\}$ ein hyperbolisches IFS mit zugehörigem Coderaum Σ und $\varphi : \Sigma \to A$ die im Adreßsatz konstruierte stetige Funktion. Eine *Adresse* eines Punktes $a \in A$ ist ein beliebiges Element der Menge

$$\varphi^{-1}(a) = \{\sigma \in \Sigma : \varphi(\sigma) = a\} \, .$$

Diese Menge wird *Adreßmenge* von $a \in A$ genannt.

Das Thema der Adressen auf Fraktalen wird ausführlicher in [FE] behandelt.

Ein bedeutender Fall besteht darin, daß jeder Punkt des Attraktors genau eine Adresse besitzt; dann ist A total unzusammenhängend. Ein anderer Fall liegt vor, wenn die Menge der Punkte, die mehr als eine Adresse besitzen, relativ klein oder unbedeutend ist, was man mit Mitteln der Maßtheorie ausdrückt. So kann beispielsweise ein Borel-Maß μ auf dem Attraktor definiert sein, und es läßt sich mitunter sagen, daß die Punkte $a \in A$, die mehr als eine Adresse haben, eine Nullmenge bilden. Genau diese Situation tritt im folgenden Unterkapitel ein.

5.11 Arithmetische Kompression und IFS-Fraktale

In diesem Unterkapitel wollen wir zeigen, wie eine optimale verlustfreie Kompression mit Hilfe fraktaler Geometrie erzielt werden kann. Dies geschieht, indem wir ein IFS-Fraktal konstruieren und einen Punkt in diesem Fraktal bestimmen, dessen Adresse durch die Eingabedatei bestimmt ist. Um diese Datei zu komprimieren, wandeln wir die Adresse des Punkts in die euklidische Darstellung um. Den Punkt seinerseits bestimmen wir mit Hilfe des Chaos-Spiel-Algorithmus. Was könnte schöner sein, als diese wilde Theorie, die im Mittelpunkt des Verstehens von Chaos steht, zu benutzen, um eine optimale Kompression zu erreichen? Es scheint, als blickten wir ins Herz der Angelegenheit.

Zu Beginn wollen wir noch auf einen Nachteil der Huffman-Codes hinweisen, daß nämlich die Länge der Codewörter ganzzahlig ist. Anstelle der theoretisch möglichen optimalen Codewortlänge von $-p \log p$ wird nur die nächstgrößere ganze Zahl als Länge erreicht. Im Extremfall eines Datenstroms aus nur zwei Zeichen kann keine Kompression vorgenommen werden, ohne daß man zu einem komplizierteren Modell – wie beispielsweise Erweiterungen – übergeht. Arithmetische Codes erlauben uns, dieses Problem elegant zu umgehen, so daß eine Kompression erzielt wird, die beliebig nahe an der Entropie liegt und außerdem die Zeichen einzeln nacheinander codiert; s. [MN, WNC]. Es zeigt sich, daß diese optimale Kompressionsmethode eng verwandt ist mit den IFS und dem Chaos-Spiel-Algorithmus.

Wir betrachten eine Markov-Quelle nullter Ordnung, die die Zeichen $1, \ldots, n$ mit den unabhängigen Wahrscheinlichkeiten $p_1, \ldots, p_n$ erzeugt. Um die Zeichenketten, die von dieser Quelle erzeugt werden, komprimieren zu können, betrachten wir das IFS

$$\{[0, 1] \subset I\!R; w_1, \ldots, w_n\},$$

wobei die Transformation

$$w_i : [0, 1] \longrightarrow [0, 1]$$
$$x \longmapsto p_i x + t_i$$

mit

$$t_i = p_{i-1} + p_{i-2} + \cdots + p_1 \text{ und } t_1 = 0$$

für $i = 1, \ldots, n$ eine kontrahierende affine Abbildung ist. Dann ist

$$[0, 1] = \bigcup_{i=1}^{n} w_i([0, 1]),$$

so daß $[0, 1]$ der Attraktor dieses IFS ist. Tatsächlich ist dieses IFS *soeben berührend (just touching)* – s. [FE] –, weil

$$[0, 1) = \bigcup_{i=1}^{n} w_i([0, 1))$$

und

$$w_i([0, 1)) \cap w_j([0, 1)) = \emptyset \text{ für } i \neq j.$$

Sei nun $\sigma = \sigma_1 \sigma_2 \ldots \sigma_k \ldots$ eine Zeichenkette, die von dieser Quelle erzeugt wird. Dann erzeugt die arithmetische Codierung zunächst eine Folge von Punkten $\{x_0, x_1, \ldots, x_k, \ldots\} \subset I\!R$. Dies geschieht nach dem folgenden Algorithmus.

Schritt 1. Wähle $x_0 \in [0, 1)$ beliebig.

Schritt 2. Wende die Transformation w_{σ_1}, entsprechend dem ersten Zeichen der Zeichenkette σ_1, auf den Punkt x_0 an. Das Ergebnis ist der neue Punkt $x_1(x_0) = w_{\sigma_1}(x_0) \in [0, 1]$.

Schritt 3. Wende die Transformation w_{σ_2}, entsprechend dem Zeichen σ_2, auf den Punkt x_1 an. Das Ergebnis ist der neue Punkt $x_2(x_0) = w_{\sigma_2}(x_1) = w_{\sigma_2}(w_{\sigma_1}(x_0))$.

Schritt 4. Erzeuge auf diese Weise eine Folge von Punkten $\{x_0, x_1, \ldots, x_k, \ldots\} \subset [0, 1]$ mit $x_k(x_0) = w_{\sigma_k}(\ldots(w_{\sigma_1}(x_0))$.

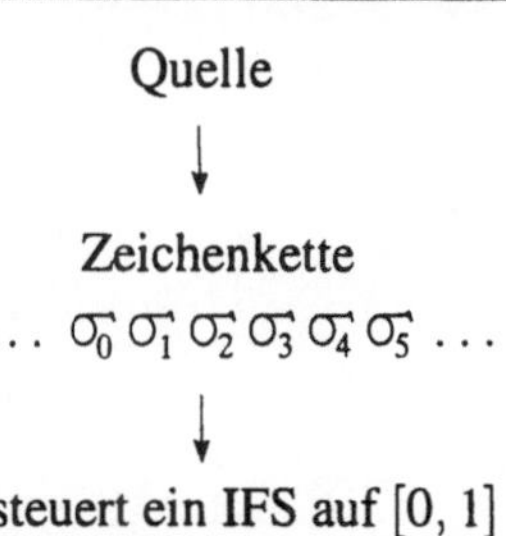

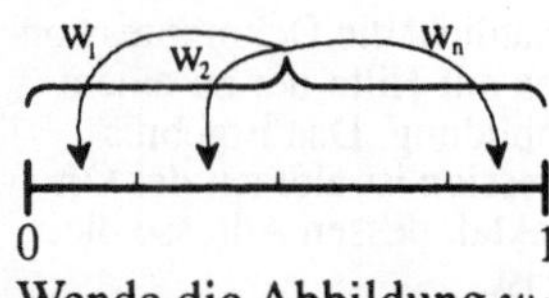

Wende die Abbildung w_j
an, wenn das letzte
Zeichen j ist.

Abbildung 5.16
Diese Abbildung veranschaulicht, wie eine Markov-Quelle nullter
Ordnung verwendet werden kann, um ein IFS zu steuern. Das
Vorgehen erzeugt einen wilden Orbit im Intervall $[0, 1]$, der im
Punkt x_k endet. Der Vorwärts-Orbit von x_k stellt die ursprünglich
von der Quelle erzeugte Zeichenkette wieder her; die Eingabe
wird durch x_k codiert.

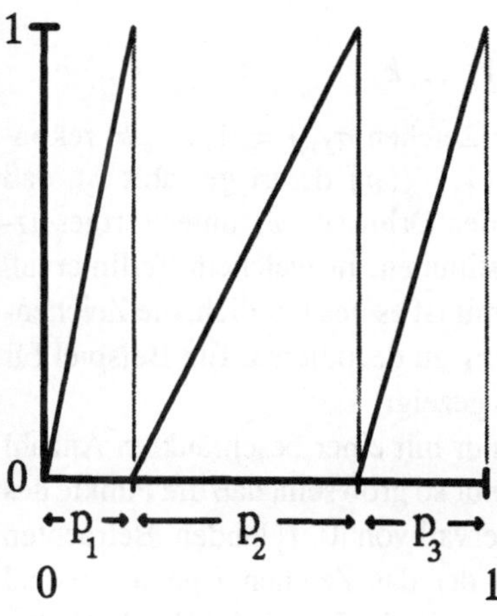

Abbildung 5.17
Diese Abbildung zeigt die zu einem IFS gehörige
Vorwärtsabbildung f, die zur Dekompression
arithmetischer Codes benutzt wird.

Dieses Vorgehen ist in Abbildung 5.16 veranschaulicht. Wir sagen, daß die Markov-
Quelle benutzt wurde, um das IFS zu *steuern*. Das IFS $\{[0, 1] \subset I\!\!R; w_1, \ldots, w_n\}$
wurde also ausgehend vom Punkt x_0 durch die Zeichenkette $\sigma_1 \sigma_2 \ldots \sigma_k \ldots$ gesteuert.
Die Ausgabe nach k Schritten ist die Zahl x_k – z. B. in binärer Codierung.

Allein aus dem angenäherten Wert des letzten Punktes x_k können wir – zusammen
mit den Abbildungen des IFS – die Zeichenkette $\sigma_1 \sigma_2 \ldots \sigma_k$ rekonstruieren. Dafür
benötigen wir die stückweise affine Abbildung

$$f : [0, 1] \to [0, 1]$$
$$x \quad \mapsto \quad \begin{cases} w_i^{-1}(x) & \text{für } x \in w_i([0, 1)), i = 1, \ldots, n, \\ w_n^{-1}(1) & \text{für } x = 1, \end{cases}$$

die wir die *Vorwärtsabbildung* nennen. Sie ist in Abbildung 5.17 veranschaulicht.

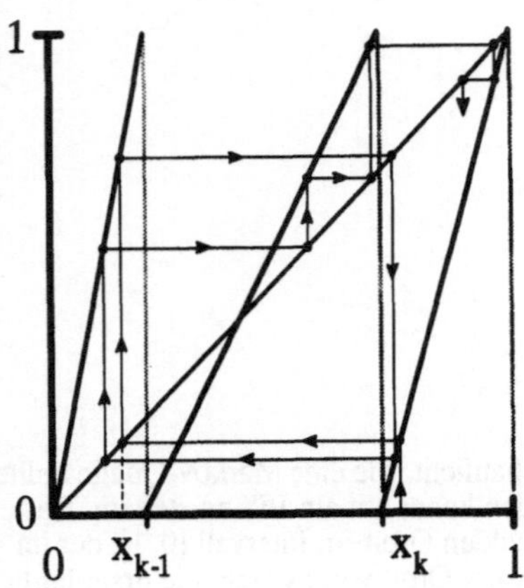

Abbildung 5.18
Diese Abbildung veranschaulicht die Dekompression
eines arithmetischen Codes mit Hilfe der zu einem
IFS gehörigen Vorwärtsabbildung. Das Ergebnis
der arithmetischen Kompression ist einfach der Ort
des Punktes auf einem Fraktal, dessen Adresse die
eingegebene Zeichenkette ist.

Wenn man beachtet, daß f eine Art von Umkehrfunktion der Menge der IFS-Transformationen ist, kann man leicht nachweisen, daß der Orbit des Punktes x_k unter f die Punkte $x_{k-1}, \ldots, x_1$ umfaßt, d. h.

$$f^j(x_k) = x_{k-j} \text{ für } j = 1, \ldots, k.$$

Aus dieser Folge von Punkten kann die Folge der Zeichen $\sigma_j, j = 1, \ldots, k$, rekonstruiert werden: Es ist $\sigma_{k-j} = m$, wobei $m \in \{1, \ldots, n\}$ derart gewählt ist, daß $f^j(x_k) \in w_m([0, 1))$. Wir verfolgen also einfach den Orbit von x_k unter fortgesetzter Anwendung der Vorwärtsabbildung f und bestimmen, in welchem Teilintervall $w_m([0, 1))$ der jeweilige Punkt des Orbits liegt. Damit ist es uns möglich, die Zeichenkette $\sigma_1, \ldots, \sigma_k$ allein aufgrund der Kenntnis von x_k zu decodieren. Ein Beispiel für einen Dekompressions-Orbit ist in Abbildung 5.18 gezeigt.

Die Kompression wird dadurch erzielt, daß x_k nur mit einer beschränkten Anzahl von Stellen gespeichert wird; die Genauigkeit muß nur so groß sein, daß die Punkte des Orbits von x_k in jedem Schritt im richtigen Teilintervall von $[0, 1]$ landen. Betrachten wir als Eingabe eine typische Zeichenkette σ, in der das Zeichen i genau h_i-mal vorkommt für $i = 1, \ldots, n$. Dann ist $h_1 + \cdots + h_n = k$ die Länge der Zeichenkette. Wenn nun x_0 in $[0, 1)$ liegt, so gilt

$$x_k(x_0) \in I_k := \left[x_k(0), x_k(1) \right) = \left[x_k(0), x_k(0) + \prod_{i=1}^{n} p_i^{h_i} \right),$$

da bei jeder Anwendung der Transformation w_i die Abstände zwischen den Punkten um den Faktor p_i schrumpfen. Offensichtlich erzeugt der Orbit jedes Punktes in I_k die gleiche Zeichenkette $\sigma_1 \ldots \sigma_k$ als Ausgabe; die Codierung kann also durch einen beliebigen Punkt in I_k dargestellt werden. Außerdem kann man zeigen, daß es einen Punkt $\tilde{x}_k \in I_k$ gibt, der in binärer Darstellung mit

$$-\log_2 \prod_{i=1}^{n} p_i^{h_i}$$

Stellen exakt beschrieben werden kann. Wenn wir nun diesen Punkt zur Codierung verwenden, beträgt die Kompressionsrate

$$\frac{\text{Länge der Ausgabe}}{\text{Länge der Eingabe}} = \frac{-\log_2 \prod_{i=1}^{n} p_i^{h_i}}{\sum_{j=1}^{n} h_j}$$

$$= \sum_{i=1}^{n} \frac{-h_i}{\sum_{j=1}^{n} h_j} \log_2 p_i.$$

Wenn nun die von der Quelle erzeugte Eingabe *typisch* und genügend lang ist, gilt

$$\frac{h_i}{\sum_{j=1}^{n} h_j} \approx p_i,$$

die Kompressionsrate nähert also sich der Entropie.

Der hier beschriebene Vorgang kann auch in den Begriffen des Chaos-Spiel-Algorithmus [FE] verstanden werden. Die *zufällige Quelle* wird benutzt, um ein fast berührendes IFS zu steuern, dessen Attraktor das Intervall [0, 1] ist. Das IFS ist so *eingestellt*, daß sein invariantes Maß ein uniformes Lebesgue-Maß auf [0, 1] ist, wenn das IFS von der Quelle gesteuert wird. Das bedeutet, daß fast alle von dem System erzeugten Orbits sich gleichmäßig über das Intervall verteilen. Umgekehrt folgt daraus, daß *typische* Punkte des Orbits am effizientesten durch eine gewöhnliche Darstellung zur Basis r dargestellt werden können, da dann die Ziffern in der Dezimal-Entwicklung gleichverteilt sind und die Entropie maximal ist.

Die arithmetische Codierung und Decodierung läßt sich auf einem Personal-Computer gut veranschaulichen. Die entsprechenden C-Programme finden sich in Anhang B.5 auf Seite 195.

5.12 Literaturverzeichnis

[CS1] C. E. Shannon, and W. Weaver, *The Mathematical Theory of Communication*, University of Illinois Press, Urbana, IL (1949).

[CS2] C. E. Shannon, "Coding Theorems for a Discrete Source with a Fidelity Criterion," *IRE Nat'l Conv. Rec., Part 4*, 142–163 (1959).

[FE] M. Barnsley, *Fractals Everywhere*, Academic Press, Boston (1988).

[HK92] Charles L. Hutchinson and Joel P. Kleinman (editors), *The ARRL Handbook for Radio Amateurs* (6th edition) American Radio Relay League, Newington, CT (1992)

[JH] J. Hutchinson, "Fractals and Self-Similarity," *Indiana University Mathematics Journal*, 30, 731–747.

[JS] J. R. Storer, *Data Compression: Methods and Theory*, Computer Science Press, Rockville, MD (1988).

[MN] Mark Nelson, *The Data Compression Book*, M&T Books, Redwood City, CA (1991).

[RF] R. Fano, Ph.D. Thesis, Massachusetts Institute of Technology, Cambridge, MA (1949).

[RH] R.W. Hamming, *Coding and Information Theory*, Prentice Hall, Englewood, N J (1980).

[RL] Robert W. Lucky, *Silicon Dreams: Information, Man and Machine*, St. Martin's Press, New York (1989).

[WF] William Feller, *An Introduction to Probability Theory and Its Applications*, (second Edition) Wiley & Sons, New York (1957).

[WNC] Ian H. Witten, Radford M. Neal, and John Cleary, "Arithmetic Coding for Data Compression," *Commun. ACM*, Volume 30, Number 6 (1987).

6 Fraktale Bildkompression II: Die Fraktaltransformation

6.1 Ziel dieses Kapitels

In diesem Kapitel führen wir die Theorie der Fraktaltransformation und ihre Anwendung auf die Bildkompression ein. Es handelt sich hier um die Theorie *lokaler* iterierter Funktionensysteme, abgekürzt als *lokale IFS*. Ein lokales IFS ist ein IFS, bei dem die Bedingung, daß der Definitionsbereich gleich dem gesamten Raum sein muß, so abgeschwächt wird, daß auch Teilmengen des Raums zugelassen werden. Eine Fraktaltransformation eines Bildes ist im wesentlichen ein IFS-Code, der zusätzlich Angaben zu den Wertebereichen der Transformationen enthält. Die Verwendung lokaler Definitionsbereiche macht die Theorie komplexer, vereinfacht jedoch den Vorgang automatischer fraktaler Bildkompression. Wir nennen sie „automatisch", weil unsere früheren Ansätze aus Kapitel 4 jeweils manuell waren, d. h., die eine oder andere Form interaktiven geometrischen Modellierens enthielten.

Bei einer lokalen Transformation auf einem Raum **X** ist der Definitionsbereich eine Untermenge von **X**; die Transformation muß nicht jeden Punkt im Raum betreffen. Eine globale Transformation hingegen ist für alle Raumpunkte definiert. Indem wir die IFS-Theorie von einer globalen zu einer lokalen erweitern und unsere Aufmerksamkeit auf affine Symmetrie-Transformationen beschränken, können wir rechnerisch praktikable Schemata dafür entwickeln, einen verallgemeinerten Collage-Satz zu automatisieren.

Dieses Kapitel enthält den C-Quelltext für die Implementierung elementarer Fraktaltransformationen; er ist hier mit aufgenommen worden, um zu zeigen, wie diskretisierte Anwendungen der Theorie entwickelt werden können. Patente schützen Digitalrechner-Implementierungen der Bildkompressions-Prozeduren, die in diesem Kapitel beschrieben sind; wollen Sie ein Bildkompressionssystem unter Benutzung der Fraktaltransformation auf einem Digitalrechner implementieren, sollten Sie sich wegen einer Lizenz an die am Ende von Kapitel 1 genannte Adresse wenden. Iterated Systems, Inc. stellt auf Wunsch auch gerne die aktuellsten kommerziellen Implementierungen der Fraktaltransformations-Technik zur Verfügung.

Um fraktale Bildkompression mit Techniken, wie sie in diesem Kapitel beschrieben werden, geht es auch in [JB, AJ, FBJ, BS2, PJS, JW]. Beispiele für kommerzielle Produkte, welche die Technik der Fraktaltransformation verwenden, sind [ME] und [II].

6.2 Allgemeine Beschreibung der Methoden zur fraktalen Bildkompression

Die Methoden zur fraktalen Bildkompression, die in diesem Buch erörtert werden, beruhen auf drei immer gleichen Zutaten:

1. *Ein Modell* $\mathbf{Y}$ *für den Raum* $\mathfrak{R}$ *der Realweltbilder, wie in Kapitel 2 beschrieben.* Jeder „Punkt" in $\mathbf{Y}$ steht für ein Realweltbild, hat einen Träger $\square$, chromatische Attribute und so fort. Beispiele für $\mathbf{Y}$ sind etwa Räume von Mengen, Funktionenräume und Maßräume.

2. *Eine Metrik d auf dem Raum* $\mathbf{Y}$ *derart, daß* $(\mathbf{Y}, d)$ *ein vollständiger metrischer Raum ist.*

3. *Ein kontrahierender Operator O, der auf dem Raum* $(\mathbf{Y}, d)$ *operiert.* Das heißt, für den Operator O gibt es eine reelle Zahl s mit $0 \leq s < 1$, so daß für alle $\varphi, \psi \in \mathbf{Y}$ gilt:

$$d(O(\varphi), O(\psi)) \leq s \cdot d(\varphi, \psi).$$

Der Operator O wird aus einer endlichen Menge von elementaren kontrahierenden Funktionen, die auf dem zugrundeliegenden Raum $\square$ und auf den chromatischen Attributen operieren, zusammengesetzt.

Ein Beispiel für einen solchen Operator ist W, der Hutchinson-Operator

$$W := \bigcup_{i=1}^{N} w_i,$$

der im Fall von Binärbildern verwendet wird, wobei $\mathbf{Y}$ hier der in Kapitel 2 auf Seite 24 definierte Raum $\mathfrak{R}_i$ und d der in Kapitel 4 auf Seite 76 erörterte Hausdorff-Abstand [FE] ist. Ein weiteres Beispiel ist der Markov-Operator

$$M(\nu) := p_1 \nu \circ w_1^{-1} + p_2 \nu \circ w_2^{-1} + \cdots + p_N \nu \circ w_N^{-1},$$

der im Fall von Graustufen-Bildern benutzt wird, die durch Borel-Maße mit Träger in $\square$ modelliert werden, wobei $\mathbf{Y}$ hier der in Kapitel 2 auf Seite 27 definierte Raum $\mathfrak{R}_{iii}$ und d die in Kapitel 4 auf Seite 99 erörterte Hutchinson-Metrik ist. In jedem der Beispiele wird der Operator aus kompakt darstellbaren Funktionen w_i zusammengesetzt. In der Praxis handelt es sich bei letzteren stets um kontrahierende affine Transformationen der einen oder anderen Art; als solche können sie durch eine endliche Menge von Koeffizienten beschrieben werden. Der gesamte Satz von Koeffizienten stellt den „Code" des Operators O dar. In diesem Kapitel werden wir nun den Operator O unter Benutzung lokaler affiner Transformationen konstruieren.

Die Konsequenzen daraus, daß wir die Zutaten 1, 2 und 3 haben, können in den folgenden Sätzen und Erwartungen ausgedrückt werden:

1. **Satz (Existenz von Attraktoren)** *Da O kontrahiert und der metrische Raum $\mathbf{Y}$ vollständig ist, gibt es ein eindeutig bestimmtes Bild $\varphi \in \mathbf{Y}$ mit*

$$O(\varphi) = \varphi.$$

Beweis   Siehe [FE] oder ein beliebiges anderes Werk über metrische Räume. $\square$

2. **Erwartung (Fraktaler Charakter der Attraktoren)** *Wir erwarten von vornherein, daß φ einen auflösungsunabhängigen Charakter hat, da die Funktionen, aus denen O zusammengesetzt ist, kontrahieren: Das ganze invariante Bild ist dasselbe wie eine Summe oder Vereinigung von auf das Bild angewendeten Kontraktionen; mithin besteht es aus verkleinerten Ausgaben seiner selbst (oder von Teilen seiner selbst). Je nachdem, wie die Kontraktionen operieren, kann das Schwergewicht auf Kontraktion in räumlicher Hinsicht, auf solche im Hinblick auf die Lichtstärke oder auch in maßtheoretischer Hinsicht liegen. Je nachdem erwarten wir, daß der Attraktor φ entsprechende fraktale Charakteristiken erbt.*

3. **Satz (Berechnung von Attraktoren)** *Zur Berechnung von φ können wir die Tatsache benutzen, daß für $\psi \in \mathbf{Y}$ das Ergebnis fortgesetzter Anwendung von O auf ψ gegen den Attraktor φ konvergiert; d. h.,*

$$\lim_{n \to \infty} O^n(\psi) = \varphi.$$

Gibt es darüber hinaus eine reelle Konstante C mit $d(\psi_1, \psi_2) < C$ für alle $\psi_1, \psi_2 \in \mathbf{Y}$, dann läßt sich der Fehler durch $d(O^n(\psi), \varphi) \leq s^n \cdot C$ abschätzen.

Beweis   Siehe [FE]. $\square$

Diese letzte Ungleichung sagt aus, daß invariante Bilder durch Algorithmen ähnlich dem Fotokopier- und dem Graustufen-Fotokopier-Algorithmus berechnet werden können. Die Fehlerabschätzung erlaubt es, die zum Erreichen einer vorgegebenen Genauigkeit nötige Anzahl von Iterationen vorherzusagen.

4. **Satz (Allgemeine Collage-Satz-Abschätzung)** *Der Abstand zwischen $\psi \in \mathbf{Y}$ und dem Attraktor φ von O wird durch*

$$d(\varphi, \psi) \leq \frac{d(\psi, O(\psi))}{1 - s}$$

nach oben abgeschätzt.

Beweis   Siehe [FE]. $\square$

Die Menge $O(\psi)$ wird *Collage* und der Abstand $d(\psi, O(\psi))$ *Collage-Fehler* genannt. Der Satz besagt, daß wir bei der Suche nach einem Operator O, dessen Attraktor näherungsweise ψ ist, lediglich das Problem lösen müssen, O so zu wählen, daß das Aussehen von ψ durch die Anwendung von O nicht sehr verändert wird. Wird beispielsweise ein Graustufen-Fotokopierer so eingestellt, daß seine Ausgabe wie seine Eingabe „aussieht", dann hat auch das zugehörige invariante Bild etwa das gleiche „Aussehen" wie die Eingabe.

Wann immer demnach die Zutaten 1, 2 und 3 vorliegen, können wir eine bestimmte Art fraktaler Bildkompressions-Systeme entwickeln. Zum Beispiel haben wir in Kapitel 4 gezeigt, daß es unterschiedliche Wege gibt, Familien von *global* definierten Transformationen so zu Operatoren zusammenzusetzen, daß Strukturen der oben beschriebenen Art zum Tragen kommen. In jedem der Fälle ist das Ergebnis ein interaktiv steuerbares System zur fraktalen Bildkompression, das sich zum Modellieren fraktaler Bilder einsetzen läßt; Attraktoren dieser Systeme können als Mengen und auch als Maße beschrieben werden, was verschiedenen Modellen für Realweltbilder entspricht.

In der Theorie der Fraktaltransformationen werden die Grundzutaten 1, 2 und 3 von Familien *lokaler* Transformationen erfüllt. Diese werden auf verschiedene Arten zusammengesetzt, so daß sich ein Operator O und ein entsprechendes System zur Erzeugung auflösungsunabhängiger, fraktaler Attraktoren ergeben. Jede der Varianten führt zu einem anderen Vorgehen bei der automatischen fraktalen Bildkompression; der lokale Charakter der Transformationen ermöglicht die automatische statt der interaktiven Auswahl der Transformationen.

6.3   Lokale iterierte Funktionensysteme

Um die Theorie der fraktalen Transformation einzuführen und zu zeigen, wie Fraktale, die mit Hilfe lokaler Transformationen definiert sind, zu automatischer Bildkompression führen, erörtern wir zunächst, was bei der Anwendung der IFS-Theorie mit lokalen Transformationen auf den Fall von Binärbildern geschieht. Wir beschreiben ein einfaches Schema zur automatischen fraktalen Kompression binärer Bilder.

Definition Sei $(\mathbf{X}, d)$ ein kompakter metrischer Raum. Sei R eine nichtleere Teilmenge von $\mathbf{X}$. Sei $w : R \to \mathbf{X}$ eine Abbildung und s eine reelle Zahl mit $0 \le s < 1$. Wenn

$$d(w(x), w(y)) \le s \cdot d(x, y) \text{ für alle } x, y \in R,$$

dann wird w *lokale Kontraktion* auf $(\mathbf{X}, d)$ genannt. s ist ein Kontraktionsfaktor für w.

Definition Sei $(\mathbf{X}, d)$ ein kompakter metrischer Raum. Sei N eine endliche positive Zahl, und seien für $i = 1, 2, \ldots, N$ die Abbildungen $w_i : R_i \to \mathbf{X}$ lokale Kontraktionen auf $(\mathbf{X}, d)$ mit Kontraktionsfaktor s_i. Dann wird

$$\{w_i : R_i \to \mathbf{X} : i = 1, 2, \ldots, N\}$$

lokales iteriertes Funktionensystem (lokales IFS) genannt. Die Zahl $s := \max\{s_i : i = 1, 2, \ldots, N\}$ wird *Kontraktionsfaktor für das lokale IFS* genannt.

Lokale IFS können dazu benutzt werden, kontrahierende Operatoren auf Bildräumen zu definieren. Wir betrachten hier Beispiele der folgenden Art: Sei S die Menge aller Untermengen von $\mathbf{X}$. Wir können dann wie folgt einen Operator definieren:

$$W_{\text{lokal}} : S \to S$$
$$B \mapsto \bigcup_{i=1}^{N} w_i(R_i \cap B)$$

Mit geeigneten Einschränkungen können wir W_{lokal} auch als Operator auf dem Hausdorff-Raum $\mathcal{H}(\mathbf{X})$, der aus den nichtleeren kompakten Untermengen von $\mathbf{X}$ besteht, betrachten; in sehr lockerer Sprechweise können wir dann sagen, daß W_{lokal} eine Kontraktion auf gewissen kompakten Untermengen von $\mathcal{H}(\mathbf{X})$ darstellt, die einen Kontraktionsfaktor von s bezüglich der Hausdorff-Metrik hat. Ganz grob gesprochen haben wir damit die Zutaten für ein fraktales Kompressionssystem, wie sie im vorigen Unterkapitel beschrieben wurden; wir wählen hier W_{lokal} als den Operator O, der auf dem Raum $\mathbf{Y} := \mathcal{H}(\mathbf{X})$ operiert.

Wir nennen eine nichtleere Untermenge A von $\mathbf{X}$ den Attraktor oder die invariante Menge eines lokalen IFS, wenn

$$W_{\text{lokal}}(A) = A$$

gilt. Ein lokales IFS hat mitunter keinen Attraktor, mitunter jedoch auch viele grundlegend verschiedene. Wenn A und B Attraktoren sind, dann ist auch $A \cup B$ einer; daraus folgt, daß es – sofern es überhaupt einen Attraktor gibt – einen größten gibt, nämlich einen, der alle anderen enthält. Man erhält ihn als Vereinigungsmenge aller Attraktoren von W_{lokal}. Im allgemeinen beziehen wir uns auf diesen, wenn wir von *dem* Attraktor von W_{lokal} sprechen.

Bezeichne $\{w_i : R_i \to \mathbf{X} : i = 1, 2, \ldots, N\}$ ein lokales IFS, wobei wir voraussetzen, daß alle R_i kompakt sind. Wir können dann eine Folge $\{A_n : n = 0, 1, 2, 3, \ldots\}$ kompakter Teilmengen von $\mathbf{X}$ wie folgt definieren:

$$A_n := \begin{cases} \mathbf{X} & \text{für } n = 0 \\ \displaystyle\bigcup_{i=1}^{N} w_i(R_i \cap A_{n-1}) & \text{sonst} \end{cases}$$

Man sieht sofort, daß

$$A_0 \supset A_1 \supset A_2 \supset A_3 \supset \ldots$$

Mithin ist $\{A_n : n = 0, 1, 2, 3, \ldots\}$ eine abnehmende Folge kompakter Mengen. Insbesondere gibt es daher eine kompakte Menge $A \subset \mathbf{X}$ mit

$$\lim_{n \to \infty} A_n = A$$

und

$$A = \bigcup_{i=1}^{N} w_i(R_i \cap A) = W_{\text{lokal}}(A).$$

Wenn A also nicht leer ist, ist A ein Attraktor – tatsächlich sogar der maximale Attraktor – des lokalen IFS. Die Möglichkeit, daß A leer ist, wird ausgeschlossen, wenn man eine nichtleere kompakte Menge B mit $W_{\text{lokal}}(B) \supset B$ finden kann. Dies tritt zum Beispiel dann auf, wenn $w_i(R_i) \subset R_i$ für irgendein i gilt.

Ein Beispiel für die eben geschilderte Konstruktion ist in Abbildung 6.1 dargestellt.

6.4   Der Collage-Satz für lokale IFS

Auch wenn ein ordentlicher, allgemeiner kontrahierender Operator fehlt, läßt sich mit einiger Vorsicht ein lokales IFS genau wie ein Standard-IFS behandeln. Was geschieht, wenn der zugehörige Collage-Satz angewendet wird?

Sei ein schwarzweißes binäres Zielbild durch eine Untermenge $G \subset \square$ gegeben. Um ein fraktales Modell für G zu konstruieren, überdeckt man $\square$ mit kleinen Quadraten und bezeichnet diejenigen, die G schneiden, mit D_i, $i = 1, 2, \ldots N$, wie in Abbildung 6.2 gezeigt. Für jedes i wird nun eine lokale affine Transformation $w_i : R_i \to D_i$ mit Kontraktionsfaktor s gesucht, so daß

$$w_i(R_i) = D_i$$

und

$$w_i(R_i \cap G) \approx D_i \cap G.$$

Das Kriterium für ungefähre Gleichheit kann hier beispielsweise sein, daß der Hausdorff-Abstand zwischen $R_i \cap G$ und $D_i \cap G$ gering ist, also etwa

$$h(w_i(R_i \cap G), D_i \cap G) < \varepsilon \text{ für alle } i = 1, 2, \ldots, N.$$

Andere Metriken können ebenfalls verwendet werden.

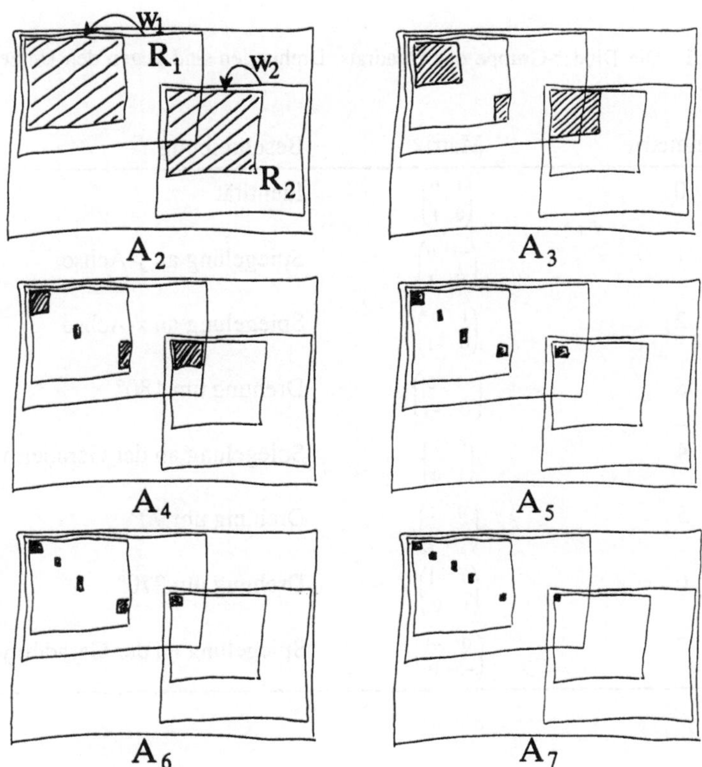

Abbildung 6.1   Eine abnehmende Folge von Mengen konvergiert gegen den Attraktor eines lokalen iterierten Funktionensystems, der aus zwei lokalen kontrahierenden affinen Transformationen $w_1 : R_1 \to \square$ und $w_2 : R_2 \to \square$ besteht. Wie robust ist dieser Attraktor? Läßt sich ein anderer nichtleerer Attraktor für das System finden?

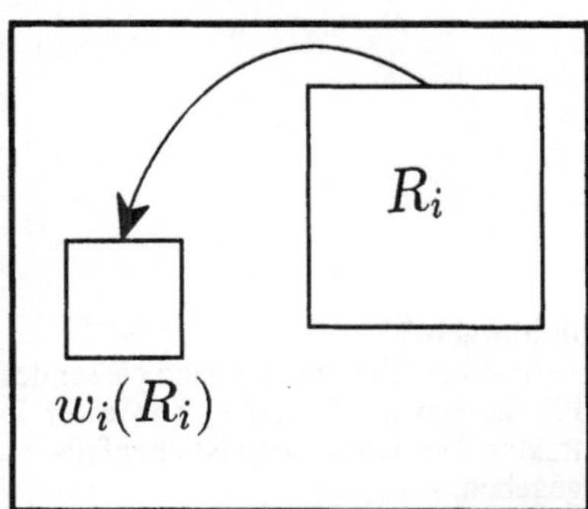

Abbildung 6.2
Ein Gebiet $R_i \subset \square$ und sein Bild $w_i(R_i)$ in einem lokalen IFS

Tabelle 6.1 Die Dieder-Gruppe des Quadrats. Drehungen sind gegen den Uhrzeigersinn zu verstehen.

Symmetrie	Matrix	Beschreibung
0	$\begin{pmatrix} 1 & 0 \\ 0 & 1 \end{pmatrix}$	Identität
1	$\begin{pmatrix} -1 & 0 \\ 0 & 1 \end{pmatrix}$	Spiegelung an y-Achse
2	$\begin{pmatrix} 1 & 0 \\ 0 & -1 \end{pmatrix}$	Spiegelung an x-Achse
3	$\begin{pmatrix} -1 & 0 \\ 0 & -1 \end{pmatrix}$	Drehung um 180°
4	$\begin{pmatrix} 0 & 1 \\ 1 & 0 \end{pmatrix}$	Spiegelung an der Geraden $y=x$
5	$\begin{pmatrix} 0 & 1 \\ -1 & 0 \end{pmatrix}$	Drehung um 90°
6	$\begin{pmatrix} 0 & -1 \\ 1 & 0 \end{pmatrix}$	Drehung um 270°
7	$\begin{pmatrix} 0 & -1 \\ -1 & 0 \end{pmatrix}$	Spiegelung an der Geraden $y=-x$

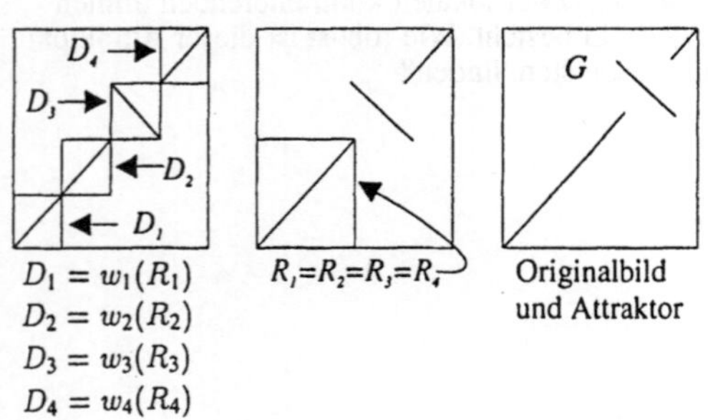

$D_1 = w_1(R_1)$
$D_2 = w_2(R_2)$
$D_3 = w_3(R_3)$
$D_4 = w_4(R_4)$

Abb.nr.	D_{x_1}	D_{x_2}	R_{x_1}	R_{x_2}	Symmetrie
1	0	0	0	0	0
2	4	4	0	0	0
3	8	8	0	0	2
4	12	12	0	0	0

Abbildung 6.3
Ein einfaches Zielbild, ein dazu passendes LIFS, die Blöcke D_i und R_i sowie der Attraktor. Der LIFS-Code ist ebenfalls angegeben.

In praktischen Anwendungen können die Transformationen so gewählt werden, daß sie die Form

$$w : z \mapsto \frac{1}{2}Sz + t$$

haben, wobei $S : \square \rightarrow \square$ eine der affinen Symmetrien aus Tabelle 6.1 ist. Dann ist R_i ein kleiner Block mit der doppelten Größe von D_i, wie in Abbildung 6.2 dargestellt.

Hat jeder der Blöcke D_i die gleiche Größe, dann ist das IFS durch Angabe der folgenden Größen für jedes i vollständig bestimmt: die x- und y-Koordinaten $(D_i^{(x)}, D_i^{(y)})$ der linken unteren Ecke von D_i; die Koordinaten $(R_i^{(x)}, R_i^{(y)})$ der linken unteren Ecke von R_i; und eine Zahl zwischen 0 und 7, die die Nummer der affinen Symmetrie-Abbildung in Tabelle 6.1 angibt. Das Ergebnis, das wir als *lokalen IFS-Code* (oder kürzer als *LIFS*) bezeichnen wollen, kann wie in Abbildung 6.3 ausgedrückt werden; dort sind auch ein Zielbild, die Codierung und der Attraktor gezeigt.

6.5 Berechnung des binären Attraktors eines lokalen IFS mit dem Laufzeitbeschränkungs-Algorithmus

Eine einfache Technik zur Berechnung des Attraktors A eines lokalen IFS für ein binäres Bild, wie er soeben beschrieben wurde, ist der *Laufzeitbeschränkungs-Algorithmus*, der sich als *Escape Time Algorithm* in [FE] findet. Sei $D := \bigcup_{i=1}^{N} D_i$; wir definieren dann

$$f : D \rightarrow \square$$
$$x \mapsto w_i^{-1}x \text{ für } i = 1, 2, \ldots, N$$

i ist hierbei durch die eindeutig bestimmte Menge D_i gegeben, in der x liegt. Offensichtlich gilt $f(D_i) = R_i$. Die stückweise affine Funktion $f : D \subset \square \rightarrow \square$ liefert uns ein dynamisches System, dessen abstoßende Menge der zu dem lokalen IFS gehörende Attraktor ist. Die Gebiete D_i werden *Urblöcke* genannt, die Gebiete R_i *Bildblöcke*. (Diese Begriffe sind aus der Sicht von f gewählt, nicht aus der der w_i.)

Der Attraktor A eines lokalen IFS und eine absteigende Folge von Annäherungen A_n an A werden wie folgt berechnet:

0. Initialisiere einen Zähler auf null, und gib eine Höchstzahl n von Iterationen an.

1. Lies das nächste $x \in D$ ein.

2. Ist $x \in D$? Wenn nein, gib „$x \notin A$" aus und gehe zu Schritt 1; wenn nein, ersetze x durch $f(x)$ und gehe zu Schritt 3.

3. Erhöhe den Zähler. Falls die Höchstzahl n noch nicht erreicht ist, gehe zu Schritt 2; anderenfalls gib „$x \in A_n$" aus und gehe zu Schritt 1.

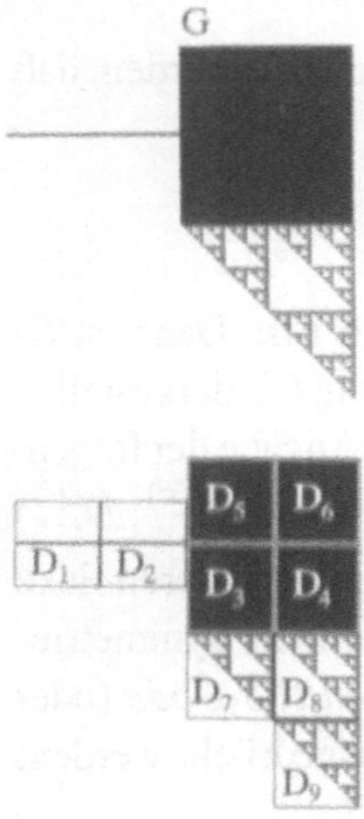

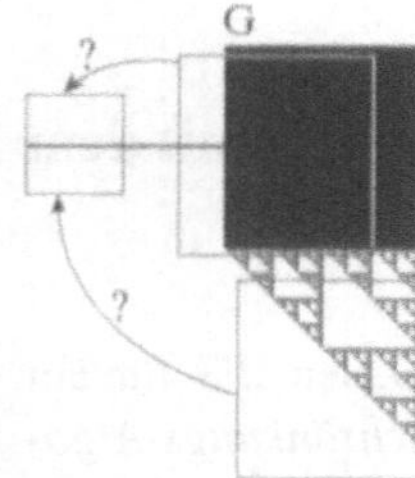

Abbildung 6.4
Ein durch eine Menge G dargestelltes Binärbild wird mit quadratischen Urblöcken D_i überdeckt.

Abbildung 6.5
Einige Transformationen und Bildblöcke, die sich in der Darstellung von G durch ein lokales IFS gebrauchen ließen

Dieser Algorithmus überwacht also die Zeit, die ein x braucht, um durch wiederholte Anwendung von f aus A zu entkommen – daher der Name Laufzeitbeschränkungs-Algorithmus.

Dieser Algorithmus versetzt uns in die Lage, die Frage „Gehört x zu A?" zu beantworten. Praktisch werden die Mengen $A_n := W_{\mathrm{lokal}}^n(D) \supset A$ berechnet. Für $n = \infty$ gehören genau die Eingaben, die den Algorithmus endlos laufen lassen, zu A.

6.6　Die Schwarzweiß-Transformation

Im folgenden werden die Hauptschritte eines Systems zur automatischen fraktalen Bildkompression binärer Bilder beschrieben.

0. Lies ein Binärbild $G \subset \square \subset I\!R^2$ ein.

1. Überdecke G mit Urblöcken D_i, wie in Abbildung 6.4 dargestellt. Die Gesamtheit $\{D_i : i = 1, 2, \ldots, N\}$ der Urblöcke muß ganz G bedecken. Sie dürfen sich gegenseitig nicht überlappen; für die Ränder gelten besondere Überlegungen,

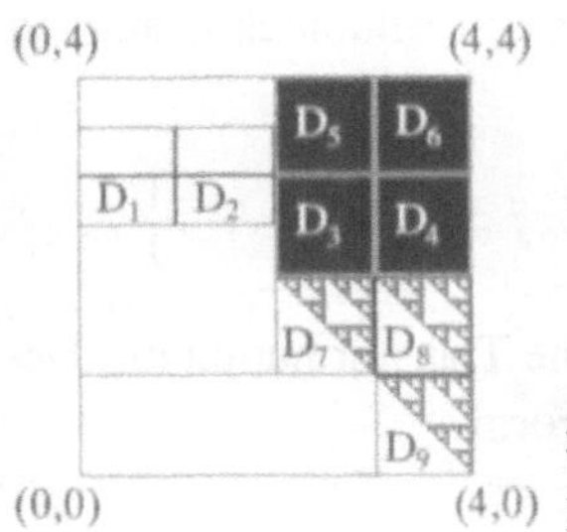

Abbildung 6.6
Wahl einer geeigneten Menge von x- und y-Koordinaten für das Bild G

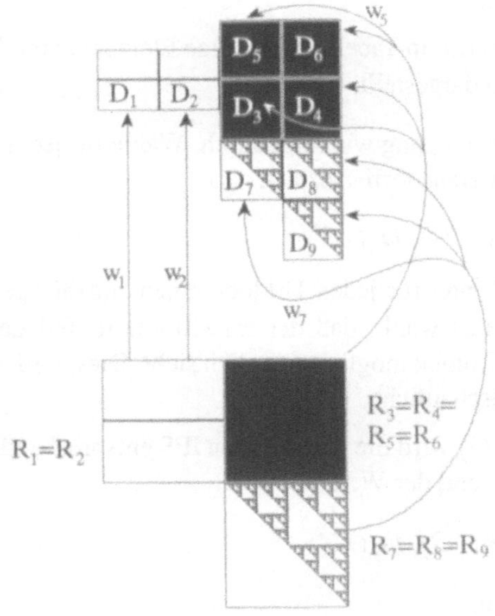

Abb.nr.	D_x	D_y	R_x	R_y	Symmetrie
1	0	2.5	0	2	0
2	1	2.5	0	2	0
3	2	2	2	2	0
4	3	2	2	2	0
5	2	3	2	2	0
6	3	3	2	2	0
7	2	1	2	0	0
8	3	1	2	0	0
9	3	0	2	0	0

Abbildung 6.7
Zu jedem Urblock D_i wird eine affine Transformation w_i mit Wertebereich R_i so gewählt, daß der Hausdorff-Abstand $h(w_i(R_i \cap G), D_i \cap G)$ minimiert wird. Auf diese Weise wird ein lokaler IFS-Code erzeugt.

die wir hier der klareren Darstellung halber weglassen. Jeder Urblock ist ein Quadrat.

2. Führe eine Familie potentieller Bildblöcke $R \subset \square$ ein, für die jeweils $R \cap G \neq \emptyset$ gilt. Es handelt sich hierbei um Quadrate, deren Seiten doppelt so lang wie die der Urblöcke sind. Die möglichen Koordinaten der linken unteren Ecke jedes dieser potentiellen Bildblöcke, $(R^{(x)}, R^{(y)})$, werden so eingeschränkt, daß sie in einer festen endlichen Menge L liegen. Definiere nun weiter für jedes i eine

Familie T_i von lokalen affinen Transformationen, die den Bildblock R auf den Urblock D_i abbilden; d. h., für $i = 1, 2, \ldots, N$ ist

$$T_i := \left\{ w(D_i, R^{(x)}, R^{(y)}, j) : (R^{(x)}, R^{(y)}) \in L; j = 0, 1, 2, \ldots, 7 \right\},$$

wobei $w(D_i, R^{(x)}, R^{(y)}, j)$ eine kontrahierende affine Transformation mit Definitionsbereich R und Wertebereich D_i ist und die Form

$$\frac{1}{2} S_j z + t$$

hat; S_j steht hier für die j-te Symmetrie in Tabelle 6.1. Einige Elemente von T_i sind in Abbildung 6.5 auf Seite 160 dargestellt.

3. Führe den fraktalen Transformationsvorgang wie folgt durch: Wähle für jedes i eine Abbildung $w_i \in T_i$, so daß der Hausdorff-Abstand

$$h(w_i(R \cap G), D_i \cap G)$$

minimiert wird. Das bedeutet, daß man für jeden Urblock einen zugehörigen Bildblock und eine Symmetrie derart wählt, daß der transformierte Teil des Bildes im Bildblock dem Bild im Urblock möglichst ähnlich sieht. Dies wird in den Abbildungen 6.6 und 6.7 veranschaulicht.

Die Menge $W_{\text{lokal}}(g) = \bigcup w_i(R \cap G)$ wird die dem lokalen IFS entsprechende *Collage* des Bildes G genannt, während der Wert

$$h(w_i(R \cap G), D_i \cap G)$$

der zugehörige *Collage-Fehler* heißt.

4. Gib die komprimierten Daten in Form eines lokalen IFS-Code aus, wie in der Tabelle zu Abbildung 6.3 auf Seite 158 gezeigt.

5. Wende einen verlustfreien Datenkompressionsalgorithmus auf den lokalen IFS-Code an, um einen komprimierten lokalen IFS-Code zu erhalten.

Um das komprimierte Bild zu dekomprimieren, kann man den Fotokopier- oder den Laufzeitbeschränkungs-Algorithmus benutzen. Das heißt, man benutzt die komprimierten Daten, um das lokale IFS und den Operator W_{lokal} zu rekonstruieren; sodann berechnet man Annäherungen an $\lim_{n \to \infty} W^n(D)$. Dies ist in Abbildung 6.8 dargestellt.

In der Praxis können diese Schritte auf einem Digitalbild ausgeführt werden, und jeder einzelne Schritt erfolgt auf digitale Weise. Dies umfaßt Standard-Prozeduren zur Quantisierung und Diskretisierung, wie sie bei der Computer-Grafik üblich sind. Da eine beispielhafte Implementierung im C-Quelltext in diesem Buch enthalten ist, brauchen an dieser Stelle die weiteren Details nicht ausgeführt zu werden.

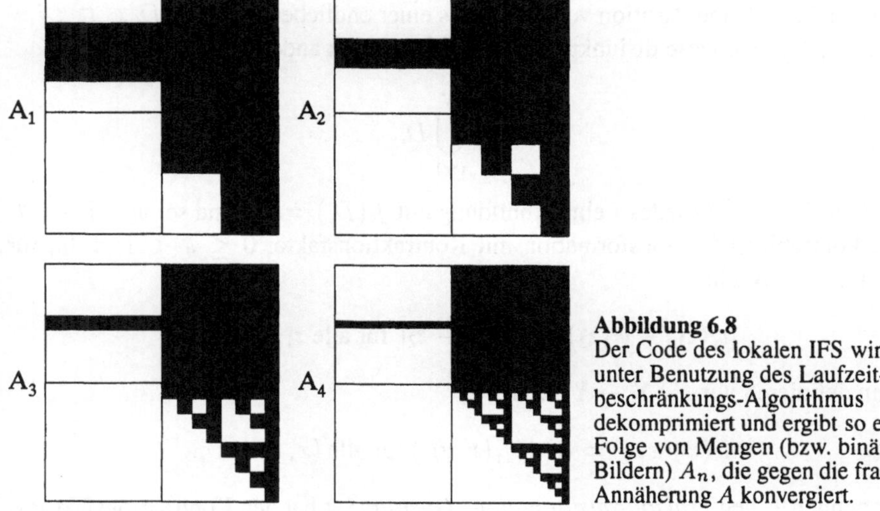

Abbildung 6.8
Der Code des lokalen IFS wird unter Benutzung des Laufzeitbeschränkungs-Algorithmus dekomprimiert und ergibt so eine Folge von Mengen (bzw. binären Bildern) A_n, die gegen die fraktale Annäherung A konvergiert.

6.7 Die Graustufen-Fraktaltransformation

Wir bauen nun eine Struktur von lokalen IFS auf, die für die automatische fraktale Kompression von Graustufen-Bildern geeignet ist. Wir benutzen für den Raum $\mathfrak{R}$ der Realweltbilder das Modell des Raumes **Y** aller reellwertigen Funktionen $\varphi : \square \to I$. Hier bezeichnet $I = [a, b] \subset \mathbb{R}$ ein reelles Intervall, das die möglichen Lichtstärken-Werte der Graustufen in Bildern darstellt, also etwa das Intervall $[0, 255]$. Dies ist ein Modell des in Unterkapitel 2.3 auf Seite 26 beschriebenen Typs $\mathfrak{R}_{ii}$.

Wir machen **Y** zu einem vollständigen metrischen Raum, indem wir den Abstand zwischen zwei Funktionen $\varphi_1, \varphi_2 \in$ **Y** durch

$$d(\varphi_1, \varphi_2) := \sup \{|\varphi_1(x, y) - \varphi_2(x, y)| : (x, y) \in \square\}$$

definieren. $|z|$ steht hier für den Absolutwert der reellen Zahl z, und sup bezeichnet das Supremum. (Zur Erinnerung: Das Supremum einer Menge M von reellen Zahlen ist die kleinste reelle Zahl S, für die $x \leq S$ für alle $x \in M$ gilt.) Wir bezeichnen d auch als ℓ^∞-*Metrik*. Dies ist zwar nicht die bevorzugte Metrik für Abstände zwischen Bildern – siehe z. B. die Erörterung der Hausdorff-Metriken in [FE] –, versetzt uns jedoch in die Lage, einen allgemeinen Konvergenzsatz aufzustellen. Empirisch zeigt die Fraktaltransformation gute Konvergenzeigenschaften auch bezüglich anderer, natürlicherer Bildmetriken; dann werden die Aussagen und die Beweise der Konvergenzsätze jedoch komplizierter.

Bezeichne $\mathcal{D}$ eine Partition von $\square$, die aus einer endlichen Familie $\{D_i \subset \square : i = 1, 2, \ldots, N\}$ paarweise disjunkter Mengen besteht; mit anderen Worten,

$$\square = \bigcup_{i=1}^{N} D_i$$

Sei $f_i : D_i \to \square$ für jedes i eine Abbildung mit $f_i(D_i) = R_i$, und sei $v_i : I\!R \to I\!R$ eine kontrahierende Transformation mit Kontraktionsfaktor $0 \leq s < 1$, d. h., für $i = 1, 2, \ldots, N$ gilt

$$|v_i(z_1) - v_i(z_2)| < s \cdot |z_1 - z_2| \text{ für alle } z_1, z_2 \in I\!R.$$

Dann definieren wir $F : \mathbf{Y} \to \mathbf{Y}$ durch

$$F(\psi)(x, y) = v_i(\psi(f_i(x, y))) \text{ für alle } (x, y) \in D_i.$$

Wir nennen F den *Fraktaltransformations-Operator*; er hat den Kontraktionsfaktor s, wie der folgende Satz besagt:

Satz 6.1 (Konvergenz der Fraktaltransformationen) *Seien der vollständige metrische Raum* $(\mathbf{Y}, d)$ *und der Operator* $F : \mathbf{Y} \to \mathbf{Y}$ *wie oben definiert. Dann ist* F *eine kontrahierende Abbildung auf* $\mathbf{Y}$*; d. h., für alle* $\varphi_1, \varphi_2 \in L^\infty(\square)$ *gilt*

$$d(F(\varphi_1), F(\varphi_2)) \leq s \cdot d(\varphi_1, \varphi_2),$$

wenn s *der oben definierte Kontraktionsfaktor von* F *ist.*

Wir haben nun die Zutaten 1, 2 und 3 aus Unterkapitel 6.2 für ein fraktales Bildkompressionssystem, wobei wir F als Operator O verwenden. Insbesondere gibt es eine eindeutige Funktion $\varphi \in \mathbf{Y}$ mit $F(\varphi) = \varphi$. Die Funktion φ heißt der *Attraktor* der Fraktaltransformation. Um φ zu berechnen, können wir die Tatsache benutzen, daß das Ergebnis wiederholter Anwendung von F auf $\psi \in \mathbf{Y}$ gleichmäßig gegen den Attraktor φ konvergiert, mit anderen Worten,

$$\lim_{n \to \infty} F^n(\psi) = \varphi.$$

Zudem haben wir mit $I = [a, b]$ die Fehlerabschätzung

$$|F^n(\psi)(x, y) - \varphi(x, y)| \leq s^n \, |b - a| \text{ für alle } (x, y) \in \square.$$

Der Abstand zwischen $\psi \in \mathbf{Y}$ und dem Attraktor des Fraktaltransformations-Operators F wird durch

$$d(\psi, \varphi) \leq \frac{d(\psi, F(\psi))}{1 - s}$$

beschränkt. – Dies ist ein Collage-Satz für den Fraktaltransformations-Operator F.

6.8 Ein mit dem Fraktaltransformations-Operator verknüpftes lokales IFS

Der Fraktaltransformations-Operator F ist im wesentlichen gleich dem Operator W_{lokal} für ein lokales IFS, das in drei Dimensionen operiert. Um dies zu zeigen, nehmen wir an, die Funktionen $f_i(x,y)$ seien auf ihren Definitionsbereichen invertierbar. Dann hängt die oben diskutierte Struktur mit dem lokalen IFS

$$\{w_i : R_i \to \mathbf{X} : i = 1, 2, \ldots, N\},$$

wobei $\mathbf{X} := \square \times [a,b]$, $R_i := R_i \times [a,b]$ und

$$w_i : R_i \quad \to \mathbf{X}$$
$$(x,y,z) \mapsto (w_i(x,y), v_i(z))$$

mit $w_i(x,y) := f_i^{-1}(x,y)$ sind. Wir betrachten $\mathbf{X}$ mit der euklidischen Metrik ,o daß $(\mathbf{X}, d_2)$ ein vollständiger metrischer Raum ist. Wenn jede der Funktioner nit Faktor s kontrahiert (wobei diese Voraussetzung für den oben formulierten S icht nötig ist!), dann kontrahiert auch das lokale IFS mit demselben Faktor. Sei $\mathbf{Y}$ $(\mathbf{X})$, und definiere

$$W_{\text{lokal}} : \mathbf{Y} \to \mathbf{Y}$$
$$B \mapsto \bigcup w_i(R_i \cap B) \,\cdot$$

Man sieht leicht, daß W_{lokal} all die Mengen, deren Projektion auf die $\mathbb{E}$bene den ganzen Träger $\square$ ergeben, auf sich selbst abbildet, und daß insbesonc .lt:

$$W_{\text{lokal}}\left(\{(x,y,\psi(x,y)) : (x,y) \in \square\}\right) = \{(x,y,F(\psi)(x,y)) : (x,y) \in \square\}.$$

Das heißt, W_{lokal} bildet den Graphen von $\psi \in \mathbf{Y}$ auf den von $F(\psi)$ ab. Das bedeutet, daß der oben erwähnte Fixpunkt φ von F ein Attraktor von W_{lokal} ist; also

$$W_{\text{lokal}}(A) = A$$

mit

$$A := \{(x,y,\varphi(x,y)) : (x,y) \in \square\}.$$

6.9 Einfache Beispiele für Graustufen-Fraktaltransformationen

Um ein einfaches Bildkompressions-Schema für Graustufen-Bilder zu erhalten, können wir affine Transformationen der Form

$$w_i \begin{pmatrix} x \\ y \\ z \end{pmatrix} := \begin{pmatrix} a_i & b_i & 0 \\ c_i & d_i & 0 \\ 0 & 0 & P \end{pmatrix} \begin{pmatrix} x \\ y \\ z \end{pmatrix} + \begin{pmatrix} R^{(x)} \\ R^{(y)} \\ Q_i \end{pmatrix},$$

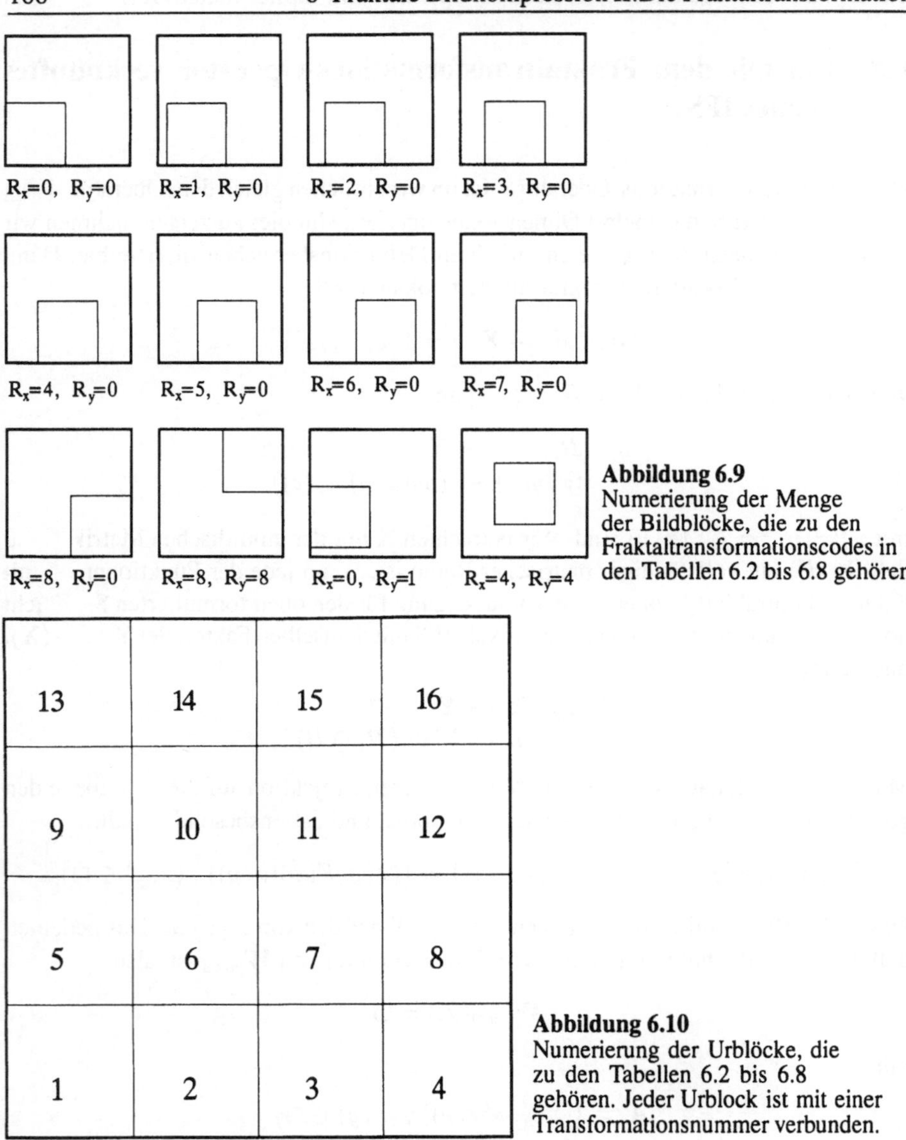

$R_x=0, \ R_y=0 \qquad R_x=1, \ R_y=0 \qquad R_x=2, \ R_y=0 \qquad R_x=3, \ R_y=0$

$R_x=4, \ R_y=0 \qquad R_x=5, \ R_y=0 \qquad R_x=6, \ R_y=0 \qquad R_x=7, \ R_y=0$

$R_x=8, \ R_y=0 \qquad R_x=8, \ R_y=8 \qquad R_x=0, \ R_y=1 \qquad R_x=4, \ R_y=4$

Abbildung 6.9
Numerierung der Menge
der Bildblöcke, die zu den
Fraktaltransformationscodes in
den Tabellen 6.2 bis 6.8 gehören.

13	14	15	16
9	10	11	12
5	6	7	8
1	2	3	4

Abbildung 6.10
Numerierung der Urblöcke, die
zu den Tabellen 6.2 bis 6.8
gehören. Jeder Urblock ist mit einer
Transformationsnummer verbunden.

wobei die Koeffizienten a_i, b_i, c_i und d_i so gewählt sind, daß die Transformation in der x-y-Ebene operiert, wie in der Symmetrien-Tabelle 6.1 auf Seite 158 aufgeführt, und einen Kontraktionsfaktor von $s = \frac{1}{2}$ aufweist. Der Koeffizient P ist eine feste positive Zahl mit $0 < P \le s$, und es gilt

$$v_i(z) = Pz + Q_i.$$

Um einige einfache Beispiele zu geben, wie dieses System fraktaler Transformationen wirkt, schränken wir die Familie der Transformationen hier auf diejenigen ein,

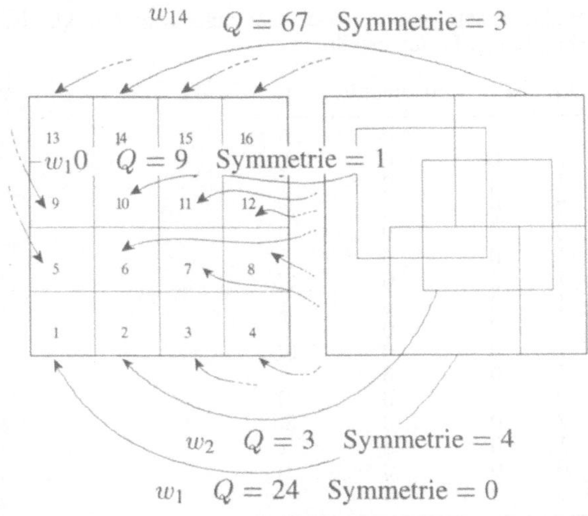

Abbildung 6.11
Die Verbindung einiger Bildblöcke
mit einigen Urblöcken in einem
Fraktaltransformations-Code

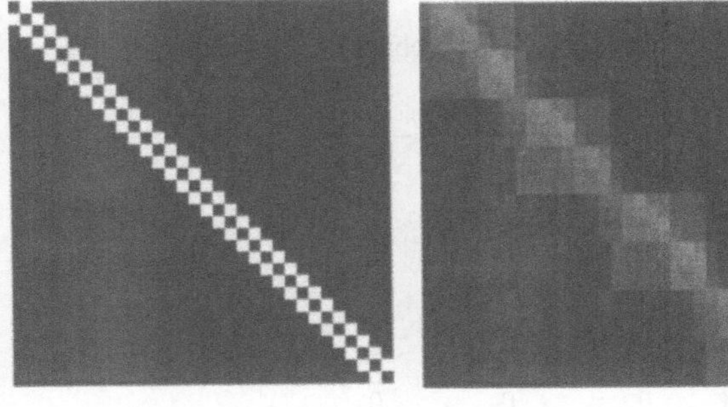

Abbildung 6.12
Eingabe- und Ausgabebild, die
zu dem Fraktaltransformations-
Code in Tabelle 6.2
gehören

die zu den in Abbildung 6.9 dargestellten Bildblöcken gehören. Für die Partitionie-
rung begnügen wir uns zudem mit sechzehn Urblöcken, die wie in Abbildung 6.10
durchnumeriert werden.

Ein lokales IFS und der dazugehörende Fraktaltransformations-Operator F sind
dann durch Angabe der Zahlen $R^{(x)}$, $R^{(y)}$, eines Werts for Q und einer Symmetrie
für jeden der Urblöcke eindeutig bestimmt. Diese Vorstellung wird in Abbildung 6.11
illustriert.

Beispiele für dementsprechende Fraktaltransformations-Codes sind in den Tabellen 6.2 bis 6.8 auf den folgenden Seiten aufgeführt. Die zugehörigen Attraktoren wie
auch mögliche Originalbilder sind in den Abbildungen 6.12 bis 6.18 dargestellt. In
jedem Fall beträgt die Bildauflösung 32×32 bei einer Graustufen-Skala von 8 Bit
Tiefe.

Tabelle 6.2 Ein Beispiel für einen Fraktaltransformations-Code. Der zugehörige Attraktor ist in Abbildung 6.12 dargestellt.

Abb.	R_{x_1}	R_{x_2}	Symmetrie	Q
1	0	0	0	0
2	0	0	0	0
3	1	0	0	1
4	7	0	0	35
5	0	0	0	0
6	1	0	0	1
7	7	0	0	35
8	1	0	3	1
9	0	0	0	0
10	7	0	0	35
11	1	0	3	1
12	0	0	0	0
13	7	0	0	35
14	1	0	3	1
15	0	0	0	0
16	0	0	0	0

Tabelle 6.3 Der Fraktaltransformations-Code, der Abbildung 6.13 entspricht

Abb.	R_{x_1}	R_{x_2}	Symmetrie	Q
1	8	0	0	0
2	1	0	0	16
3	8	0	0	0
4	8	0	0	0
5	8	0	0	0
6	1	1	0	20
7	8	0	0	0
8	8	0	0	0
9	8	0	0	0
10	1	1	0	20
11	8	0	0	0
12	8	0	0	0
13	8	0	0	0
14	1	0	2	16
15	8	0	0	0
16	8	0	0	0

Abbildung 6.13
Eingabe- und Ausgabebild, die zu dem Fraktaltransformations-Code in Tabelle 6.3 gehören

Tabelle 6.4 Der Fraktaltransformations-Code, der Abbildung 6.14 entspricht

Abb.	R_{x_1}	R_{x_2}	Symmetrie	Q
1	3	0	0	-129
2	3	0	0	44
3	4	0	1	62
4	3	0	0	-129
5	3	0	0	-129
6	3	0	0	44
7	4	0	1	62
8	3	0	0	-129
9	3	0	0	-129
10	3	0	0	44
11	4	0	1	62
12	3	0	0	-129
13	3	0	0	-129
14	4	0	5	-119
15	4	0	5	-115
16	3	0	0	-129

Eingabe   Ausgabe

Abbildung 6.14
Eingabe- und Ausgabebild, die
zu dem Fraktaltransformations-
Code in Tabelle 6.4
gehören

Tabelle 6.5 Der Fraktaltransformations-Code, der Abbildung 6.15 entspricht

Abb.	R_{x_1}	R_{x_2}	Symmetrie	Q
1	0	8	0	-7
2	0	8	6	29
3	0	4	4	50
4	0	8	0	-4
5	0	8	0	-7
6	3	4	2	50
7	3	5	5	-16
8	0	6	3	50
9	0	8	0	-7
10	2	5	0	58
11	0	8	2	48
12	0	8	1	32
13	0	8	0	-7
14	0	5	5	-12
15	0	8	5	23
16	0	8	0	-7

Eingabe　　　　　Ausgabe

Abbildung 6.15
Eingabe- und Ausgabebild, die
zu dem Fraktaltransformations-
Code in Tabelle 6.5
gehören

Tabelle 6.6　Der Fraktaltransformations-Code, der Abbildung 6.16 entspricht

Abb.	R_{x_1}	R_{x_2}	Symmetrie	Q
1	0	8	8	-11
2	0	8	6	26
3	0	4	4	46
4	5	4	0	-74
5	0	8	0	-11
6	3	4	2	55
7	5	3	2	3
8	0	5	3	38
9	0	8	0	-11
10	2	5	0	57
11	5	4	4	30
12	0	8	1	28
13	0	8	0	-11
14	4	3	4	-61
15	0	8	5	19
16	0	8	0	-11

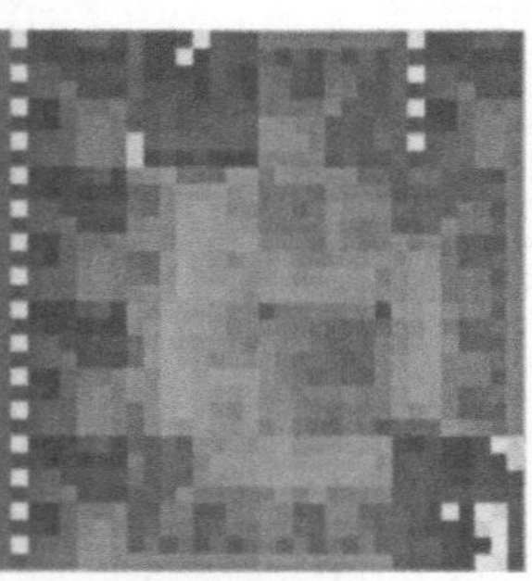

Eingabe　　　　　Ausgabe

Abbildung 6.16
Eingabe- und Ausgabebild, die
zu dem Fraktaltransformations-
Code in Tabelle 6.6
gehören

Tabelle 6.7 Der Fraktaltransformations-Code, der Abbildung 6.17 entspricht

Abb.	R_{x_1}	R_{x_2}	Symmetrie	Q
1	0	0	0	-2
2	1	0	0	4
3	1	0	1	4
4	0	0	0	-2
5	0	0	0	-2
6	1	3	0	20
7	1	3	1	20
8	0	0	0	-2
9	0	0	0	-2
10	1	3	0	20
11	1	3	1	20
12	0	0	0	-2
13	4	0	4	23
14	5	5	5	70
15	4	5	7	65
16	0	0	3	14

Eingabe   Ausgabe

Abbildung 6.17
Eingabe- und Ausgabebild, die
zu dem Fraktaltransformations-
Code in Tabelle 6.7
gehören

Tabelle 6.8 Der Fraktaltransformations-Code, der Abbildung 6.18 entspricht

Abb.	R_{x_1}	R_{x_2}	Symmetrie	Q
1	0	8	0	-115
2	0	8	0	-115
3	0	8	0	39
4	0	8	0	39
5	0	1	0	6
6	0	1	0	6
7	1	8	4	37
8	1	8	4	37
9	0	8	0	50
10	0	8	0	50
11	0	8	0	-63
12	0	8	0	-63
13	0	8	0	50
14	0	8	0	50
15	0	8	0	-63
16	0	8	0	-63

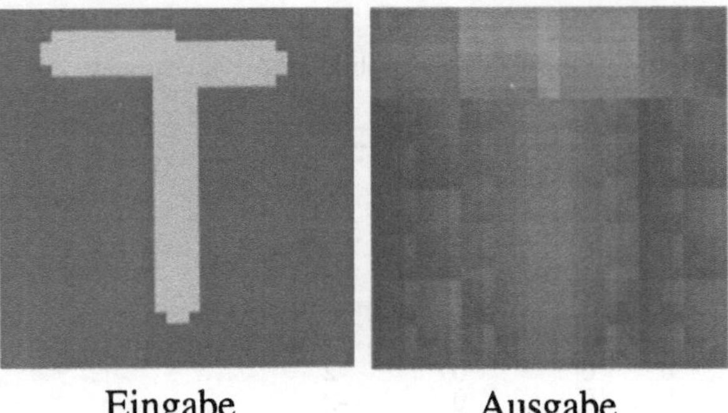

Eingabe   Ausgabe

Abbildung 6.18
Eingabe- und Ausgabebild, die
zu dem Fraktaltransformations-
Code in Tabelle 6.8
gehören

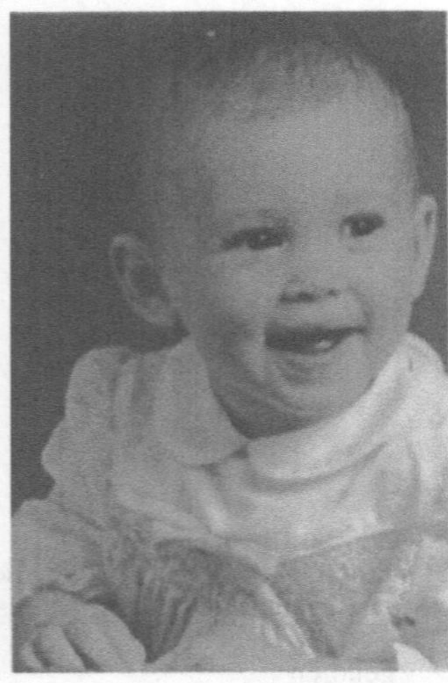

Abbildung 6.19
Ein Original-Farbfoto wurde bei 150 dpi auf einem
Scanner der Marke HP Scanjet IIc gescannt und als
Graustufen-Targa-Datei mit 8 Bit Farbtiefe abgelegt. Die
Auflösung beträgt 509 mal 760 Pixel; dies ergibt eine
Dateigröße von 386 858 Bytes.

6.10   C-Quelltext für die fraktale Graustufen-Bildkompression

Der C-Quelltext für eine Implementierung einer elementaren Fraktaltransformation
auf einem Digitalrechner ist in Anhang B.6 enthalten; er ist lediglich zur Präzisierung
der Darstellung und für Zwecke der besseren Darstellung aufgeführt. Dort finden
sich auch Flußdiagramme, die die Logik des Ablaufs dokumentieren. Kompilier- und
Ablauf-Hinweise finden sich in Anhang B.1 sowie unmittelbar vor dem Quelltext.

Die Abbildungen 6.19 bis 6.22 zeigen Bilder, die bei verschiedenen Kompressions-
raten mit *Images Incorporated*, einem von Iterated Systems angebotenen preiswerten
kommerziellen Software-System für die fraktale Transformation, komprimiert wurden.

Die Farbtafeln 9 bis 16 zeigen Farbbilder und Vergrößerungen, die durch Bildkompression auf der Grundlage fraktaler Transformationen erzeugt wurden.

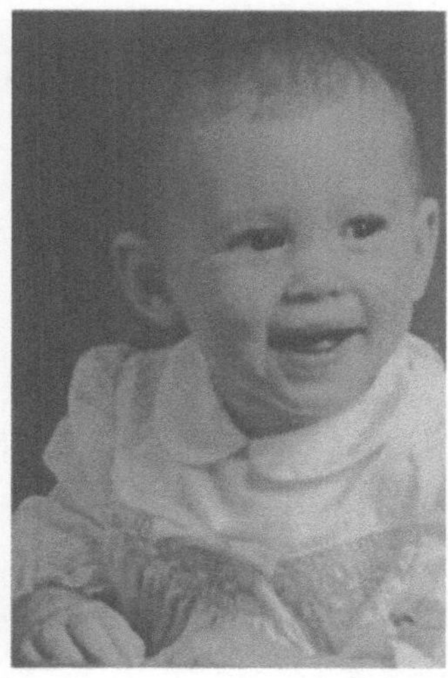

Abbildung 6.20
Images Incorporated wird dazu benutzt, (i) die Originaldatei
zu einer FIF-Datei von 127 369 Byte Größe zu komprimieren,
(ii) die FIF-Datei dekomprimiert wieder auf dem Bildschirm
darzustellen und (iii) das entstehende Bild auf einem
HP Laserjet III bei 300 dpi auszudrucken. Bei dieser
Kompressionsrate besteht der einzige sichtbare Unterschied
darin, daß einige der Lichtreflexe weniger stark hervortreten.

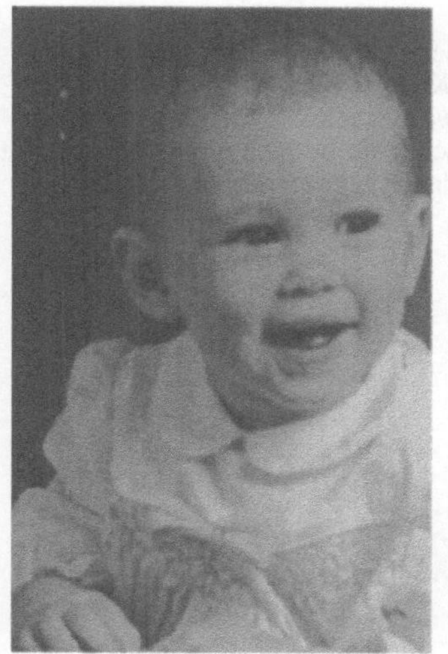

Abbildung 6.21
Die Größe der komprimierten Datei für dieses Bild beträgt
12 392 Bytes. Bei der verhältnismäßig beschränkten
Auflösung eines HP Laserjet III fällt es schwer, einen
Unterschied zu Abbildung 6.19 festzustellen.

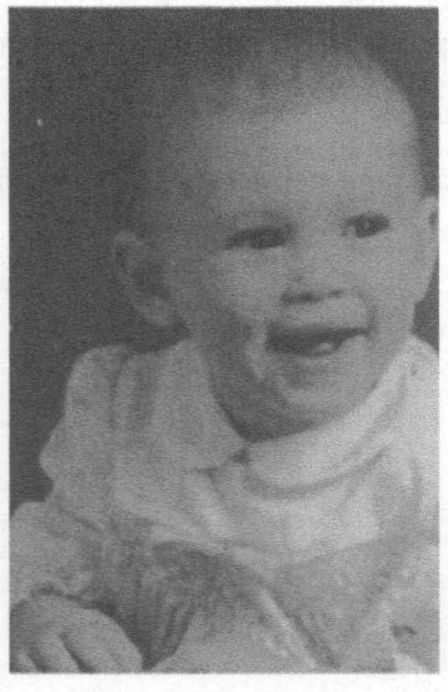

Abbildung 6.22
Die Größe der komprimierten Datei beträgt nun nur noch
8 030 Bytes! Bei dieser Kompressionsrate (48:1) sind die
feineren Einzelheiten etwas verschwommen; immer noch
würde jedoch ein oberflächlicher Betrachter möglicherweise
nicht wahrnehmen, daß das Bild komprimiert worden war.

6.11   Literaturverzeichnis

[AJ] A. Jacquin, "Image Coding Based on a Fractal Theory of Iterated Contractive Image Transformations," *IEEE Transactions on Image Processing*, 1 18–30 (1992).

[BS2] M. Barnsley and A. Sloan, "Method and Apparatus for Processing Digital Data," United States Patent # 5,065,447.

[FBJ] Y. Fisher, R.D. Boss, and E. W. Jacobs, "Fractal Image Compression", to appear in *Data Compression*, R. Storer (ed.) Kluwer Academic Publishers, Norwell, MA.

[FE] M. Barnsley, *Fractals Everywhere*, Academic Press, Boston (1988).

[II] *Images Incorporated*, by Iterated Systems, Inc., Norcross, Georgia (1992).

[JB] J. M. Beaumont, "Image data compression using fractal techniques," *BT Technology Journal* 9 93–109 (1991).

[JW] J. Waite, "A Review of Iterated Function System Theory for Image Compression," preprint. British Telecom Research Laboratories, Martlesham Heath, U.K. (1992).

[ME] *Microsoft Encarta*, by Microsoft Corporation, Redmond, Washington (1992).

[PJS] H.-0. Peitgen, H.Jürgens, and D.Saupe, *Chaos and Fractals (New Frontiers in Science)*, Springer Verlag, London (1992).

A   Bildkompression nach JPEG

A.1   Einleitung

Um Bilder übertragen zu können, benötigt man einen Standard, der von beiden Übertragungspartnern eingehalten wird. Benutzt man Bilder in mehr als nur einer einzigen Anwendung, muß ein Standard außerdem auf verschiedenen Plattformen nutzbar sein. Der Bildkompressionsstandard des JPEG-Komitees [JPG] versucht, dies zu leisten.

Die Abkürzung JPEG steht für *Joint Photographic Experts Group*, wobei das Wort *joint* sich daraus begründet, daß es sich hier um ein gemeinsames Bestreben zweier Standardisierungs-Komitees handelt, des CCITT (*Comitée Consultatif International de Télégraphie et Téléphonie*) und der ISO (*International Standards Organization*). Der Standard umfaßt eine Reihe von – sowohl verlustfreien als auch mit Verlust behafteten – Bildformaten; es gibt im wesentlichen folgende JPEG-Kompressionsverfahren:

1. sequentiell,
2. progressiv,
3. hierarchisch,
4. verlustfrei.

Die am weitesten verbreitete Variante des entstehenden JPEG-Standards ist die elementare DCT-basierte sequentielle Kompressionsmethode, die wir im folgenden beschreiben werden. Sie ist es auch, die wir von nun an mit dem Begriff JPEG-Kompression bezeichnen.

Die Beispiele in diesem Kapitel beschreiben die JPEG-Kompression qualitativ; die Programme implementieren das Verfahren ohne die Informationen im Dateikopf und die abschließende Entropie-Codierung. Wir legen stärkeres Gewicht auf Verständlichkeit als auf Geschwindigkeit.

Die JPEG-Komprimierung umfaßt folgende Schritte; s. Abbildung A.1:

Schritt 1. Das Bild wird in Blöcke von jeweils 8 × 8 Pixeln aufgeteilt; s. Abbildung A.2. Auf jedem dieser Blöcke wird eine diskrete Cosinus-Transformation (DCT) durchgeführt.

Schritt 2. Die sich ergebenden 64 Koeffizienten werden zu einer endlichen Menge von Werten quantisiert. Der Grad der Rundung hängt dabei von dem jeweiligen Koeffizienten ab.

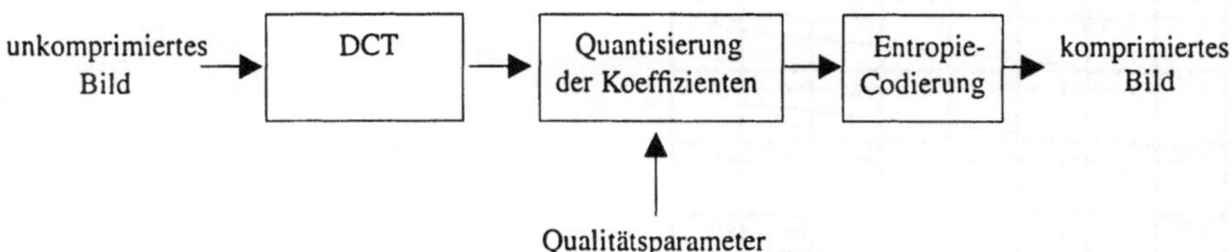

Abbildung A.1   Schritte bei der JPEG-Codierung: a) diskrete Cosinus-Transformation, b) Quantisierung der Koeffizienten (mit Verlust), c) Entropie-Codierung der Koeffizienten und Lauflängen (meist nach Huffman).

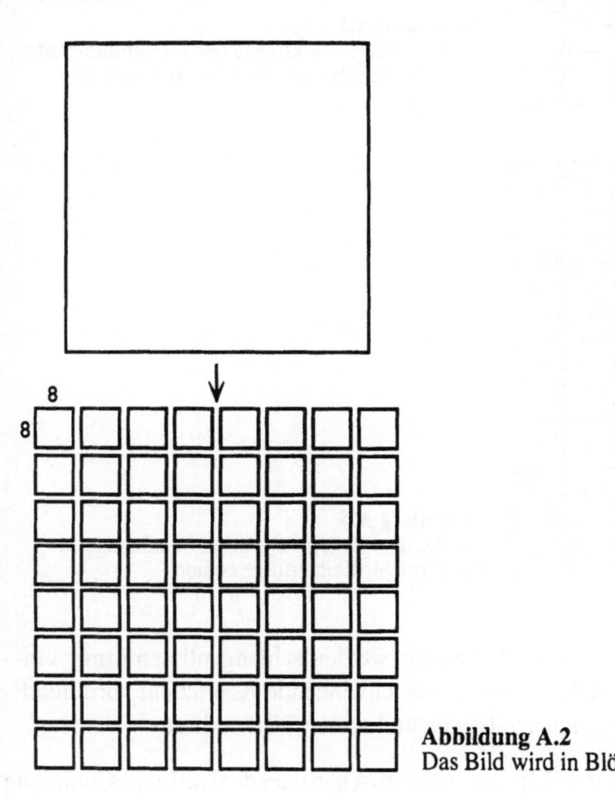

Abbildung A.2
Das Bild wird in Blöcke der Größe 8×8 Pixel zerlegt.

Schritt 3.   Für jeden DC-Wert,[1] einen DCT-Koeffizienten, der den mittleren Pixelwert jedes Blocks darstellt, wird die Differenz zum DC-Wert des – in Abtastreihenfolge – vorhergehenden Blocks gebildet und diese gespeichert; s. Abbildung A.3.

---

1 DC steht hier für den „Gleichspannungsanteil" – das Ergebnis der Cosinus-Transformation kann als Summe von Spannungen unterschiedlicher Frequenz aufgefaßt werden –, also den konstanten Term der durch die Transformation gewonnenen Funktion.

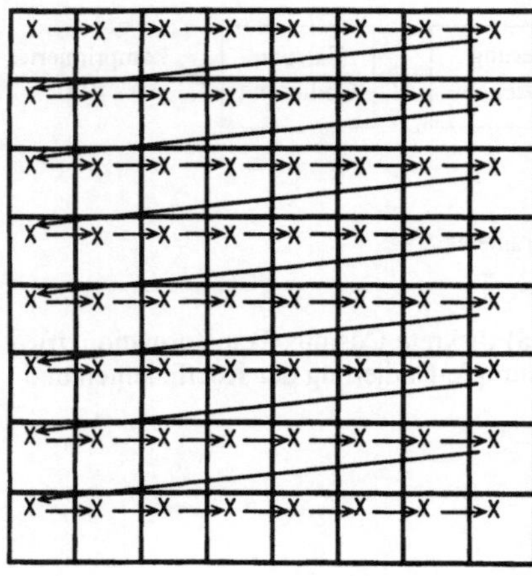

Abbildung A.3
Die DC-Werte – Vielfache der Blockmittelwerte
– werden in Abtastreihenfolge voneinander
abgezogen.

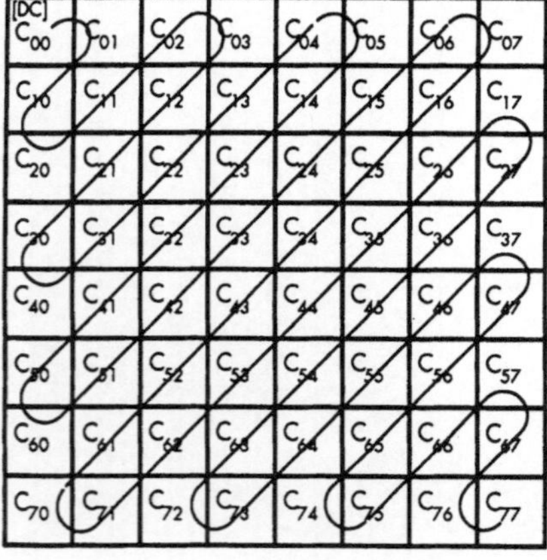

Abbildung A.4
Die AC-Koeffizienten werden in schlangenli-
nienförmiger Reihenfolge codiert.

Schritt 4. Die verbleibenden 63 Koeffizienten[2] werden schlangenlinienförmig eingelesen; s. Abbildung A.4. Jeder nichtverschwindende Koeffizient wird durch
die Anzahl der vorangegangenen Nullen und seinen Wert codiert.

Schritt 5. Die Daten werden mit Hilfe der arithmetischen oder der Huffman-Codierung
Entropie-codiert; s. Kapitel 5.

Die Dekompression erfolgt durch Anwendung der Umkehrabbildung für jeden bei
der Kompression durchgeführten Schritt in entgegengesetzter Reihenfolge; s. Abbildung A.5. Auf eine Entropie-Decodierung folgt die Umwandlung der Lauflängen in
eine Folge von Nullen und Koeffizienten usw.

---

2 Diese werden dementsprechend AC-Koeffizienten genannt und repräsentieren den „Wechselspannungs-
anteil", also die frequenzabhängigen Terme der durch die Transformation gewonnenen Funktion.

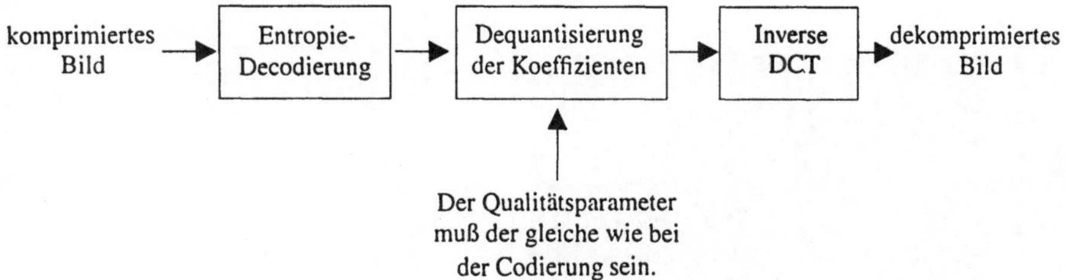

Abbildung A.5 Schritte bei der JPEG-Decodierung: a) Entropie-Decodierung der Koeffizienten und Lauflängen (nach Huffman oder arithmetisch), b) Multiplikation der Koeffizienten mit den Quantisierungs-Koeffizienten, c) inverse diskrete Cosinus-Transformation.

A.2   Diskrete Cosinus-Transformation (DCT)

Die diskrete Cosinus-Transformation ist eine Variante der Fourier-Transformation für reellwertige – im Gegensatz zu komplexwertigen – Daten. Die Transformation ist eine lineare Abbildung; sie kann für eine feste Blockgröße, in unserem Fall 64, als Matrix vollständig beschrieben werden.

Ein Block von 8×8 Pixeln kann als Vektor eines 64-dimensionalen Raumes aufgefaßt werden. Jeder dieser Blöcke wird einzeln behandelt, indem die 64 Pixelwerte s_{xy} durch die diskrete Cosinus-Transformation (DCT) in 64 Koordinaten bezüglich der neuen Basis umgewandelt werden. Zuvor werden die Pixel-Werte um den Wert Null zentriert; für 8-Bit-Daten bedeutet dies, 128 vom Wert des Pixels zu subtrahieren. Wenn die Pixel-Daten mit einer Genauigkeit von acht Bit dargestellt werden, speichern wir die transformierten Daten als vorzeichenbehaftete ganze Zahlen mit einer Genauigkeit von elf Bit.

Die Pixelwerte s_{xy} und S_{uv} hängen durch die im folgenden beschriebene lineare Transformation zusammen. Theoretisch kann die gesamte Abbildung durch eine einzige (64×64)-Matrix dargestellt werden. Dies würde jedoch die Symmetrien vernachlässigen, die in der Transformation enthalten sind.

Diskrete Cosinus-Transformation (DCT):

$$S_{uv} = \frac{1}{4}C(u)C(v) \sum_{x=0}^{7} \sum_{y=0}^{7} s_{xy} \cos \frac{(2x+1)u\pi}{16} \cos \frac{(2y+1)v\pi}{16} \qquad (A.1)$$

für $0 \leq u, v \leq 7$.

Inverse diskrete Cosinus-Transformation (IDCT):

$$s_{xy} = \frac{1}{4} \sum_{u=0}^{7} \sum_{v=0}^{7} C(u)C(v) S_{uv} \cos \frac{(2x+1)u\pi}{16} \cos \frac{(2y+1)v\pi}{16} \qquad (A.2)$$

für $0 \leq x, y \leq 7$.

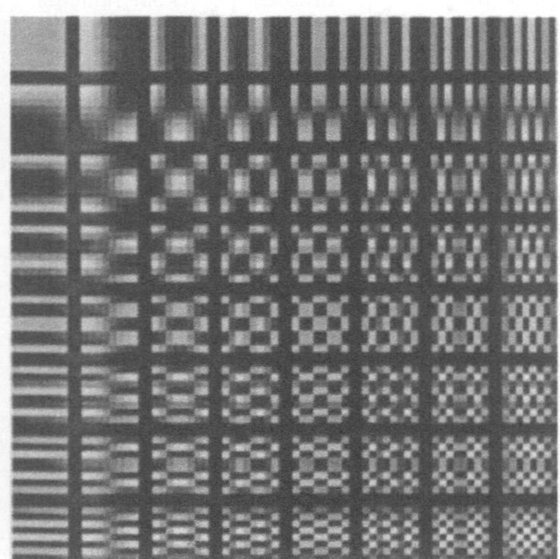

Abbildung A.6
Die DCT-Basis. Jeder Block der Größe 8×8 kann als Linearkombination dieser 64 Blöcke dargestellt werden.

In beiden Gleichungen ist $C(0) := \frac{1}{\sqrt{2}}$ und $C(i) := 1$ für $1 \leq i \leq 7$.

Für eine Implementierung wird man die Cosinus-Terme nur einmal berechnen und sie in einer Tabelle speichern. Eine andere Betrachtung der DCT ergibt sich, wenn man beachtet, daß die Koeffizienten S_{uv} die relativen Anteile an den 64 Basis-Elementen in Abbildung A.6 darstellen.

Die diskrete Cosinus-Transformation ist im Quelltext in Anhang B.7 auf Seite 216 durch die Funktionen `fdct()` und `idct()` implementiert. Pixelwerte zwischen 0 und 255, die in einem Feld mit 8×8 Elementen gespeichert sind, werden in ein Feld von 8×8 reellen Werten doppelter Genauigkeit umgewandelt. In einer realistischen Implementierung würden die Cosinus-Werte aus einer Tabelle entnommen werden und nicht, wie in Anhang B.7, während des Programmablaufs berechnet werden.

A.3 Quantisierung

Die Quantisierung erzeugt bei der JPEG-Codierung Verluste. Jede Anwendung wählt eine Folge von Quantisierungs-Niveaus (in Schritt 2); diese entsprechen einer Reihe von Einstellungen auf einer Kurve, die die Qualität in Abhängigkeit von der Dateigröße beschreibt. Die höchste Qualität entspricht keiner oder nur geringer Rundung der Werte.

Eine bestimmte Wahl von Quantisierungs-Niveaus entspricht einer (8×8)-Matrix positiver ganzer Zahlen, die die Schrittgröße für jeden Koeffizienten angeben. Eine Schrittgröße von Eins bedeutet dabei, daß nicht gerundet wird. Je größer diese Zahl ist, desto weniger Bits werden für die Darstellung dieses Koeffizienten verwendet.

Um einen Koeffizienten a_{ij} zu quantisieren, wird dieser durch den Quantisierungs-Koeffizienten dividiert und anschließend zur nächsten ganzen Zahl gerundet:

$$a'_{ij} := \text{Round} \left(\frac{a_{ij}}{q_{ij}} \right).$$

Die Koeffizienten der Quantisierungs-Matrix sind nicht alle gleich: Sie unterscheiden sich nach der relativen visuellen Bedeutung von Fehlern bei bestimmten Frequenzen; es wird angenommen, daß das Auge gegenüber Fehlern bei höheren Frequenzen weniger anfällig ist als bei niedrigen Frequenzen.

Abbildung A.7 zeigt ein Graustufenbild, das mit verschiedenen Qualtitätseinstellungen komprimiert wurde. Bei niedriger Qualität, also hoher Kompression, erscheinen Verfälschungen. Diese machen sich besonders in der Nähe scharfer Kanten bemerkbar. Cosinus-Funktionen sind stetig, und eine endliche Summe stetiger Funktionen kann keine unstetige Funktion beschreiben. Das Problem, eine Treppenfunktion zu approximieren, das eindimensionale Analogon einer Kante, ist ein klassisches Problem. Es wird in Abbildung A.8 veranschaulicht: Eine Rechteck-Funktion wird durch eine endliche Fourierreihe angenähert.

Die Quantisierung wird im Quelltext in Anhang B.7 in den beiden Funktionen `quantize()` und `dequantize()` implementiert. Die Wahl der Quantisierungswerte in dem Beispiel stammt aus [GKW].

A.4 Lauflängencodierung

Der DC-Wert S_{00} ist ein Vielfaches des durchschnittlichen Pixelwerts des jeweiligen Blockes. Die DC-Werte aller Blöcke werden als Differenzen zu dem jeweils vorhergehenden DC-Wert gespeichert. Diese Differenzenbildung stellt die einzige Abhängigkeit zwischen Blöcken dar.

Die DCT-Koeffizienten hoher Frequenzen, also S_{uv} für großes u oder v, sind für Blöcke aus typischen Bildern meist kleiner als die Koeffizienten niedriger Frequenzen. Nach der Quantisierung werden viele von ihnen zu Null gerundet. Wenn wir diese einzeln speichern wollten, würden wir viel Platz für Nullen verschwenden.

Stattdessen erhält die Null einen besonderen Platz. Alle Koeffizienten außer S_{00} werden in einer schlangenlinienförmigen Reihenfolge eingelesen. Die nichtverschwindenden Koeffizienten werden durch die Anzahl der ihnen vorangehenden Nullen und den Wert des Koeffizienten selber codiert. Ein besonderer Code beschreibt den letzten nichtverschwindenden Koeffizienten.

Original

Qualitätsfaktor 74

Qualitätsfaktor 20

Abbildung A.7 Ein Graustufenbild und das Ergebnis nach JPEG-Kompression und -Dekompression für zwei verschiedene Qualitätseinstellungen. Mit fallender Dateigröße macht sich ein Gibb-Phänomen bemerkbar: Es zeigen sich Verfälschungen in der Nähe scharfer Kanten. Dieser Effekt entsteht, weil eine endliche Kombination stetiger Funktionen keine Unstetigkeitsstelle beschreiben kann.

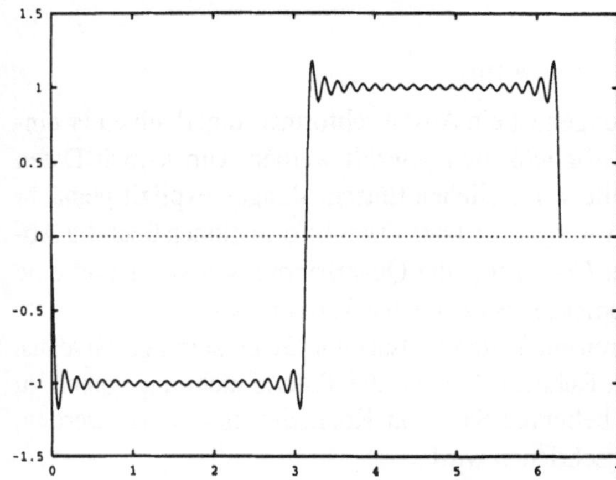

Abbildung A.8
Wenn man versucht, eine Rechteck-Funktion durch ein trigonometrisches Polynom anzunähern, zeigt sich ein Gibb-Phänomen. Mit steigender Anzahl von Summanden werden die Spitzen schmaler, sie verlieren jedoch nicht an Höhe.

A.5 Entropie-Codierung

Die Daten bestehen nunmehr aus einer Folge von Koeffizienten, die die einzelnen Blöcke beschreiben. Ein Block der Größe 8×8 wird nun codiert durch:

1. Die Differenz des Block-Mittelwerts vom Mittelwert des in Abtastreihenfolge vorhergehenden Blocks.

2. Die restlichen nichtverschwindenden quantisierten DC-Koeffizienten, denen jeweils eine Lauflänge zur Beschreibung ihrer Position vorangeht.

Dieser Kompressionsvorgang wird dadurch vervollständigt, daß die Daten durch eine Entropie-Codierung weiter verschlüsselt werden. Durch eine solche Codierung werden den Koeffizienten Codewörter derart zugewiesen, daß kurze Codewörter für häufig auftretende Werte und längere für selten auftretende Werte verwendet werden. Zu diesem Zweck gibt es zwei Verfahren: arithmetische und Huffman-Codierung; s. Unterkapitel 5.11 auf Seite 145 bzw. 5.9 auf Seite 138. Beispielhafte Quelltexte finden sich in den Unterkapiteln B.5 auf Seite 195 bzw. B.4 auf Seite 191.

Ein Huffman-Code weist jedem Koeffizienten ein solches Codewort variabler Länge zu, daß kein Codewort den Präfix eines anderen bildet. Die Codierung kann eindeutig in die Codewörter zerlegt werden, und alle Codewörter können decodiert werden, sobald sie vollständig empfangen sind. Um einen Huffman-Code vollständig zu beschreiben, muß man die Codewörter aufzählen. Obwohl das JPEG-Komitee eine Liste von empfohlenen Codes zur Verfügung stellt, darf jeder beliebige Huffman-Code verwendet werden, sofern er am Anfang der Datei beschrieben wird.

A.6   Austauschformat

Ein Bestandteil der JPEG-Empfehlungen ist ein Austauschformat. Innerhalb einer einzigen Anwendung können viele Möglichkeiten gewählt werden. Um jedoch Daten austauschen zu können, müssen alle willkürlichen Entscheidungen explizit gemacht werden. Insbesondere enthält der Anfang einer JPEG-Datei Informationen über die Abmessungen des Bildes, die Art der Codierung, die Quantisierungs-Niveaus und eine Beschreibung des zur Entropie-Codierung verwendeten Verfahrens.

Die JPEG-Empfehlungen definieren einen Standardsatz von Quantisierungs-Niveaus. Bleibt eine Anwendung in diesem Rahmen, braucht die Tabelle nicht angegeben zu werden. Andererseits kann jeder beliebige Satz von Koeffizienten benutzt werden, solange er am Anfang der Datei beschrieben wird.

Der JPEG-Standard stellt auch einen Satz von Huffman-Codes zur Verfügung; er verlangt, daß der Huffman-Code auf jeden Fall am Anfang der Datei beschrieben werden muß, auch wenn der vordefinierte Code verwendet wird. Auch dies gilt nur für Dateien, die mit anderen Anwendungen ausgetauscht werden sollen. Einige Implementierungen erlauben das Setzen einer Markierung, ob eine Datei für interne oder externe Zwecke benutzt wird.

Die JPEG-Standards definieren allerdings kein vollständiges Dateiformat; es gibt jedoch derzeit zwei Dateiformate, die diesen Bedarf decken. Für einfache Anwendungen gibt es das JFIF-Format, für kompliziertere das JTIF-6.0-Format. Einzelheiten zu den Implementierungen können den Veröffentlichungen der *Independent* JPEG *Group* [IJG] entnommen werden.

Das Verfahren der JPEG-Kompression läßt sich auf einem Personal-Computer gut veranschaulichen. Ein entsprechendes C-Programm findet sich in Anhang B.7 auf Seite 216.

A.7   Literaturverzeichnis

[GKW] G. K. Wallace, "The JPEG Still Picture Compression Standard," *Comm. of the ACM*, Volume 34, Number 4 (1991). A revised version has been submitted to *IEEE Transactions on Consumer Electronics*.

[IJG]   Independent JPEG group. Software ist erhältlich über anonymes FTP von `wuarchive.wustl.edu` in der Datei
`/multimedia/images/jpeg/software/jpegsrc.v5.tar.gz`.
Die JPEG-Gruppe kann über `jpeg-info@uunet.uu.net` erreicht werden.

[JPG] *Digital Compression and Coding of Continuous-tone Still Images, Part 1: Requirements and guidelines*, Number: ISO/IEC CD 10918-1, Alternate Number: SC2 N2215.

B Programm-Listings

B.1 Allgemeine Hinweise

Die im folgenden abgedruckten Programm-Listings sind als beispielhafte praktische Umsetzungen der in diesem Buch beschriebenen Verfahren gedacht. In der hier vorliegenden Form sind sie nicht als professionell einsetzbares Bildkompressions-System geeignet.

Alle Programme sind in der auf vielen Rechnertypen verfügbaren Programmiersprache C geschrieben. Sie lassen sich mit dem auf PCs weit verbreiteten Turbo-C-Compiler (Version 1.0) der Firma Borland compilieren; die Entwicklung der Programme erfolgte für IBM-PC-kompatible Rechner unter DOS mit einem Prozessor ab der Klasse 80286 aufwärts und einer VGA-Grafikkarte. Für andere Standard-C-Compiler bzw. andere Rechnerumgebungen müssen Einzelheiten angepaßt werden, insbesondere solche, die die Ausgabe von Grafiken betreffen.

B.2 Berechnung des Attraktors eines IFS

Dieser Abschnitt enthält den Quelltext `IFS.H` und `IFS.C` zu Unterkapitel 4.7 auf Seite 88. Zum Compilieren geben Sie auf der DOS-Befehlszeile ein:

```
tcc -ms -c -v IFS.C
```
Zur Erzeugung des ablauffähigen Programms `IFS.EXE` binden Sie das Objektmodul mit der Turbo-C-Grafik-Bibliothek, indem Sie eingeben:

```
tcc -ms -v IFS.OBJ graphics.lib
```

Zum Start des Programms `IFS.EXE` geben Sie auf der DOS-Befehlszeile ein:

```
IFS
```

Ein Beispiel für die Ausgabe des Programms ist in Abbildung 4.17 auf Seite 91 abgedruckt.

```
-----------------------------------------------------
FILE NAME: IFS.H
-----------------------------------------------------
#include<stdio.h>
#define WIDTH 148
#define ITERATES 8
#define MAPS 3

typedef unsigned char Pixel;
typedef struct rectangle {Pixel **pixels;} Rectangle;
void show_rectangle(Rectangle *screen),
  apply_affine_maps(Rectangle *screen1, Rectangle *screen2),
  clear_rectangle(Rectangle *screen);

static float a[MAPS] = {0.5, 0.5, 0.5},
     b[MAPS] = {0,0,0},
     c[MAPS] = {0,0,0},
     d[MAPS] = {.5,.5,.5},
     e[MAPS] = {1,WIDTH/2,WIDTH/2},
     f[MAPS] = {1,1,WIDTH/2};


-----------------------------------------------------
FILE NAME: IFS.C
-----------------------------------------------------
#include <stdio.h>
#include <graphics.h>
#include <alloc.h>
#include "ifs.h"

main()
{
  Rectangle screen1, screen2;
  int i,j,iterate;

/* Turbo C Graphics Routines (modify as necessary) */

  int gdriver = DETECT, gmode, errorcode;
  initgraph(&gdriver,&gmode,"");
  errorcode=graphresult();
  if (errorcode != grOk)
  {
  fprintf(stderr,"Graphics error: %s\n",
```

```c
        grapherrormsg(errorcode));
      exit(1);
      }


  /* Initialize screen1 and screen2 */

    screen1.pixels=(Pixel **) calloc(WIDTH,sizeof(Pixel *));
    screen2.pixels=(Pixel **) calloc(WIDTH,sizeof(Pixel *));
    for (i=0;i<WIDTH;i++)
      {
        screen1.pixels[i]=(Pixel *)
          calloc(WIDTH,sizeof(Pixel));
        screen2.pixels[i]=(Pixel *)
          calloc(WIDTH,sizeof(Pixel));
      }


    for (i=0;i<WIDTH;i++)
      for (j=0;j<WIDTH;j++)
          screen1.pixels[i][j] = BLACK;

    for (i=0;i<WIDTH;i++)
      screen1.pixels[0][i]=
      screen1.pixels[WIDTH-1][i]=
      screen1.pixels[i][0]=
      screen1.pixels[i][WIDTH-1]=WHITE;

  /* Loop */

    for (iterate=0;iterate<ITERATES/2;iterate++)
      {
        /* omit for condensation set */
        clear_rectangle(&screen2);
        apply_affine_maps(&screen1,&screen2);
        show_rectangle(&screen2);

        /* omit for condensation set */
        clear_rectangle(&screen1);
        apply_affine_maps(&screen2,&screen1);
        show_rectangle(&screen1);
      }

  /* pause */
```

```c
  getch();

/* close graphics screen */

  closegraph();
  return(0);
}

void show_rectangle(Rectangle *screen)
  {
    int x,y;
    for (x=0;x<WIDTH;x++)
      for (y=0;y<WIDTH;y++)
 putpixel(x,y,screen->pixels[x][y]);
  }

void clear_rectangle(Rectangle *screen)
  {
    int x,y;
    for (x=0;x<WIDTH;x++)
      for (y=0;y<WIDTH;y++)
 screen->pixels[x][y]=BLACK;
  }

void apply_affine_maps(Rectangle *screen1,
  Rectangle *screen2)
{
  int x,y,map;
  for (x=0;x<WIDTH;x++)
    for (y=0;y<WIDTH;y++)
      {
        if (screen1->pixels[x][y]==WHITE)
          {
            for (map=0;map<MAPS;map++)
              screen2->pixels[a[map]*x+b[map]*y+
                e[map]][c[map]*x+d[map]*y+f[map]]=WHITE;
          }
      }
}
```

B.3 Veranschaulichung des Satzes von Kraft

Dieser Abschnitt enthält den Quelltext KRAFT.C zu Unterkapitel 5.4 auf Seite 118. Das Programm erhält als Eingabe die Größe eines Alphabets $n \leq 80$ – dies ist auch die Anzahl der Codewörter –, die Größe des Ausgabe-Alphabets $r \leq 16$ sowie eine Folge von n Codewortlängen in aufsteigender Reihenfolge. Die Ausgabe ist ein Präfix-Code, der die gegebenen Randbedingungen erfüllt. Der verwendete Algorithmus ist im Beweis der Ungleichung von Kraft beschrieben.

Zum Compilieren geben Sie auf der DOS-Befehlszeile ein:

```
tcc -ms -c -v KRAFT.C
```

Zur Erzeugung des ablauffähigen Programms KRAFT.EXE geben Sie auf der Befehlszeile ein:

```
tcc -ms -v KRAFT.OBJ
```

Zum Start des Programms KRAFT.EXE geben Sie auf der DOS-Befehlszeile ein:

```
KRAFT
```

```
-----------------------------------------------
FILE NAME: KRAFT.C
-----------------------------------------------
#include <stdio.h>

#define MAXLENGTH    80
#define MAXCODEWORDS 80
#define MAXR         16

char output_alphabet[MAXR] = "0123456789ABCDEF";

main() `
{
  short n,r,i,j,l[MAXCODEWORDS],last_symbol=0;
  char codeword[MAXLENGTH];

  printf("         Size of input alphabet? ");
  fflush(stdout);
  scanf("%d",&n);
  printf("Size of output alphabet (max 16)? ");
  fflush(stdout);
  scanf("%d",&r);
  printf("Input codeword l in ascending order (max 80).\n");

  for (i=0;i<n;i++)
    {
      printf("Length? ");
      fflush(stdout);
      scanf("%d",l+i);
    }

  printf("\nA possible instantaneous code is:\n\n");
```

```c
        /* The first codeword is all zeros */

  for (i=0;i<l[0];i++) codeword[i]=output_alphabet[0];
  codeword[l[0]]='\0';
  puts(codeword);

  for (i=1;i<n;i++)
    {
/* check whether last symbol in previous codeword is r-1 */

     while (last_symbol==r-1)
{

  /* otherwise back up until a symbol is not r-1 */
  /* if this is impossible, the tree is full */

        if (l[i-1]==1)
          {
             fprintf(stderr,
               "Lengths do not satisy Kraft inequality.\n");
  /* ESCAPE */
             exit(1);
          }
        else
          {
      /* back up until symbol can be incremented */
            l[i-1]--;
            last_symbol=index(codeword[l[i-1]-1]);
          }
}
        /* if the last symbol is not r-1, increment it */

        codeword[l[i-1]-1] = output_alphabet[++last_symbol];
        if (l[i]<l[i-1])
{
  fprintf(stderr,"Lengths not in ascending order.\n");
        exit(1);
}
        else if (l[i]>l[i-1])   /* pad with zeros */
          {
            last_symbol=0;
          for (j=l[i-1];j<l[i];j++)
          codeword[j]=output_alphabet[0];

            codeword[l[i]]='\0';
          }
        puts(codeword);
    }
  return(0);
}
/* This just converts from the character to its place */
/*  in the alphabet    */


index(char symbol)
{
  int i=0;
  while (symbol!=output_alphabet[i++]);
  return(i-1);
}
-----------------------------------------------
```

Ein Beispiel für die Ausgabe des Programms ist:

```
Size of input alphabet? 4
Size of output alphabet (max 16)? 2
Input codewort 1 in ascending order (max 80).
Length?1
Length?2
Length?3
Length?4
A possible instantaneous code is:
0
10
110
1110
```

B.4 Veranschaulichung des Huffman-Codes

Dieser Abschnitt enthält den Quelltext `HUFFMAN.C` zu Unterkapitel 5.9 auf Seite 138.
Das Programm erhält als Eingabe eine Menge von Wahrscheinlichkeiten. Die Ausgabe
ist ein binärer Präfix-Code. Da der Algorithmus nur auf relativen Häufigkeiten arbeitet,
müssen die Wahrscheinlichkeiten sich nicht zu Eins addieren.

Die Beschränkung auf 26 Eingabezeichen ist künstlich auferlegt. Zur Übung kann
diese Bedingung abgeschwächt werden. Außerdem trägt jeder Knoten eine Markierung
maximaler Länge, um Probleme bei der Reservierung von Speicherplatz zu vermeiden.

Zwei Konstrukte werden benutzt. Die Knotenstruktur `node` bildet einen binären
Baum mit Hilfe der Zeiger `node->zero` und `node->one`. Zusätzlich sind die
Knoten in einer verketteten Liste zusammengefaßt, um den Vorgang des Verschmelzens
zu verfolgen. Dies geschieht über den Zeiger `node->next`. Nachdem der Huffman-
Code konstruiert ist, ist dieser Zeiger bedeutungslos.

Zum Compilieren geben Sie auf der DOS-Befehlszeile ein:

```
tcc -ms -c -v HUFFMAN.C
```

Zur Erzeugung des ablauffähigen Programms `HUFFMAN.EXE` geben Sie auf der Befehlszeile ein:

```
tcc -ms -v HUFFMAN.OBJ
```

Zum Start des Programms `HUFFMAN.EXE` geben Sie auf der DOS-Befehlszeile ein:

```
HUFFMAN
```

```c
--------------------------------------------------
FILE NAME: HUFFMAN.C
--------------------------------------------------
#include <stdio.h>
#include <string.h>
#include <alloc.h>

#define MAXSYMBOLS 26

char symbols[] = "ABCDEFGHIJKLMNOPQRSTUVWXYZ";

typedef struct node {
  double weight;
  struct node *zero,*one;
  /* these pointers make up the tree structure */

  struct node *next;
  /* this pointer keeps track of list */

  char label[MAXSYMBOLS];
} Node;

extern void print_code(long n, Node *nodes),
        label_nodes(Node *root);
extern Node *insert_node(Node *node,Node *node_list);

main()
{
  long i,n=0,count=0;
  Node *new_node,*node_list=NULL,*auxilliary_nodes,*nodes;
  double p;
  nodes = (Node *) calloc(2*MAXSYMBOLS+1,sizeof(Node));
  auxilliary_nodes = nodes+MAXSYMBOLS;
  printf("\nInput probabilities (end with 0).\n\n");
  node_list=NULL;

  /* the symbols correspond to the leaves */
  /* in the tree and are stored in */
  /* the array nodes.  The weights do not have to */
  /* be normalized (add to 1) */
  /* so relative frequency information will do as well. */

  for (i=0;i<MAXSYMBOLS;i++)
```

```
      {
        printf("p(%c) = ",symbols[i]);
        fflush(stdout);
        scanf("%lf",&p);
        if(p==0.) break;
        nodes[i].weight=p;
        node_list=insert_node(&nodes[i],node_list);
        n++;
      }

  /* node_list maintains a list of nodes  */
  /* which have yet to be merged */
  /* the algorithm terminates  */
  /* when it has only one element */

  while (NULL!=node_list->next)
    {
      new_node = auxilliary_nodes+(count++);
      new_node->zero=node_list;
      new_node->one=node_list->next;
      new_node->weight=node_list->weight+
    node_list->next->weight; /* combine weight of children */
      node_list=(node_list->next)->next;
      node_list=insert_node(new_node,node_list);
    }
  label_nodes(node_list);
  print_code(n,nodes);
  free(nodes);
  return(0);
}

/* insert node into node_list; list is sorted by weight */
/* in the first loop, this function effects
   an insertion sort */

Node *insert_node(Node *node,Node *node_list)
{
  if (node_list==NULL)
    return(node);
  else if (node_list->weight>node->weight)
    {
      node->next=node_list;
      return(node);
```

```
      }
    else
      {
        node_list->next=insert_node(node,node_list->next);
        return(node_list);
      }
}

/* recursively assign labels to the nodes */

void label_nodes(Node *root)
{
  if (root->zero)
    {
      strcpy(root->zero->label,root->label);
      strcat(root->zero->label,"0");
      label_nodes(root->zero);
    }
  if (root->zero)
    {
      strcpy(root->one->label,root->label);
      strcat(root->one->label,"1");
      label_nodes(root->one);
    }
}

/* print symbols and their codewords */

void print_code(long n,Node *nodes)
{
  short i;
  putchar('\n');
  for (i=0;i<n;i++)
    printf("%c --> %s\n",symbols[i],nodes[i].label);
}
```

Ein Beispiel für die Ausgabe des Programms ist:

```
Input probabilities (end with 0).

p(A) = 3
p(B) = 9
p(C) = 1
p(D) = 1
p(E) = 1
p(F) = 5
p(G) = 0


A --> 110
B --> 0
C --> 11110
D --> 11111
E --> 1110
F --> 10
```

B.5 Veranschaulichung der arithmetischen Codierung und Decodierung

Dieser Abschnitt enthält die Quelltexte A_ENC.C und A_DEC.C zu Unterkapitel 5.11 auf Seite 145.

A_ENC.C führt eine arithmetische Codierung durch. Das Eingabe-Alphabet ist $\{A, B, C\}$, die Ausgabe eine reelle Zahl. Wenn die Zeichenfolge lang genug ist, werden die Werte zu klein und das Programm bricht ab. Wann genau dies passiert, hängt von den Wahrscheinlichkeiten der Zeichen ab; einige Zeichenketten erzeugen nie zu kleine Werte. Die Länge der Zeichenkette ermittelt das Programm aus den Eingabedaten.

Es soll noch einmal betont werden, daß eine endliche Zeichenkette einem Intervall entspricht. In diesem Programm wird der Mittelpunkt des Intervalls ausgegeben. Zur Komprimierung würde man stattdessen die „billigste" rationale Zahl, gemessen an der Anzahl der Bits in Zähler und Nenner, im Intervall wählen.

A_DEC.C führt eine arithmetische Decodierung durch. Die Eingabe besteht aus einer reellen Zahl und der Länge der gewünschten Zeichenkette. Die Ausgabe ist eine Folge der Buchstaben A, B und C. Beachte, daß jede reelle Zahl zu einer beliebig langen Zeichenkette decodiert werden kann, obwohl die Zeichen ab der Stelle, an der die Codierung endete, unsinnig sind. Als Übung kann man die Zahl der Zeichen vergrößern und die Muster, die bei der Decodierung herauskommen, erklären. Insbesondere der Wert 0,25 ist interessant zu decodieren.

Die Wahrscheinlichkeiten können durch Ändern der Quelltexte und erneutes Übersetzen geändert werden.

Der Quelltext des Codierungs- und des Decodierungsprogramms besteht aus den Dateien A_ENC.C und A_DEC.C. Kompilier- und Ablauf-Hinweise sowie ein Beispiel für die Ausgabe des Programms finden sich in Anhang B.1 auf Seite 185 sowie hinter dem Quelltext.

Zum Compilieren geben Sie auf der DOS-Befehlszeile ein:

```
tcc -ms -c -v A_ENC.C
```

bzw.

```
tcc -ms -c -v A_DEC.C
```

Zur Erzeugung der ablauffähigen Programme A_ENC.EXE und A_DEC.EXE geben Sie auf der Befehlszeile ein:

```
tcc -ms -v A_ENC.OBJ
```

bzw.

```
tcc -ms -v A_DEC.OBJ
```

Zum Start der Programme A_ENC.EXE bzw. A_DEC.EXE geben Sie auf der DOS-Befehlszeile ein:

```
A_ENC
```

bzw.

```
A_DEC
```

```
------------------------------------------------
FILE NAME: A_ENC.C
------------------------------------------------
#include <stdio.h>
#include <string.h>

double probs[] = {0.2, 0.2, 0.4},
    lower_limit[]={0.,0.2,0.4};
        /* cumulative sum of the probabilities */
main()
{
    short i,n;
    char string[80];
    /* maximum number of characters to prevent
        underflow */
    double x,offset,length;
    printf("Input string (symbols are A, B, or C) : ");
    fflush(stdout);
    scanf("%s",string);
    n = strlen(string);
```

```c
    /* bottom of interval of possible real numbers */
    offset=0.;
    /* length of interval of possible real numbers */
    length=1.;
    for (i=0;i<n;i++)
      {
        if (string[i]=='A')
          {
            offset+=length*lower_limit[0];
            length*=probs[0];
          }
        else if (string[i]=='B')
          {
            offset+=length*lower_limit[1];
            length*=probs[1];
          }
        else if (string[i]=='C')
          {
            offset+=length*lower_limit[2];
            length*=probs[2];
          }
        else
          {
            fprintf(stderr,"Illegal symbol %c.\n",string[i]);
            exit(1);
          }
      }
    x=offset+length/2;    /* pick midpoint of interval */
     /* actually any point in interval will do */
    printf("%lf\n",x);
    return(0);
}
    --------------------------------------------------


    --------------------------------------------------
FILE NAME: A_DEC.C
    --------------------------------------------------

#include <stdio.h>

double probs[] = {0.2, 0.2, 0.4},
       lower_limit[]={0.,0.2,0.4};
        /* cumulative sum of the probabilities */
```

```c
main()
{
  short i,n;
  double x;
  printf("      Input number of symbols n: ");
  fflush(stdout);
  scanf("%d",&n);
  printf("Input real number x (0<=x<=1) : ");
  fflush(stdout);
  scanf("%lf",&x);
  for (i=0;i<n;i++)
    {
      if (x<lower_limit[1])
        {
          putchar('A');
          x/=probs[0];
        }
      /* one can store reciprocals and multiply */
      /* in practical applications one has to guard */
      /* against underflow */
      else if (x<lower_limit[2])
      {
        putchar('B');
        x-=lower_limit[1];
        x/=probs[1];

      }
    else
        {
          putchar('C');
          x-=lower_limit[2];
          x/=probs[2];
        }
    }
  putchar('\n');
  return(0);
}
----------------------------------------------
```

Ein Beispiel für die Ausgabe des Programms A_ENC.EXE ist:

```
Input string (symbols are A, B, or C) : ABCABCAABC
0.056899   Ein Beispiel für die Ausgabe des Programms A_DEC.EXE ist:
Input number of symbols n: 7
Input real number x (0<=x<=1) : 0.056899
ABCABCA
```

B.6 Implementierung der Codierung durch fraktale Transformation

Dieser Abschnitt enthält den Quelltext zu Unterkapitel 6.10 auf Seite 172. Er besteht aus den Dateien TGA.H, FRACTAL.H, UTIL.C, COMPRESS.C und DECOMPRS.C. Durch Kompilieren ergeben sich zwei ausführbare Programme: COMPRESS.EXE und DECOMPRS.EXE.

Die Eingabe für COMPRESS.EXE ist ein digitalisiertes Graustufen-Bild im Targa-Format. Solche Dateien verfügen über einen Kopfabschnitt, der Informationen über das Digitalbild enthält, unter anderem Breite und Höhe des Bildes in Pixeln, gefolgt von einer Liste von Bytes, die die Graustufen-Werte der Bild-Pixel in Abtastzeilen-Ordnung enthalten. Die Struktur des Kopfabschnittes einer Targa-Datei wird durch TGA.H beschrieben. Die Ausgabe von COMPRESS.EXE ist eine FTC- oder Fraktaltransformations-Code-Datei; sie besteht aus dem Kopf der Targa-Datei für das unkomprimierte Bild, gefolgt von einer Koeffizienten-Liste für affine Transformationen, wie im Text beschrieben.Die Eingabe für DECOMPRS.EXE ist eine FTC-Datei, die Ausgabe ist eine Targa-Datei, die das unkomprimierte Bild enthält.

Flußdiagramme, die die Funktionsweise der zwei Programme zeigen, sind in den Abbildungen B.1 und B.2 abgebildet.

```
------------------------------------------------------------

FILE NAME: TGA.H

------------------------------------------------------------


#define TGA_GRAYSCALE 3

struct tga_hdr {
  unsigned char id,cmaptype,imtype,col1,col2,col3,col4,col5;
  short xorigin,yorigin,width,height;
  unsigned char depth,descriptor;
};
```

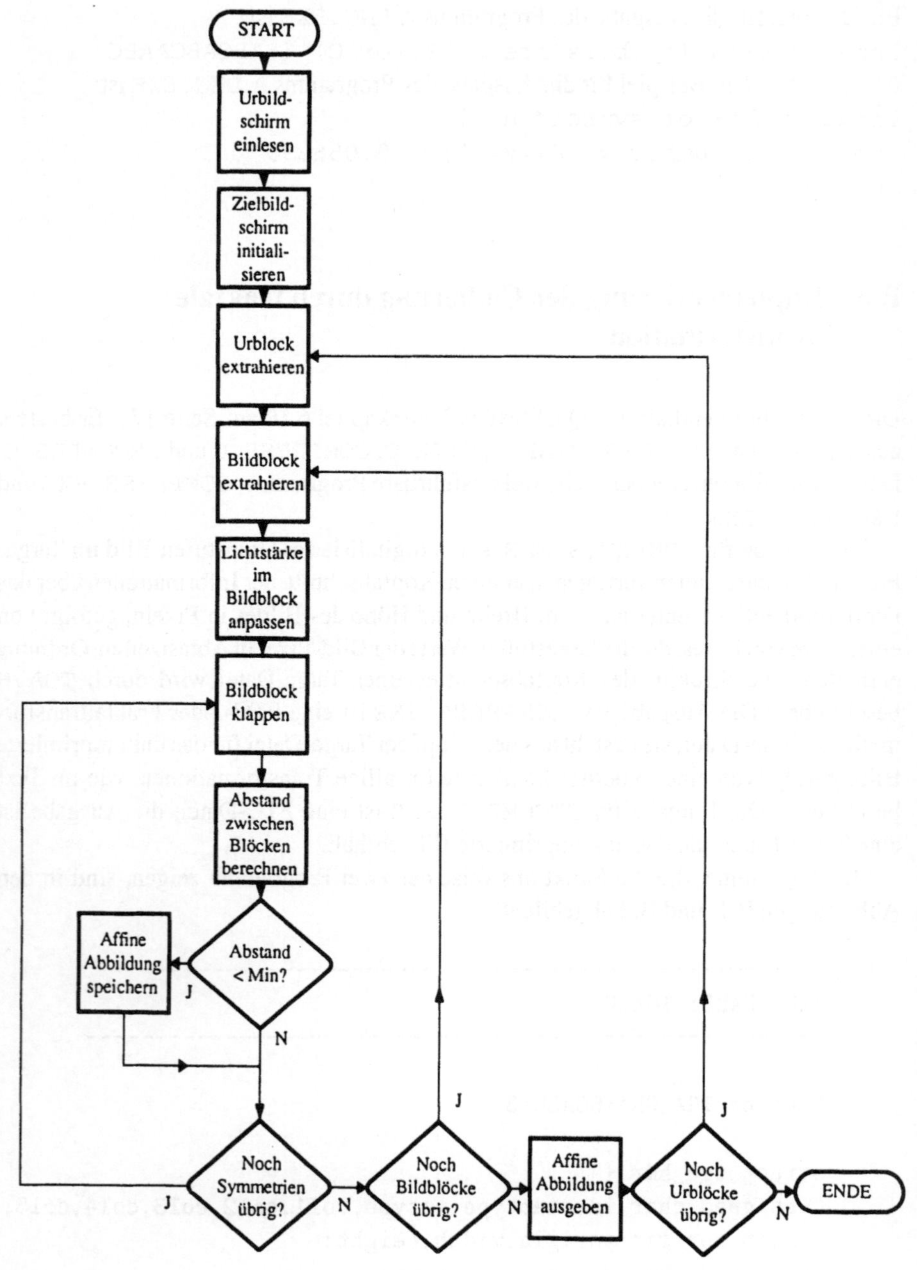

Abbildung B.1 Flußdiagramm für Kompression durch fraktale Transformation

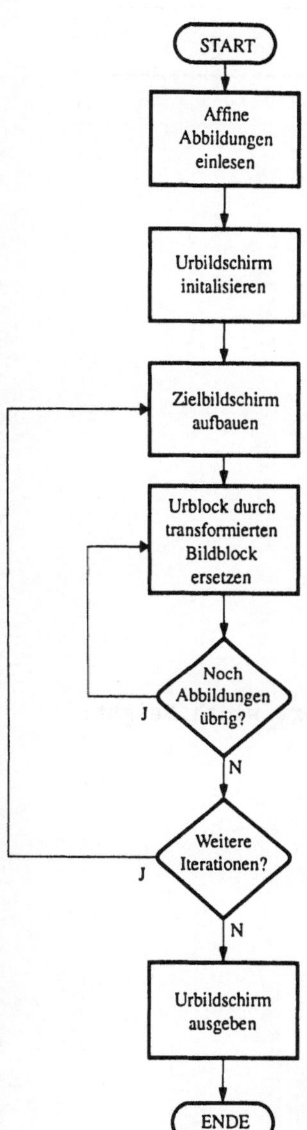

Abbildung B.2
Flußdiagramm für Dekompression eines Fraktaltransformations-Codes

```
------------------------------------------------------------
FILE NAME: FRACTAL.H
------------------------------------------------------------


#include<stdio.h>
#include "tga.h"

#define DB_SIDE   8
#define MAX_PIXEL_VALUE 255
#define NSYMS     8
#define NUM_ITS  16
#define FLIP_X    1
#define FLIP_Y    2
#define FLIP_DIAG 4
#define ARBITRARY_PIXEL_VALUE 128


#define SWAPPED_RAS_MAGIC 0x956aa659


typedef unsigned char Pixel;
typedef unsigned char Symmetry;

typedef struct rectangle { unsigned short width,height;
  unsigned long length;
  Pixel *pixel;
} Rectangle;

typedef struct affinemap {
  unsigned short range_x,range_y;
  short shift;
  Symmetry symmetry;
```

```c
} AffineMap;

typedef struct imageheader {
  unsigned short width,height;
} ImageHeader;

extern Pixel mean(Rectangle *rectangle);
extern long l2_distance(Rectangle *rect1,Rectangle *rect2);

extern void copy_rectangle(Rectangle *src_rect,short src_x,
 short src_y,Rectangle *dest_rect,short dest_x,
 short dest_y,short width,short height);

extern void reduce_image(Rectangle *src_rect,
 Rectangle *dest_rect);

extern void flip(Rectangle *range_block,
 Rectangle *transformed_range_block,
 Symmetry symmetry);

extern void
  intensity_shift(Rectangle *rectangle,short shift);

extern long swap_bytes(long qbyte);

extern void
  read_ras_header(FILE *image_file, ImageHeader *header);
extern void
  read_tga_header(FILE *image_file, ImageHeader *header);

extern void
  write_ras_header(FILE *image_file, ImageHeader *header);
extern void
  write_tga_header(FILE *image_file, ImageHeader *header);
```

```
-------------------------------------------------------
FILE NAME: UTIL.C
-------------------------------------------------------


#include "fractal.h"

Pixel mean(Rectangle *rectangle)
{
  int i;
  long sum=0;
  for (i=0;i<rectangle->length;i++)
    sum += rectangle->pixel[i];
  return(sum/rectangle->length);
}

void intensity_shift(Rectangle *rectangle,short shift)
{
  short i;
  for (i=0;i<rectangle->length;i++)
    rectangle->pixel[i]=rectangle->pixel[i]+shift;
}

long l2_distance(Rectangle *rect1,Rectangle *rect2)
  /* rect1 and rect2 must have the same length */
{
  long d,distance=0;
  int i;
  for (i=0;i<rect1->length;i++)
    {
      d=rect1->pixel[i]-rect2->pixel[i];
      distance += d*d;
    }
  return(distance);
}


void copy_rectangle
  (Rectangle *src_rect,short src_x,short src_y,
  Rectangle *dest_rect,short dest_x,short dest_y,
      short width,short height)
{
  int i,j;
  for (j=0;j<height;j++)
    for (i=0;i<width;i++)
```

```c
          dest_rect->
            pixel[i+dest_x+(j+dest_y)*dest_rect->width] =
 src_rect->pixel[(src_x+i)+(src_y+j)*src_rect->width];
}

void reduce_image(Rectangle *src_rect,Rectangle *dest_rect)
{
  int i,j;
  for (j=0;j<dest_rect->height;j++)
    for (i=0;i<dest_rect->width;i++)
      {
          /* spatial rescale by 2 */

  dest_rect->pixel[i+j*dest_rect->width] =
    (src_rect->pixel[2*i+(2*j)*src_rect->width]+
    src_rect->pixel[2*i+1+(2*j)*src_rect->width]+
    src_rect->pixel[2*i+(2*j+1)*src_rect->width]+
    src_rect->pixel[2*i+1+(2*j+1)*src_rect->width])/4;

          /* intensity rescale by 3/4 */

        dest_rect->pixel[i+j*dest_rect->width] =
          (dest_rect->pixel[i+j*dest_rect->width]*3)/4;
      }
}

void flip
  (Rectangle *range_block,Rectangle *transformed_range_block,
  Symmetry symmetry)
{
  short i,j,x,y,t;

  for (j=0;j<range_block->height;j++)
    for (i=0;i<range_block->width;i++)
      {
if (symmetry & FLIP_X) x=(range_block->width-1)-i;
else x=i;
if (symmetry & FLIP_Y) y=(range_block->height-1)-j;
else y=j;
/* not allowed unless width=height */
if (symmetry & FLIP_DIAG)
  {
    t=y;
```

```c
        y=x;
        x=t;
      }
   transformed_range_block->pixel[x+y*range_block->width] =
     range_block->pixel[i+j*range_block->width];
        }
}

void read_ras_header(FILE *image_file, ImageHeader *header)
{
  long int rheader[8];
  if (8 != fread(rheader,sizeof(long int),8,image_file))
    {
      fprintf(stderr,"Error reading raster header.\n");
      exit(1);
    }
  if (rheader[0] != SWAPPED_RAS_MAGIC)
    {
      fprintf(stderr,"Invalid raster file.\n");
      exit(1);
    }
  header->width=swap_bytes(rheader[1]);
  header->height=swap_bytes(rheader[2]);
}

void write_ras_header(FILE *image_file, ImageHeader *header)
{
  static long int rheader[]=
    {SWAPPED_RAS_MAGIC,0,0,0x8000000,0,0x1000000,0,0};
  rheader[1]=swap_bytes(header->width);
  rheader[2]=swap_bytes(header->height);
  rheader[4]=swap_bytes(header->width*header->height);
  if (8 != fwrite(rheader,sizeof(long int),8,image_file))
    {
      fprintf(stderr,"Error writing raster header.\n");
      exit(1);
    }
}

long swap_bytes(long qbyte)
{
  return(((qbyte&0xff000000)>>24) | ((qbyte&0xff0000)>>8) |
    ((qbyte&0xff00)<<8) | ((qbyte&0xff)<<24));
```

```c
}

void read_tga_header(FILE *image_file, ImageHeader *header)
{
  struct tga_hdr tgaheader;
  if (1 !=
    fread(&tgaheader,sizeof(struct tga_hdr),1,image_file))
    {
      fprintf(stderr,"Error reading Targa header.\n");
      exit(1);
    }
  if ((tgaheader.imtype !=
    TGA_GRAYSCALE)||(tgaheader.depth!=8))
    {
      fprintf(stderr,"Invalid Targa file.\n");
      exit(1);
    }
  header->width=tgaheader.width;
  header->height=tgaheader.height;
}

void write_tga_header(FILE *image_file, ImageHeader *header)
{
  static struct tga_hdr tgaheader=
  {0,0,TGA_GRAYSCALE,0,0,0,0,0,0,0,0,0,8,0};
  tgaheader.width=header->width;
  tgaheader.height=header->height;
  if (1 !=
    fwrite(&tgaheader,sizeof(struct tga_hdr),1,image_file))
    {
      fprintf(stderr,"Error writing Targa header.\n");
      exit(1);
    }
}
```

```c
---------------------------------------------------

FILE NAME: COMPRESS.C
---------------------------------------------------

#include <stdio.h>
#include <stdlib.h>
#include<alloc.h>

#include "fractal.h"

main(int argc,char **argv)
{
  FILE *image_file,*fractal_file;
  ImageHeader header;
  Rectangle image,domain_block,range_block,
    flipped_range_block,reduced_image;
  unsigned long current_distance,minimum_distance,infinity;
  Symmetry current_symmetry;
  short current_range_x,current_range_y,domain_x,
    domain_y,current_shift;
  Pixel domain_mean;
  AffineMap best_map;

  fprintf(stderr,
    "\nFractal Image Compression Demonstration
       - Version 1.0A\n");
  fprintf(stderr,
    "\nCopyright (c)1992 Lyman P. Hurd,
       Michael F. Barnsley\n");

  if (argc != 3)
    {
      fprintf(stderr,
        "\nUsage: compress image_file fractal_file.\n");
      exit(1);
    }
   /* Step 0: Allocate memory for blocks */

  domain_block.width=range_block.width=
  flipped_range_block.width=DB_SIDE;
  domain_block.height=range_block.height=
  flipped_range_block.height=DB_SIDE;
```

```c
domain_block.length=range_block.length=
flipped_range_block.length=DB_SIDE*DB_SIDE;

domain_block.pixel =
(Pixel *) calloc(DB_SIDE*DB_SIDE,sizeof(Pixel));
range_block.pixel =
(Pixel *) calloc(DB_SIDE*DB_SIDE,sizeof(Pixel));
flipped_range_block.pixel =
(Pixel *) calloc(DB_SIDE*DB_SIDE,sizeof(Pixel));

infinity=255*255*DB_SIDE*DB_SIDE;

/* Step 1: Input Image */

if (NULL == (image_file=fopen(argv[1],"rb")))
  {
    fprintf(stderr,"Unable to open file %s.\n",
argv[1]);
    exit(1);
  }

if (NULL == (fractal_file=fopen(argv[2],"wb")))
  {
    fprintf(stderr,"Unable to open file %s.\n",
argv[2]);
    exit(1);
  }

read_tga_header(image_file,&header);

fprintf(stderr,
  "Width %d Height %d\n",header.width,header.height);

if (1!=fwrite(&header,sizeof(ImageHeader),1,fractal_file))
  {
    fprintf(stderr,
      "Error writing header to fractal file %s.\n",
argv[2]);
    exit(1);
  }

image.width=header.width;
image.height=header.height;
```

```c
image.length=header.width*header.height;

image.pixel = (Pixel *) calloc(image.length,
  sizeof(Pixel));

reduced_image.width=header.width/2;
reduced_image.height=header.height/2;
reduced_image.length=header.width*header.height/4;

reduced_image.pixel =
  (Pixel *) calloc(reduced_image.length,sizeof(Pixel));

if (NULL == image.pixel)
  {
    fprintf(stderr,
      "Unable to allocate %ld bytes for image buffer.\n",
image.length);
    exit(2);
  }

if (image.length!=fread(image.pixel,
sizeof(Pixel),image.length,image_file))
  {
    fprintf(stderr,
      "Error reading header from image file %s.\n",
argv[1]);
    exit(1);
  }

fclose(image_file);

/* rescale(contract)image in spatial and */
/*    intensity directions */

reduce_image(&image,&reduced_image);

/* MAIN LOOP */

for (domain_y=0;domain_y<image.height;domain_y+=DB_SIDE)
  for (domain_x=0;domain_x<image.width;domain_x+=DB_SIDE)
    {

/* Step 2: Get Domain Block */
```

```
fprintf(stderr,"Dx %d Dy %d\n",domain_x,domain_y);

minimum_distance=infinity;

copy_rectangle(&image,domain_x,domain_y,&domain_block,0,0,
        DB_SIDE,DB_SIDE);
domain_mean=mean(&domain_block);

for (current_range_y=0;current_range_y<=
 reduced_image.height-DB_SIDE;
 current_range_y++)
  for (current_range_x=0;current_range_x<=
 reduced_image.width-DB_SIDE;
 current_range_x++)
 {

  /* Step 3: Get Range Block */

    copy_rectangle(&reduced_image,current_range_x,
      current_range_y,&range_block,0,0,DB_SIDE,DB_SIDE);


 /* best mean square fit is given by shifting */
 /* means to be equivalent */

    current_shift = ((short) domain_mean)
      -((short) mean(&range_block));

    intensity_shift(&range_block,current_shift);

  /* Step 4: Loop Over Symmetries */

    for (current_symmetry=0;current_symmetry<NSYMS;
      current_symmetry++)
      {
        flip(&range_block,&flipped_range_block,
 current_symmetry);
        current_distance = 12_distance(&domain_block,
    &flipped_range_block);

        if (current_distance<minimum_distance)
  {
```

```c
            minimum_distance=current_distance;
            best_map.shift=current_shift;
            best_map.symmetry=current_symmetry;
            best_map.range_x=current_range_x;
            best_map.range_y=current_range_y;
         }
        }
      }
          fprintf(fractal_file,
            "%d %d %d %d \n",best_map.range_x,
            best_map.range_y,best_map.symmetry,best_map.shift);
        }
  fclose(fractal_file);
  free(image.pixel);
  return(0);
}


-------------------------------------------------
FILE NAME: DECOMPRESS.C
-------------------------------------------------

#include <stdio.h>
#include <stdlib.h>
#include <alloc.h>
#include "fractal.h"

#define DEFAULT_ITERATES 16

main(int argc,char **argv)
{
  AffineMap *affine_map_array,*map_ptr;
  FILE *image_file,*fractal_file,*initial_file;
  ImageHeader header,initial_header;
  short iterate,arg_offset=0,iterates=DEFAULT_ITERATES;
  long number_of_maps,i;
  short domain_x,domain_y;
  Rectangle image,reduced_image,range_block,
    transformed_range_block;

  fprintf(stderr,
 "\nFractal Image Decompression Demonstration -
   Version 1.0A\n");
```

```c
    fprintf(stderr,
  "\nCopyright (c)1992 Lyman P. Hurd, Michael F. Barnsley\n");

   if ((argc < 3)||(argc>5))
     {
       fprintf(stderr,
  "\nUsage: decompress [num_iterates] [initial_image]
   fractal_file image_file.\n");
       exit(1);
     }

   if (argc==4)
     {
       iterates=atoi(argv[1]);
       arg_offset=1;
     }

   if (argc==5)
     {
       iterates=atoi(argv[1]);
       initial_file=fopen(argv[2],"rb");
       arg_offset=2;
     }

 /* Read in affine maps and header information. */

   if (NULL == (fractal_file=fopen(argv[arg_offset+1],"rb")))
     {
       fprintf(stderr,"Unable to open fractal file %s.\n",
  argv[arg_offset+1]);
       exit(1);
     }

   if (NULL == (image_file=fopen(argv[arg_offset+2],"wb")))
     {
       fprintf(stderr,"Unable to open image file %s.\n",
  argv[arg_offset+2]);
       exit(1);
     }

   if (1!=fread(&header,sizeof(ImageHeader),1,fractal_file))
     {
       fprintf(stderr,
```

```c
          "Error reading header from fractal file %s.\n",
    argv[arg_offset+1]);
      exit(1);
   }

  write_tga_header(image_file,&header);

  number_of_maps =
    header.width*header.height/(DB_SIDE*DB_SIDE);
  affine_map_array = (AffineMap  *)
    calloc(number_of_maps,sizeof(AffineMap));


  image.width = header.width;
  image.height = header.height;
  image.length = header.width*header.height;
  image.pixel = (Pixel *)
    calloc(image.length,sizeof(Pixel));


  reduced_image.width = header.width/2;
  reduced_image.height = header.height/2;
  reduced_image.length = header.width*header.height/4;
  reduced_image.pixel = (Pixel *)
    calloc(reduced_image.length,sizeof(Pixel));


  range_block.width = DB_SIDE;
  range_block.height = DB_SIDE;
  range_block.length = DB_SIDE*DB_SIDE;
  range_block.pixel =
    (Pixel *) calloc(range_block.length,sizeof(Pixel));

  transformed_range_block.width = DB_SIDE;
  transformed_range_block.height = DB_SIDE;
  transformed_range_block.length = DB_SIDE*DB_SIDE;
  transformed_range_block.pixel = (Pixel *)
    calloc(transformed_range_block.length,sizeof(Pixel));


  if (argc<5)
    {
      for (i=0;i<image.length;i++)
image.pixel[i]=ARBITRARY_PIXEL_VALUE;
    }
```

```
  else
    {
      read_tga_header(initial_file,&initial_header);
      fread(image.pixel,image.length,sizeof(Pixel),
        initial_file);
    }
/* Loop over domain blocks. */

      for (domain_y=0,map_ptr=affine_map_array;
    domain_y<image.height;domain_y+=DB_SIDE)
 for (domain_x=0;domain_x<image.width;
   domain_x+=DB_SIDE,map_ptr++)
   {


      fscanf(fractal_file,
      "%d %d %d %d \n",&map_ptr->range_x,&map_ptr->range_y,
      &map_ptr->symmetry,&map_ptr->shift);


   }

          fclose(fractal_file);

/* Loop for a prescribed number of iterations. */

  for (iterate=0;iterate<iterates;iterate++)
    {

      reduce_image(&image,&reduced_image);

/* Loop over domain blocks. */

      for (domain_y=0,map_ptr=affine_map_array;
    domain_y<image.height;domain_y+=DB_SIDE)
 for (domain_x=0;
   domain_x<image.width;domain_x+=DB_SIDE,map_ptr++)
   {

/* Extract range block. */

     copy_rectangle(&reduced_image,map_ptr->range_x,
     map_ptr->range_y,&range_block,0,0,
```

```
        DB_SIDE,DB_SIDE);

    intensity_shift(&range_block,map_ptr->shift);

/* Apply indicated symmetry. */

    flip(&range_block,&transformed_range_block,
      map_ptr->symmetry);

/* Insert transformed block into image. */

    copy_rectangle(&transformed_range_block,0,0,&image,
      domain_x,domain_y,DB_SIDE,DB_SIDE);
  }
   }

  if (image.length !=
    fwrite(image.pixel,
      sizeof(Pixel),image.length,image_file))
    {
      fprintf(stderr,"Error writing data to %s.\n",
        argv[arg_offset+2]);
      exit(1);
    }

  free(affine_map_array);
  free(image.pixel);
  free(reduced_image.pixel);
  fclose(image_file);
  return(0);
}
```

B.7　Veranschaulichung der JPEG-**Kompression**

Dieser Abschnitt enthält den Quelltext `DCT.C` zu Unterkapitel A.6 auf Seite 184. Alle Schritte außer der Entropie-Codierung durch arithmetische oder Huffman-Codes, die in diesem Anhang bereits behandelt wurden, sind implementiert. Auch hier wurde mehr Wert auf Einfachheit als auf Geschwindigkeit gelegt. Eine effizientere Implementierung findet sich in [MN], eine vollständige, frei verfügbare JPEG-Implementierung ist im Internet erhältlich; s. [IJG].

Zum Compilieren geben Sie auf der DOS-Befehlszeile ein:

```
tcc -ms -c -v DCT.C
```

Zur Erzeugung des ablauffähigen Programms `DCT.EXE` geben Sie auf der Befehlszeile ein:

```
tcc -ms -v DCT.OBJ
```

Zum Start des Programms `DCT.EXE` geben Sie auf der DOS-Befehlszeile ein:

```
DCT PIXEL.DAT QTABLE.DAT LAST_MEAN
```

```
-----------------------------------------------------

FILE NAME: DCT.C
-----------------------------------------------------


#include <stdio.h>
#include <math.h>
/*
Sample JPEG Baseline sequential compressor/
decompressor without the entropy coding step.
The inputs to the program are:

1) An 8x8 block of pixels (values between 0 and 255)
2) The mean (DC term) of the previous block.
3) A quantization matrix.
```

```
   The output is a stream of runlengths.

   A full JPEG implementation would need to add header
   information and entropy coding (Huffman or arithmetic)
   of the runlengths.

*/

extern void read_block(char *filename),fdct(),idct(),
   print_dct(),read_quant_table(char *filename),
   print_pixels(),quantize(),dequantize(),zigzag(),
   unzigzag(),print_run_lengths();

double C(short x),round(double x);

/* pixel values */

unsigned char pixels[8][8];

/* DCT coefficients */

double dct[8][8];

/* U and V coordinates in zigzag order */

double reordered[64];

short zigzag_u[64]= {0,
     0,1,
     2,1,0,
     0,1,2,3,
     4,3,2,1,0,
     0,1,2,3,4,5,
     6,5,4,3,2,1,0,
     0,1,2,3,4,5,6,7,
     7,6,5,4,3,2,1,
     2,3,4,5,6,7,
     7,6,5,4,3,
     4,5,6,7,
     7,6,5,
     6,7,
     7};
```

```c
short zigzag_v[64]={0,
    1,0,
    0,1,2,
    3,2,1,0,
    0,1,2,3,4,
    5,4,3,2,1,0,
    0,1,2,3,4,5,6,
    7,6,5,4,3,2,1,0,
    1,2,3,4,5,6,7,
    7,6,5,4,3,2,
    3,4,5,6,7,
    7,6,5,4,
    5,6,7,
    7,6,
    7};

short quant_table[8][8];

main(int argc,char **argv)
{
  short i,previous_dc_term;
  if (argc != 4)
    {
      fprintf(stderr,
"Usage dct pixel_block quant_table"
" previous_dc_term.\n");
      exit(1);
    }

  read_block(argv[1]);

  /* START COMPRESSION */

  fdct();

  printf("ENCODE:\n\n");

  printf("\nDCT coefficients:\n");

  print_dct();

  read_quant_table(argv[2]);
```

```c
   printf("\nDividing by quantization values\n"
"yields quantized coefficients:\n");

 quantize();

 print_dct();

 zigzag();

 /* The relationship of the DC term (dct[0][0]) to the
    mean pixel value is

    DC=8*(MPV-128)
    */

 previous_dc_term = atoi(argv[3]);

 printf("\nScanning coefficients in zigzag order\n"
" and runlength encoding yields:\n\n");

 print_run_lengths(previous_dc_term);

 printf("\nDECODE:\n\n");

 /* START DECOMPRESSION */

 unzigzag();

 dequantize();

 printf("Multiplying coefficients by quantization"
" values yields:\n\n");

 print_dct();

 printf("\nPerforming inverse DCT gives"
" new pixel values:\n");

 idct();

 print_pixels();
```

```
    return(0);
}


/* Perform forward discrete cosine transform */

void fdct()
{
  short x,y,u,v;
  double sum;
  for (u=0;u<8;u++)
    for (v=0;v<8;v++)
      {
sum=0.;

/* In an actual implementation the cosine function could
   be taken from a lookup table and not recomputed.

   Only 64 different values of the cosine are used. */


for (x=0;x<8;x++)
  for (y=0;y<8;y++)
    sum += (pixels[x][y]-128)*cos((2*x+1)*u*(M_PI/16.))*
      cos((2*y+1)*v*(M_PI/16.));
dct[u][v]=(0.25)*C(u)*C(v)*sum;
      }
}


/* Perform inverse discrete cosine transform. */

void idct()
{
  short x,y,u,v;
  double sum;
  for (x=0;x<8;x++)
    for (y=0;y<8;y++)
      {
sum=0.;


/* In an actual implementation the cosine function
   could be taken from a lookup table and not
   recomputed in the loop.

   Only 64 different values of the cosine are used. */
```

```c
for (u=0;u<8;u++)
  for (v=0;v<8;v++)
    sum += C(u)*C(v)*dct[u][v]*cos((2*x+1)*
      u*(M_PI/16.))*
      cos((2*y+1)*v*(M_PI/16.));

/* the point 5 in 128.5 means that the double
   is converted to an integer by rounding instead
   of truncating */

pixels[x][y]=128.5+0.25*sum;
      }
}

double C(short n)
{
  if (n==0) return(1./sqrt(2.));
  else return(1.);
}

/* print an 8x8 array of doubles */

void print_dct()
{
  short i;
  putchar('\n');
  for (i=0;i<8;i++)
    printf(
      "Row %d: %5.1lf %5.1lf %5.1lf %5.1lf"
      " %5.1lf %5.1lf %5.1lf %5.1lf\n",
      i,dct[i][0],dct[i][1],dct[i][2],dct[i][3],
      dct[i][4],dct[i][5],dct[i][6],dct[i][7]);
}


/* print an 8x8 array of unsigned char */

void print_pixels()
{
  short i;
  putchar('\n');
  for (i=0;i<8;i++)
```

```
      printf(
        "Row %d: %d %d %d %d %d %d %d %d\n",
        i,pixels[i][0],pixels[i][1],pixels[i][2],pixels[i][3],
        pixels[i][4],pixels[i][5],pixels[i][6],pixels[i][7]);
}

void quantize()
{
  short i,j;
  for (i=0;i<8;i++)
    for(j=0;j<8;j++)
      dct[i][j] = round(dct[i][j]/quant_table[i][j]);
}


void dequantize()
{
  short i,j;
  for (i=0;i<8;i++)
    for(j=0;j<8;j++)
      dct[i][j] = dct[i][j]*quant_table[i][j];
}

double round(double x)
{
  if (x>0.) return((int) (x+0.5));
  else return((int) (x-0.5));
}

void read_block(char *filename)
{
  FILE *blockfile;
  short i;

  blockfile=fopen(filename,"rb");
  if (blockfile==NULL)
    {
      fprintf(stderr,"Error opening %s\n",filename);
      exit(1);
    }
  for (i=0;i<8;i++)
    fscanf(blockfile,"%d %d %d %d %d %d %d %d",
   pixels[i],pixels[i]+1,pixels[i]+2,pixels[i]+3,
```

```c
       pixels[i]+4,pixels[i]+5,pixels[i]+6,pixels[i]+7);
}

void read_quant_table(char *filename)
{
  FILE *quantfile;
  short i;

  quantfile=fopen(filename,"rb");
  if (quantfile==NULL)
    {
      fprintf(stderr,"Error opening %s\n",filename);
      exit(1);
    }
  for (i=0;i<8;i++)
    fscanf(quantfile,"%d %d %d %d %d %d %d %d",
   quant_table[i],quant_table[i]+1,quant_table[i]+2,
   quant_table[i]+3,quant_table[i]+4,quant_table[i]+5,
   quant_table[i]+6,quant_table[i]+7);
}

integer_code_size(short n)
{
  if (n<0) n=-n;
  if (n==1) return(1);
  else if (n<4) return(2);
  else if (n<8) return(3);
  else if (n<16) return(4);
  else if (n<32) return(5);
  else if (n<64) return(6);
  else if (n<128) return(7);
  else if (n<256) return(8);
  else if (n<512) return(9);
  else if (n<1024) return(10);
  else
    {
      fprintf(stderr,"Illegal coefficient value %d",n);
      exit(1);
    }
  return(0); /* this statement not reached but
it keeps the compiler happy */
}
```

```c
void zigzag()
{
  short i;
  for (i=0;i<64;i++)
    reordered[i]=dct[zigzag_u[i]][zigzag_v[i]];
}


void unzigzag()
{
  short i;
  for (i=0;i<64;i++)
    dct[zigzag_u[i]][zigzag_v[i]]=reordered[i];
}


void print_run_lengths(short previous_dc_term)
{
  short i,runlength=0;
  short dc_diff;
  dc_diff=((int) dct[0][0])-previous_dc_term;
  printf("(%d)(%d), ",integer_code_size(dc_diff),dc_diff);

  for (i=1;i<64;i++)
    {
      if (reordered[i]==0) runlength++;
      else
{
  printf("(%d,%d)%d, ",runlength,
 integer_code_size(reordered[i]),
 (short) reordered[i]);
  runlength=0;
}
    }
  if (reordered[63]==0) printf("(0,0)\n");
  else putchar('\n');
}


--------------------------------------------------------------
```

Dabei sind PIXEL.DAT und QTABLE.DAT ASCII-Dateien, die jeweils acht Zeilen mit je acht durch Leerzeichen getrennte Zahlen von 0 bis 255, die Pixel-Werte, enthalten. LAST_MEAN ist eine Zahl zwischen 0 und 255.
Ein Beispiel für die Ausgabe des Programms ist:
Die Datei PIXEL.DAT enthält:

```
139 144 149 153 155 155 155 155
144 151 153 156 159 156 156 156
150 155 160 163 158 156 156 156
159 161 162 160 160 159 159 159
159 160 161 162 162 155 155 155
161 161 161 161 160 157 157 157
162 162 161 163 162 157 157 157
162 162 161 161 163 158 158 158
```

Die Datei QTABLE.DAT enthält:

```
16 11 10 16 24 40 51 61
12 12 14 19 26 58 60 55
14 13 16 24 40 57 69 56
14 17 22 29 51 87 80 62
18 22 37 56 68 109 103 77
24 35 55 64 81 104 113 92
49 64 78 87 103 121 120 101
72 92 95 98 112 100 103 99
```

Der Befehl
```
    DCT PIXEL.DAT QTABLE.DAT 128
```
erzeugt die Ausgabe:

```
ENCODE:

DCT coefficients:

Row 0: 235.6  -1.0 -12.1  -5.2   2.1  -1.7  -2.7   1.3
Row 1: -22.6 -17.5  -6.2  -3.2  -2.9  -0.1   0.4  -1.2
Row 2: -10.9  -9.3  -1.6   1.5   0.2  -0.9  -0.6  -0.1
Row 3:  -7.1  -1.9   0.2   1.5   0.9  -0.1  -0.0   0.3
Row 4:  -0.6  -0.8   1.5   1.6  -0.1  -0.7   0.6   1.3
Row 5:   1.8  -0.2   1.6  -0.3  -0.8   1.5   1.0  -1.0
Row 6:  -1.3  -0.4  -0.3  -1.5  -0.5   1.7   1.1  -0.8
Row 7:  -2.6   1.6  -3.8  -1.8   1.9   1.2  -0.6  -0.4

Dividing by quantization values
yields quantized coefficients:
```

```
Row 0:    15.0    0.0   -1.0    0.0    0.0    0.0    0.0    0.0
Row 1:   -2.0   -1.0    0.0    0.0    0.0    0.0    0.0    0.0
Row 2:   -1.0   -1.0    0.0    0.0    0.0    0.0    0.0    0.0
Row 3:   -1.0    0.0    0.0    0.0    0.0    0.0    0.0    0.0
Row 4:    0.0    0.0    0.0    0.0    0.0    0.0    0.0    0.0
Row 5:    0.0    0.0    0.0    0.0    0.0    0.0    0.0    0.0
Row 6:    0.0    0.0    0.0    0.0    0.0    0.0    0.0    0.0
Row 7:    0.0    0.0    0.0    0.0    0.0    0.0    0.0    0.0
```

```
Scanning coefficients in zigzag order
and runlength encoding yields:
```

```
(7)(-113), (1,2)-2, (0,1)-1, (0,1)-1, (0,1)-1, (2,1)-1,
(0,1)-1, (0,0)
```

```
DECODE:
```

```
Multiplying coefficients by quantization values yields:
```

```
Row 0: 240.0    0.0 -10.0    0.0    0.0    0.0    0.0    0.0
Row 1: -24.0 -12.0    0.0    0.0    0.0    0.0    0.0    0.0
Row 2: -14.0 -13.0    0.0    0.0    0.0    0.0    0.0    0.0
Row 3: -14.0    0.0    0.0    0.0    0.0    0.0    0.0    0.0
Row 4:    0.0    0.0    0.0    0.0    0.0    0.0    0.0    0.0
Row 5:    0.0    0.0    0.0    0.0    0.0    0.0    0.0    0.0
Row 6:    0.0    0.0    0.0    0.0    0.0    0.0    0.0    0.0
Row 7:    0.0    0.0    0.0    0.0    0.0    0.0    0.0    0.0
```

```
Performing inverse DCT gives new pixel values:
```

```
Row 0: 142 144 147 150 152 153 154 154
Row 1: 149 150 153 155 156 157 156 156
Row 2: 157 158 159 161 161 160 159 158
Row 3: 162 162 163 163 162 160 158 157
Row 4: 162 162 162 162 161 158 156 155
Row 5: 160 161 161 161 160 158 156 154
Row 6: 160 160 161 162 161 160 158 157
Row 7: 160 161 163 164 164 163 161 160
```

B.8 Literaturverzeichnis

[IJG] Independent JPEG group. Software ist erhältlich über anonymes FTP von
      `wuarchive.wustl.edu` in der Datei
      `/multimedia/images/jpeg/software/jpegsrc.v5.tar.gz`.
      Die JPEG-Gruppe kann über `jpeg-info@uunet.uu.net` erreicht werden.

[MN] M. Nelson, *The Data Compression Book*. M & T Books, Redwood City,
     CA (1991).

Register

Abbildungen 46 f.
Abgeschlossene Mengen 65 f.
Abschluß 65
Abstand 47
Abstandsfunktion 29
Abtastfehler 33
Abtastfrequenz 34
Abtastrate 33
Abtastzeilenordnung 38
Adressen 144 f.
— auf Fraktalen 143 f.
Adreßsatz 144
Affine Abbildungen 28
Affine Transformationen 48
— im dreidimensionalen reellen Raum 59 f.
— in der euklidischen Ebene 49 f.
— iterierte Funktionensysteme von 81 f.
— Tetraeder und 59 f.
Ähnlichkeitsabbildungen 14, 54, 57
Allgemeine Collage-Satz-Abschätzung 153
Analoge Daten 31 f.
Approximationsfamilien 31
Äquivalente metrische Räume 63 f.
Äquivalenzklassen 16
Äquivalenzklassenstruktur 16 f.
Äquivalenzrelation 16
Arithmetische Codierung und Decodierung,
    C-Programm 195 f.
Arithmetische Kompression und
    IFS-Fraktale 145 f.
Attraktoren 164
— Berechnung von 153
— Existenz von 153
— fraktaler Charakter von 153
— von IFS 79
Auflösung 32
Auflösungs-Unabhängigkeit 9 f.
Ausschneide-Operation 9
Austauschformat 184

Banachscher Fixpunktsatz 71
Bandweitenbeschränktes Signal 34
Bildblöcke 159, 166 f.
Bilder 6
— Realweltbilder 4 f.

— Träger und Objektabmessungen 6 f.
Bilderwelt 16, 19 f.
Bildnäherungen 2
Blätter 127
Blockcodes 114
Blockmittelwerte 178
Borelmaße, normalisierte 27 f.
Borel-meßbare Untermengen 24 f.

Cantormenge, klassische 49 f.
Cauchyfolgen 64 f.
CCD (Ladungsgekoppeltes Element) 31 f.
Chaos-Spiel-Algorithmus 145, 149
Chromatische Attribute 8 f.
Chrominanz 42
CMY(K)-System 42
Codebaum 116 f.
Coderaum 143
Codes 113 f.
Codewörter 114 f.
Collage 154, 162
Collage-Fehler 154, 162
Collage-Satz 92 f.
— für lokale IFS 156 f.
— für Maße 100
— — fraktale Bildkompression mit dem 106
    f.

Datenkompression 112
DC-Werte 177
DCT 176, 179
Determinanten 54
Dieder-Gruppe des Quadrats 158
Digitale Darstellung von Farbe 40
Digitale Daten 31 f.
Digitale Informationsquelle 112
Digitalisieren 31 f.
Diskrete Cosinus-Transformation 179 f.
— Inverse 179
Drehungen 54 f.
Dreidimensionaler reeller Raum, affine Transformationen im 59 f.
Dudbridge-Methode zur fraktalen Bildkompression 108 f.

Eindeutig entschlüsselbare Codes 115
Eingestellte IFS 149
Elton, Satz von 100
Encarta, Microsoft 1
Entropie 113, 121 f.
Entropie-Codierung 183
Ergodische Quellen 133
Erweiterungen von Quellen 128 f.
Euklidische Metrik 7
Euklidische Ebene 6 f.
— affine Transformationen in der 49 f.

Farbe, digitale Darstellung von 49
Farbton 42
Fixpunkte 69
Fixpunktsatz, Banachscher 71
Fotokopier-Algorithmus 83 f.
— C-Programm 88 f., 185 f.
Fraktale, Adressen auf 143 f.
Fraktale Bildkompression 1 f.
— allgemeine Beschreibung der Methoden 152 f.
— Dudbridge-Methode 108 f.
— Fraktaltransformationen und 151 f.
— mathematische Grundlagen 46 f., 111 f.
— mit dem Collage-Satz für Maße 106 f.
— mit IFS-Fraktalen 94 f.
Fraktale Modelle 111
Fraktaler Charakter von Attraktoren 153
Fraktaltransformationen
— C-Programm 172 f.
— Konvergenz von 163 f.
— fraktale Bildkompression und 151 f.
Fraktaltransformations-Operator 164

Gebiete in Bildern 7
Gesteuertes IFS 147
Gibb-Phänomen 182 f.
Graustufen-Bilder 102 f.
Graustufen-Fotokopier-Algorithmus 98, 101 f.
Graustufen-Fraktaltransformation 163 f.
— Beispiele für 169 f.
Größenkonstanz-Skalierung 36

Häufungspunkte 66
Hausdorff-Metrik 76
Hausdorff-Raum 74 f.

— Kontraktionen auf dem 77 f.
Helmholtz' Dreifarbenlehre 40 f.
Hilbertkurve 39
(H, S, V)- und (H, S, L)-Systeme 42
Huffman-Baum, Konstruktion eines 138 f.
Huffman-Codes 126
— C-Programm 143 f.
— Kompression mit 138 f.
Hutchinson, Satz von 100 f.
Hutchinson-Metrik 99
Hutchinson-Operator 152

IDCT (inverse DCT) 179
Identische Abbildung 53 f.
IFS (iterierte Funktionensysteme) 78 f.
— affiner Transformationen 81 f.
— Attraktoren von 79
— eingestellte 149
— gesteuerte 147
— hyperbolische 79
— lokale 3, 151, 154 f.
— — Collage-Satz für 156 f.
— — mit dem Fraktaltransformations-Operator verknüpfte 165
— rekurrierende 97 f., 107
— soeben berührende 146
— Theorie der 2 f.
— vektorisierte rekurrierende 97, 107
IFS-Kompressions-Algorithmus 94 f.
IFS-Fraktale
— arithmetische Kompression und 145 f.
— fraktale Bildkompression mit 94 f.
Informationsgehalt 123
Informationskapazität der Netzhaut 35 f.
Informationsquellen und Markov-Quellen null-ter Ordnung 112 f.
Informationstheorie 3, 112 f.
Injektive Abbildungen 47
Innere Punkte 68
Integrierbarkeitsklasse 29
Inverse DCT (IDCT) 179
Invertierbare Abbildungen 47
Isotrope Streckungen und Stauchungen 10 f.
Iterierte Funktionensysteme 78 f.

JPEG (Joint Photographic Experts Group) 176
— Bildkompression nach 176 f.
— — C-Programm 217 f.

— Codierung, Quantisierung 180 f.

Kant, Immanuel 6
Klassische Cantormenge 49 f.
Kompakte Teilmengen 66
Kompression mit Huffman-Codes 138 f.
Kondensations-Transformation 80
Kontrahierende Operatoren 152
Kontraktionen 71 f.
— auf dem Hausdorff-Raum $\mathcal{H}$ 77 f.
Kontraktionsfaktor 71
Kraft, Satz von 119 f.
— C-Programm 189 f.
Kraft-McMillan, Ungleichung von 118 f.

Ladungsgekoppeltes Element (CCD) 31
Laterale Inhibition 36
Lauflängencodierung 181
Laufzeitbeschränkungs-Algorithmus 159 f.
Leistungsspektrum 34
Lineare Transformationen, Normen auf 61 f.
Lokale Kontraktionen 154
Lokale Transformationen 151
Luminanz 42

Markov-Operatoren 99 f., 152
Markov-Quellen 3
— erster Ordnung 131
— höherer Ordnung 130 f.
— nullter Ordnung 113
— — Informationsquellen und 112 f.
— zweiter Ordnung 131
Mathematische Grundlagen der fraktalen Bild-
     kompression 46 f., 111 f.
Mathematische Modelle für Realweltbilder 24
     f.
McMillan, Satz von 121
Mengen von Bildern 16
Metrische Räume 7, 46 f.
— äquivalente 62 f.
— topologische Eigenschaften von 62 f.
Microsoft Encarta 1
Mittlere Codewortlänge 114
Morse-Code 142

Netzhaut, Informationskapazität der 35 f.
Normen auf linearen Transformationen 61 f.
Nyquist-Rate 34

Objektabmessungen 6 f.
Offene Mengen 65 f.
One-to-many-Codes 114
Ordnungserhaltende Funktionen 64

Pflanzenwurzel, Bild einer 114
Photonen-Helligkeiten, Verteilung der 30
Pixel 9
Pixeltiefe 32
Polarkoordinaten 51
Präfix-Code 116 f.

Quadrat, Dieder-Gruppe des 158
Quantisierung 36 f.
— JPEG-Codierung 180 f.
Quantisierungsfehler 33
Quellen, Erweiterungen von 128 f.

Randpunkte 68
Raum 46
Räumliche Auflösung 32
Realweltbilder 4 f.
— Begriff der 4 f.
— mathematische Modelle für 24 f.
— Menge aller 6
Rekurrierende iterierte Funktionensysteme (RIFS)
     97 f., 107
(R, G, B)-System 40 f.
RIFS (Rekurrierende iterierte Funktionensy-
     steme) 97 f., 107
Rotationen 54
Rückwärtsiterierte 48

Sättigung 42
Scannen 31 f.
Scherung 54, 58
Schubfach-Prinzip 112
Schwarzweiß-Transformation 3, 160 f.
Shannon, Satz von 129 f.
— Satz über störungsfreie Codierung 137
Shannon-Fano-Codes 126 f.
Skalierungsfaktor oder Skalierung 54
Soeben berührendes IFS 146
Spiegelungen 54 f.
Stauchungen, isotrope 10 f.
Stetige Funktionen 63
Streckungen 54
Streckungen, isotrope 10 f.

Supremum 163

Teilmengen von Bildern 7
Terminale Knoten 127
Tetraeder und affine Transformationen 59 f.
Topologie 46
Topologische Eigenschaften 8
— metrischer Räume 62 f.
Träger eines Bildes 6 f.
Transformationen 46 f.

Umkehrabbildungen 52
Unzusammenhängende Räume 69
Urblöcke 159, 166 f.

Vektorisierte rekurrierende iterierte Funktionensysteme (VRIFS) 97, 107
Verschiebungen 48, 54, 56
Verschiebungsabbildungen 69
Visueller Raum 21, 24
Vorwärtsabbildung 147 f.
Vorwärtsiterierte 48
VRIFS (Vektorisierte rekurrierende iterierte Funktionensysteme) 97, 107

Zeichen 114
Zoomen 15 f.
Zusammenhängende Räume 69
Zufällige Quelle 149
Zufalls-Iterations-Algorithmus 82 f.